I0034870

15
Wissen für die Zukunft
Oldenbourg Verlag

Physik II

Elektrodynamik und Spezielle Relativitätstheorie

von
Prof. Dr. Klaus Dransfeld und
Prof. Dr.-Ing. Paul Kienle

7. aktualisierte Auflage

Oldenbourg Verlag München Wien

Prof. Dr. Klaus Dransfeld hatte von 1981 bis zu seiner Emeritierung den Lehrstuhl für Physik an der Universität Konstanz inne. Zuvor war er an der University of California in Berkeley, an der TU München und von 1974-82 Direktor am Max-Planck-Institut für Festkörperphysik (zunächst am neuen deutsch-französischen Hochfeldmagnetlabor in Grenoble und später in Stuttgart). Seine Hauptarbeitsgebiete sind Ultraschall, tiefe Temperaturen, Nanotechnologie. 1989 erhielt er den Gentner-Kastler-Preis der Deutschen Physikalischen Gesellschaft und der Société Française de Physique sowie den Forschungspreis der Japan Society. Er ist Ehrendoktor der Universitäten Grenoble und Augsburg und Honorarprofessor der Universität Nanjing.

Prof. Dr.-Ing. Paul Kienle war von 2002-2004 Direktor des Stefan-Meyer-Instituts für subatomare Physik der Österreichischen Akademie der Wissenschaften, Wien. Frühere Stationen seiner Laufbahn: Inhaber des Lehrstuhls für Strahlen und Kernphysik an der TH Darmstadt (1963-65), anschließend Professor für Experimentalphysik an der TU München bis zur Emeritierung (1999). Aufbau des Beschleunigerlaboratorium der LMU und TU München mit Ulrich Meyer Berkhout (1965-71). Als Direktor der GSI Darmstadt Ausbau der Beschleuniger mit einem Synchrotron und Speicherring für schwere Ionen (1984-92). Humboldt-Preis der Republik Frankreich und Forschungspreis der Japan Society for the Promotion of Science. Wissenschaftliche Veröffentlichungen auf dem Gebiet der Kern und Teilchen Physik, Lehrbücher der Physik und andere wissenschaftliche Bücher.

Bibliografische Information der Deutschen Nationalbibliothek

Die Deutsche Nationalbibliothek verzeichnet diese Publikation in der Deutschen Nationalbibliografie; detaillierte bibliografische Daten sind im Internet über <http://dnb.d-nb.de> abrufbar.

© 2008 Oldenbourg Wissenschaftsverlag GmbH
Rosenheimer Straße 145, D-81671 München
Telefon: (089) 45051-0
oldenbourg.de

Das Werk einschließlich aller Abbildungen ist urheberrechtlich geschützt. Jede Verwertung außerhalb der Grenzen des Urheberrechtsgesetzes ist ohne Zustimmung des Verlages unzulässig und strafbar. Das gilt insbesondere für Vervielfältigungen, Übersetzungen, Mikroverfilmungen und die Einspeicherung und Bearbeitung in elektronischen Systemen.

Lektorat: Kathrin Mönch
Herstellung: Anna Grosser
Coverentwurf: Kochan & Partner, München
Gedruckt auf säure- und chlorfreiem Papier
Druck: Grafik + Druck, München
Bindung: Thomas Buchbinderei GmbH, Augsburg

ISBN 978-3-486-58598-8

Inhaltsverzeichnis

Abbildungsverzeichnis

Tabellenverzeichnis

Vorwort

PHYSIK II erscheint in einer Reihe von vier Bänden und spiegelt die viersemestrige Einführungsvorlesung am Physik-Department der Technischen Universität München wider. PHYSIK I beschäftigt sich mit der klassischen und relativistischen Mechanik. PHYSIK II mit der Elektrodynamik, PHYSIK III mit Wellen und Quantenerscheinungen und schließlich PHYSIK IV mit der Atomphysik und statistischen Vorgängen. PHYSIK I–IV wendet sich an alle Studierende der Physik, die einem viersemestrigen Einführungskurs folgen, also nicht nur an Physiker im Hauptfach, sondern beispielsweise auch an Elektrotechniker und Lehramtskandidaten.

Angesichts der ständigen Expansion aller Zweige der Physik wollten wir neu prüfen, welcher Wissensstoff noch in die Einführungsvorlesung gehört und was fairerweise beim Vordiplom vom Studenten verlangt werden sollte. Wir hoffen, dass die von uns getroffene Auswahl nicht zu eng ist. Der interessierte Student findet mit Hilfe der zahlreichen Literaturhinweise sicherlich reichlich Gelegenheit, über dieses Minimum hinaus seiner weitergehenden Neugierde, die wir wecken wollen, sofort zu folgen.

Wir haben versucht, in der Darstellung den experimentellen wie auch den theoretischen Sachverhalt so deutlich wie möglich werden zu lassen, um den mathematisch zunächst noch Ungeübten nicht unnötig durch eine formale – vielleicht mathematisch vollständigere – Beschreibung zu verwirren. Wir wollten deutlich machen, dass Physik mehr ist als angewandte Mathematik und dass fast alle wichtigen Zusammenhänge der Physik schon mit einem Minimum an mathematischen Vorkenntnissen im Prinzip verständlich zu machen sind. Entsprechend werden an mathematischen Vorkenntnissen für PHYSIK II nur die Differential- und Integralrechnung sowie die Grundlagen der Vektoranalysis vorausgesetzt.

Falls unser Versuch einer möglichst einfachen Darstellung neuer physikalischer Grundkonzepte teilweise geglückt sein sollte, verdanken wir dies sicherlich auch dem Berkeley Physics Course, den Feynman Lectures, dem Alonso-Finn und dem MIT Course, von deren didaktischem Geschick wir viel profitiert haben.

PHYSIK II ist das Produkt einer engen Zusammenarbeit zwischen Kern- und Festkörperphysikern am Physik-Department der TU München. Das Manuskript eines Autors wurde jeweils von dem anderen überarbeitet. Gleichzeitig wurde eine Vorlesung probeweise von Prof. W. Kaiser nach diesem Konzept gehalten, und ihm verdanken wir wertvolle Hinweise. Die endgültige Überarbeitung besorgte Dr. Paul Berberich, der auch viele Übungsaufgaben beisteuerte und die Literaturhinweise ausarbeitete.

Wenn es auch hauptsächlich Aufgabe der Vorlesungen bleibt, Interesse und Begeisterung für die Physik zu wecken, so hoffen wir doch, dass PHYSIK I und II nützliche Hilfen, insbesondere bei der Vorbereitung zum Vordiplom, sind.

K. Dransfeld (Konstanz)
P. Kienle (München)

Vorwort zur siebten Auflage

Die neue Auflage hat uns die willkommene Gelegenheit gegeben, neben den Druckfehlern auch mehrere Sachverhalte zu korrigieren oder verständlicher darzustellen.

Die vorliegende Neuauflage hat der Verlag durchgehend auf die neue Rechtschreibung umgestellt.

Folgende sachliche Ergänzungen wurden außerdem eingeführt. Der Abschnitt 4.2 (über die Polarisierbarkeit von Atomen in elektrischen Wechselfeldern) wurde ergänzt durch Beschreibungen der dielektrischen Relaxation in Flüssigkeiten und der nichtlinearen Polarisierbarkeit in hohen Feldern. In Abschnitt 8.3 wurden zwei neue Abbildungen über die Magnetschwebebahn eingefügt. Angesichts der Verleihung des Nobelpreises für Physik an A. Fert und P. Grünberg für die Entdeckung des Riesenmagnetwiderstands und angesichts der Bedeutung dieser Entdeckung für das Auslesen moderner Festplatten, haben wir eine Beschreibung des Riesenmagnetwiderstands mit einer neuen Abbildung am Ende von Abschnitt 9.1 mit aufgenommen. Abschnitt 10.9 haben wir um zwei neue Absätze, nämlich über die Röntgen-Bremsstrahlung und über die Synchrotronstrahlung, erweitert. Die Tabelle D im Anhang (über wichtige physikalische Konstanten) wurde überarbeitet und entspricht jetzt dem neuesten Stand (von CODATA, Paris (2007)).

In Abschnitt 8.8 haben sich einige Leser verständlicherweise noch eine Einführung in die komplexe Wechselstromrechnung und eine Beschreibung der Wechselstromimpedanz gewünscht. Diese Einführung lässt sich aber nach unserer Erfahrung - besonders an technischen Hochschulen - teilweise in die Übungsstunden verlagern. Mehrere Leser haben generell eine farbige Gestaltung statt des bisherigen Schwarzweiß-Drucks vorgeschlagen. Dieser Wunsch ließ sich diesmal aus zeitlichen Gründen nicht realisieren, aber wir haben ihn für zukünftige Auflagen dem Verlag vorgetragen.

Profitiert haben wir sehr von den zahlreichen Leserzuschriften, für die wir uns bedanken, besonders bei G. Brieskorn, C. Gruchow, U. Hoffmann, M. Krambeer, A. Lauberau, W. Scobel, A. Seilmeier, M. Thumm und P. Weiß. Nicht zuletzt sind wir Frau Kathrin Mönch sehr dankbar für die erfreulich gute Zusammenarbeit mit dem Oldenbourg Wissenschaftsverlag.

Wie bisher freuen wir uns über jeden weiteren Verbesserungsvorschlag.

Konstanz und München   K. Dransfeld
                                                                  P. Kienle

1 Einführung

1.1 Kräfte zwischen ruhenden Ladungen: Elektrostatik

Alle Erscheinungen, die wir im Rahmen der Elektrodynamik besprechen werden, beruhen darauf, dass die Materie vorwiegend aus geladenen Teilchen (z.B. Elektronen und Protonen) aufgebaut ist. Diese Ladungen kommen nur in zwei Formen vor, die positiv (Protonen) und negativ (Elektronen) genannt werden und leicht unterscheidbar sind: Gleichartige Ladungen stoßen sich nämlich ab, während Ladungen verschiedenen Vorzeichens anziehende Kräfte aufeinander ausüben und neutrale gebundene Atome und Moleküle bilden.

Was wir negative Ladungen nennen, könnte ebenso gut positiv genannt werden; die Wahl der Bezeichnung (z.B. negativ für die Ladung des Elektrons) ist ganz willkürlich:

Zwischen beiden Ladungsarten besteht eine perfekte Symmetrie.

So existiert zu jedem positiv geladenen Elementarteilchen ein entsprechendes Antiteilchen mit negativer Ladung (siehe Physik I und Physik IV). Es gibt also nichts, was die eine Ladungsart vor der anderen auszeichnet.

Die Kraft zwischen zwei ruhenden Ladungen (q_1, q_2) ist – wie die Gravitationskraft zwischen zwei Massen – umgekehrt proportional zum Quadrat des Abstandes r:

$$\boxed{F = k \cdot \frac{q_1 q_2}{r^2}} \qquad \textbf{Coulombsches Gesetz} \qquad (1.1)$$

Das *Coulombsche Gesetz* erlaubt uns, die Größe von Ladungen zu messen und damit die Einheit der Ladung festzulegen. Im einfachsten Fall wählen wir $k = 1$ und erhalten als Ladungseinheit (im CGS-System) $\sqrt{\mathrm{dyn} \cdot \mathrm{cm}^2}$. Diese Ladungseinheit wurde früher häufig verwendet. Wir wollen hier je-

Man bezeichnet k auch als Maßsystem-Konstante

doch in Übereinstimmung mit dem SI-Einheitensystem[1] die Konstante k festlegen zu

$$k = \frac{1}{4\pi\varepsilon_0} = 8{,}9874 \cdot 10^9 \, \frac{\text{Nm}^2}{\text{Ladung}^2}.$$

Die sich hieraus zwangsläufig ergebende Ladungseinheit wird 1 *Coulomb* (C) genannt.

Definition der
Einheit Coulomb

Ein Coulomb ist also diejenige Ladung, die eine gleich große Ladung im Abstand von 1 m mit der Kraft von etwa $9 \cdot 10^9$ N abstößt. (Demnach ist die Dimension von $1/(4\pi\varepsilon_0)$ gleich Nm^2/C^2).

Dieses einfache Coulombsche Gesetz bleibt gültig auch in subatomaren Bereichen bis herab zu Abständen von nur 10^{-14} m, die etwa 10^4-mal kleiner sind als der Durchmesser des kleinsten Atoms, wie die Experimente von RUTHERFORD, GEIGER und MARSDEN (siehe Physik I) gezeigt haben.

Wir wollen festhalten:

> *Das Coulombsche Gesetz beschreibt nicht nur die Kräfte zwischen geladenen, makroskopischen Körpern, sondern auch zwischen dem Atomkern und den Elektronen eines Atoms.*

Zwischen elektrostatischen und Gravitations-Kräften gibt es einen qualitativen und einen quantitativen wesentlichen Unterschied:

1. Während sich Massen immer anziehen, gibt es bei Ladungen auch abstoßende Kräfte, nämlich zwischen Ladungen gleichen Vorzeichens.
2. Die elektrostatische Kraft zwischen zwei Protonen ist etwa 10^{36}-mal stärker als die Gravitationsanziehung zwischen ihnen.

Diese ungeheure Zahl können wir uns anhand des folgenden Beispiels klarmachen: Würden zwei Menschen, die in einem Abstand von 1 m nebeneinander stehen, nur je 1% mehr Elektronen als Protonen besitzen, so wären beide Körper negativ aufgeladen und die daraus resultierende abstoßende Kraft zwischen ihnen würde ausreichen, um damit die Erdkugel gegen die Wirkung der Gravitation in zwei Hälften auseinanderzuziehen.

Was ist nun die Konsequenz dieser vergleichsweise so außerordentlich

---

[1]Im SI-Einheitensystem wird primär die Einheit des elektrischen Stromes festgelegt, da die zu beobachtenden magnetischen Kräfte zwischen stromdurchflossenen Leitern eine genauere Messvorschrift darstellen (siehe (1.10)). Die Größe $1/(4\pi\varepsilon_0)$ muss dann durch das Experiment bestimmt werden, ist jedoch nach der Maxwellschen Theorie direkt mit der Lichtgeschwindigkeit im Vakuum c verknüpft: $1/(4\pi\varepsilon_0) = 10^{-7}c^2$ (in SI-Maßeinheiten).

starken elektrischen Kräfte für den Aufbau der Materie? Eine Ansammlung positiver Ladungen würde unter dem Einfluss der starken abstoßenden Kräfte gleichmäßig im Raum auseinanderstreben; das Gleiche träfe für negative Ladungen zu.

Wie aber verhält sich eine Mischung aus gleich vielen positiven und negativen Ladungen? Nun, die Ladungen entgegengesetzten Vorzeichens ziehen sich mit großer Kraft an, und nachdem die dabei frei werdende Energie nach außen abgegeben worden ist, bilden sich fest gebundene Einheiten aus gleich vielen positiven und negativen Ladungen, wie z.B. Atome, Moleküle, Kristalle und Planeten, die elektrisch vollkommen oder nahezu neutral sind, und daher kaum elektrische Kräfte aufeinander ausüben können.

Die Elementarladung ist eine Naturkonstante; sie ist die kleinste bisher auf freien Teilchen nachgewiesene positive oder negative elektrische Ladung

Diese erstaunliche Beobachtung von Ladungsneutralität in unserer makroskopischen Umwelt spiegelt die besonderen Eigenschaften der Elementarteilchen wider, die wir bereits in Physik I kennengelernt haben: Alle freien geladenen Elementarteilchen, d.h. sowohl positive als auch negative, tragen exakt die gleiche Ladungsmenge, die *Elementarladung*. Durch Experimente an Wasserstoffatomen, die aus Elektron und Proton aufgebaut sind, konnte festgestellt werden, dass die negative Ladung des Elektrons die positive Protonenladung mit einer Präzision von $1 : 10^{20}$ kompensiert. Eine kleinere Ladungsmenge als die Elementarladung wurde bei freien Teilchen bisher nicht beobachtet, alle anderen frei in der Natur vorkommende Ladungen sind ganzzahlige Vielfache der Elementarladung. Andererseits kennt man Elementarteilchen, die *Quarks*, die Bausteine von Protonen und Kernen, die 2/3 oder 1/3 der Elementarladung e tragen, aber nur in gebundenen Systemen, den *Hadronen*, auftreten, die ihrerseits wieder „ganzzahlige Ladungen"[2] besitzen oder neutral sind (Physik I).

Der Betrag der Elementarladung wurde zuerst von MILLIKAN im Jahre 1910 bestimmt (siehe Abschnitt 2.1) und beträgt:

$$\boxed{e = 1{,}602 \cdot 10^{-19}\,\text{C.}}$$

In der Natur sind viele Prozesse bekannt, welche die Ladungsneutralität stören. Am längsten bekannt sind sicherlich die elektrischen Erscheinungen, die sich bei einem Gewitter abspielen und die auf dramatische Weise zeigen, dass im Inneren einer Gewitterwolke sehr effektiv positive und negative Ladungen voneinander getrennt werden. Die Ursache der Ladungstrennung liegt wohl im Kontakt von Eisteilchen und flüssigen Wassertröpfchen, die eine unterschiedliche Affinität für Elektronen besitzen und sich daher beim Kontakt miteinander unterschiedlich aufladen. Die zwischen positiv und

---

[2]Dieser Ausdruck ist als Abkürzung für ein „ganzzahliges Vielfaches der Elementarladung" zu verstehen.

negativ geladenen Wolken oder zwischen den Wolken und der Erde sich
aufbauenden starken elektrischen Kräfte führen zu den bekannten Blitz-
entladungen, die in der Regel alle 10 Minuten eine Ladung von 10 C zur
Erdoberfläche abführen (Bild 1.1). Im Blitzkanal entstehen dabei Temperaturen von 30.000°C und die Erde lädt sich dadurch gegenüber der Atmosphäre
um etwa $9 \cdot 10^5$ C negativ auf[3].

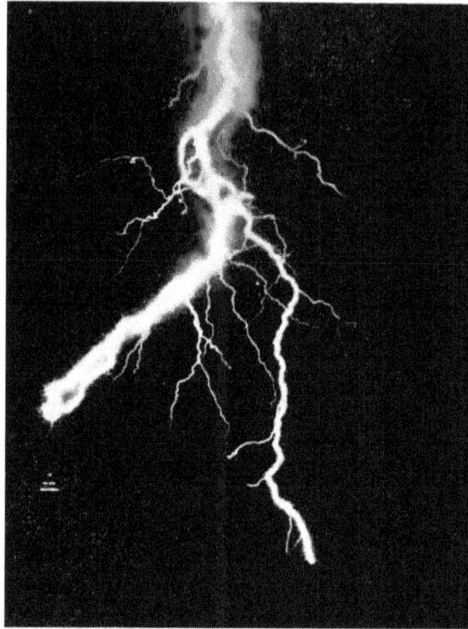

Bild 1.1: Blitzeinschlag in den Münchner Olympiaturm (photographiert vom Hochspan-
nungsinstitut der TU München). Bei einem Blitzeinschlag werden Ladungen bis zu 10 C
transportiert.

Geladene Körper kann man so erzeugen, dass man Elektronen entfernt
oder zufügt. Entfernt man Elektronen, so erzeugt man einen Überschuss
an positiven Ladungen im Körper, fügt man Elektronen zu, lädt sich der
Körper negativ auf. Bringt man zwei verschiedene neutrale Körper, z.B.
einen Glasstab und ein Katzenfell (siehe Bild 1.2), in Berührung miteinander,
so findet im Allgemeinen an der Grenzfläche eine Ladungstrennung statt,
weil der eine Körper Ladungen (beispielsweise Elektronen) fester binden
kann als der andere. Trennt man die Körper nach der Berührung, so ist
der eine Körper negativ und der andere positiv geladen. Da die Größe der

---

[3]Näheres über die physikalischen Vorgänge, die bei einer Gewitterwolke zur La-
dungstrennung führen, siehe z.B. R.P. Feynman, Vorlesungen über Physik Bd. II, Kap. 9,
Oldenbourg, München/Wien 2007 und C.D. Stow, Atmospheric Electricity, in *Reports on
Progress in Physics 32*, 31 (1969).

Bild 1.2: Die Katze

getrennten Ladungen mit der wirksamen Berührungsfläche wächst, lässt sie sich durch gegenseitiges Reiben steigern. Auf diesem an sich beiläufigen Umstand beruht der leicht irreführende Name *Reibungselektrizität*. Die getrennten Ladungen üben deutlich sichtbare Kräfte aufeinander aus, was z.B. dazu führt, dass der Katze die Haare „zu Berge" stehen. Ähnliches Mißgeschick widerfährt uns, wenn wir unser Haar in trockener Atmosphäre kämmen wollen. Sie laden sich gegenüber dem Kamm z.B. negativ auf, stoßen sich daher gegenseitig ab und denken kaum daran, der Schwerkraft zu folgen. Da diese Erscheinungen zuerst von den Griechen bei Versuchen mit Bernstein (griech. $\eta\lambda\epsilon\kappa\tau\rho o\nu$=ēlektron) beobachtet wurden, spricht man von *elektrischen Kräften*.

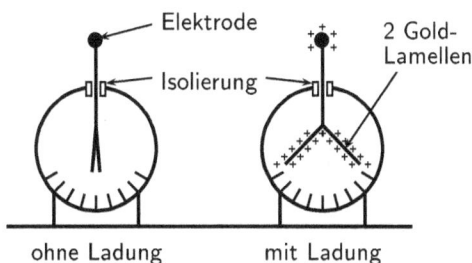

Bild 1.3: Das Goldblatt-Elektrometer: Eine auf die Elektrode aufgebrachte Ladung verteilt sich auf die beiden Goldlamellen, die sich dadurch gegenseitig abstoßen. Der Spreizwinkel ist ein Maß für die aufgebrachte Ladung. Besondere Elektrometerausführungen erreichen Empfindlichkeiten bis zu $1\,\mu$m/Elementarladung.

Reibt man einen Glasstab z.B. mit einem Katzenfell, so kann man leicht erreichen, dass auf einem Quadratzentimeter der Glasoberfläche etwa 10^{10} positive Ladungen entstehen. Um die Größe der Ladung messen zu können, streift man die Glasoberfläche an der metallischen Elektrode des Goldblatt-Elektrometers ab, das in Bild 1.3 dargestellt ist. Die Ladung verteilt sich auf beide Goldlamellen, die sich infolgedessen abstoßen. Der Spreizwinkel der Goldblättchen dient als Maß für die aufgebrachte Ladung. Dieses Verfahren der Ladungsmessung setzt voraus, dass das Elektrodenmaterial des Elektrometers elektrisch leitend ist, um die aufgebrachte Ladung an die Goldblättchen weiterleiten zu können. Außerdem muss die Elektrode durch einen elektrisch nichtleitenden Stoff gehalten und von der Außenwelt isoliert werden, um das rasche Abfließen der Ladung zur Erde zu verhindern. (Bei zu hoher Luftfeuchtigkeit erfolgt der Ladungsausgleich z.T. auch durch die Luft).

Wir halten fest:

Leiter und Isolatoren

> *Es gibt Materialien, in denen sich Ladungen leicht bewegen, sog.* Leiter, *und andere Stoffe, sog.* Isolatoren, *ohne elektrisches Leitvermögen.*

Bei den leitenden Materialien (vornehmlich Metalle) sind ein Teil der Elektronen nur leicht an die Atomkerne gebunden und daher frei bewegliche Leitungselektronen. In Isolatoren sind alle Elektronen fest an den Kern gebunden und daher unbeweglich.

Dass eine Ladungstrennung bei der Berührung von zwei verschiedenen Medien auch ohne jede gegenseitige Reibung auftritt, wird deutlich an dem Versuch in Bild 1.4 mit einem festen und einem flüssigen Medium. Eine Paraffinkugel, die vorher in Wasser getaucht wurde, kann beliebig langsam aus dem Wasser gezogen werden: In jedem Fall zeigt das Elektrometer an ihr die gleiche negative Ladung an.

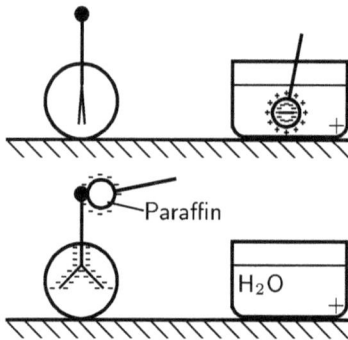

Bild 1.4: Eine in Wasser eingetauchte Paraffinkugel wird beim Herausziehen elektrisch aufgeladen, gleichgültig wie langsam sie aus dem Wasser gezogen wird.

Ähnlich der Newtonschen Gravitationskraft zwischen zwei Massen, ist auch die von COULOMB beschriebene Kraft zwischen elektrischen Ladungen eine Fernwirkung über große Abstände, die allen Erfahrungen des Alltags widersprach und daher schwer verständlich war. MICHAEL FARADAY versuchte, die Fernwirkung durch eine physikalische Idee zu verdeutlichen, und führte den Begriff der *Feldlinien* eines elektrischen Feldes ein. Streut man in einen mit Öl gefüllten Trog Grießkörner und stellt einen positiv und einen negativ geladenen Körper hinein, so reihen sich die Grießkörner kettenartig auf und bilden „Feldlinien", welche die eine Ladung mit der anderen verbinden.

„Erfindung" der Feldlinien

Die elektrischen Kräfte trennen die positiven und die negativen Ladungen der neutralen Grießkörner, so dass sich die entgegengesetzten Ladungen der Enden zweier benachbarter Grießkörner anziehen und damit ein Abbild des Kraftverlaufes zwischen den beiden Ladungen ergeben. Damit war die Vorstellung eines *Kraftfeldes* zwischen den Ladungen geboren, das durch die Polarisation der Grießkörner und deren Ausrichtung im Kraftfeld veranschaulicht wurde. Wie man diese Vorstellung auf den leeren Raum, das *Vakuum*, überträgt, hat aber erst die moderne Physik gelehrt.

Wir gehen also davon aus, dass an jedem Ort, an dem auf eine kleine Testladung q eine Kraft $\vec{F}$ ausgeübt wird, ein elektrisches Feld $\vec{E}$ existiert.

Die elektrische Feldstärke $\vec{E}$ an einem beliebigen Ort ist ein Vektor, der die Kraft $\vec{F}$ auf eine positive Einheitsladung an dieser Stelle angibt:

$$\boxed{\vec{E} = \frac{\vec{F}}{q}} \qquad \textbf{elektrische Feldstärke} \qquad (1.2)$$

Die Dimension des elektrischen Feldes ist folglich Kraft/Ladung, und es wird daher in Einheiten von Newton/Coulomb (N/C) gemessen. Ein N/C bezeichnet man – auf die Gründe kommen wir später zurück – allgemein auch als ein Volt/Meter (V/m):

$$1\,\frac{\text{V}}{\text{m}} = 1\,\frac{\text{N}}{\text{C}}.$$

Nehmen wir als Beispiel das elektrische Feld, welches von einem Proton (Ladung $q = +e$) im Abstand $r = 0{,}5 \cdot 10^{-10}$ m erzeugt wird. (Dieser Abstand entspricht der Entfernung des Elektrons vom Proton im Wasserstoffatom). Die elektrische Feldstärke – zahlenmäßig gleich der auf die Einheitsladung wirkenden Kraft – hat nach (1.1) den Betrag

$$E = \frac{1}{4\pi\varepsilon_0}\frac{e}{r^2} = 9\cdot 10^9\,\frac{1{,}6\cdot 10^{-19}}{(0{,}5\cdot 10^{-10})^2}\,\frac{\text{V}}{\text{m}} = 6{,}4\cdot 10^{11}\,\frac{\text{V}}{\text{m}} \qquad (1.3)$$

und ist radial nach außen gerichtet.

Das elektrische Feld einer solchen Punktladung ist in Bild 1.5 dargestellt. Statt durch Feldstärkevektoren lässt sich das Feld auch durch *Kraftlinien* – auch *Feldlinien* genannt – kennzeichnen, die wir bereits in Physik I kennengelernt haben. Definitionsgemäß liegen sie überall parallel zum elektrischen Feldstärkevektor, und ihre Dichte gibt den Betrag der Feldstärke an. Dies ist am Beispiel einer Punktladung sehr gut zu erkennen. Da alle Kraftlinien radial vom Zentrum ausgehen (siehe Bild 1.6), und durch jede Kugelschale um

die Punktladung die gleichen Kraftlinien hindurchtreten, nimmt die Kraftli-
niendichte mit größer werdendem Radius proportional zu $1/r^2$ entsprechend
der elektrischen Feldstärke (1.3) ab.

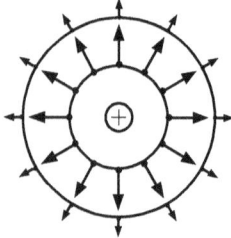

Bild 1.5: Das elektrische Feld einer positiven Punktladung:
Die Feldstärkevektoren sind radial nach außen gerichtet (bei
negativer Ladung nach innen), ihr Betrag nimmt proportional
zu $1/r^2$ ab.

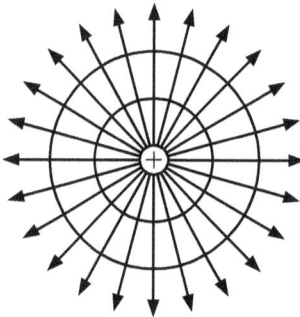

Bild 1.6: Kraftlinien in der Umgebung einer positiven
Punktladung.

Wir werden später noch ausführlich Methoden kennenlernen, das elektrische
Feld in der Umgebung mehrerer Punktladungen bzw. einer Ladungsverteilung zu berechnen. Ist das elektrische Feld am Ort einer Ladung q bekannt,
so lässt sich die elektrostatische Kraft auf die Ladung nach (1.2) ermitteln:

$$\vec{F} = q \cdot \vec{E}. \tag{1.4}$$

1.2 Kräfte zwischen bewegten Ladungen: Magnetische Kräfte

Schon seit dem Altertum waren neben den oben erwähnten elektrostatischen
Kräften zwischen elektrisch geladenen Körpern ganz andersartige Kräfte
beobachtet worden, die auch zwischen gewissen elektrisch ganz neutralen
Stoffen auftraten. Da solche Beobachtungen wahrscheinlich zuerst in Ma-
gnesia (Kleinasien) gemacht wurden, spricht man von *magnetischen* Kräften
zwischen *magnetischen* Materialien.

Nimmt man beispielsweise wie in Bild 1.7 zwei Stabmagnete, die je einen Nord- und einen Südpol besitzen, so ziehen sich bekanntlich die ungleichen Pole an, während sich gleiche Pole abstoßen, obwohl beide Magnete elektrisch völlig neutral sind. Bereits im frühen Mittelalter wurden Magneteisensteine als Kompass zur Orientierung auf den Meeren benutzt. Dem lag die Erkenntnis zugrunde, dass unsere Erde selbst als großer Magnet mit Nord- und Südpol wirkt, in dessen Kraftfeldern sich eine Kompassnadel so ausrichtet, dass ihr Südpol zum magnetischen Nordpol der Erde zeigt. Diese Wechselwirkung wird nur zwischen bestimmten magnetischen Materialien (z.B. Eisen, Kobalt und Nickel sowie einigen meist eisenhaltigen Mineralien) beobachtet. Zwischen einem Magneten und einer ruhenden Ladung (z.B. einem elektrisch geladenen Papierkügelchen) werden dagegen keinerlei Kräfte beobachtet.

Später werden wir zwischen diamagnetischen, paramagnetischen und magnetisch geordneten Materialien unterscheiden

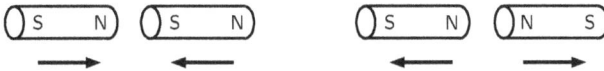

Bild 1.7: Kraftwirkungen zwischen zwei Stabmagneten.

In Analogie zur elektrischen Feldstärke können wir auch die Kräfte zwischen magnetischen Stoffen (z.B. unseren beiden Stabmagneten) durch ein Magnetfeld beschreiben. Die Existenz eines magnetischen Feldes um einen Stabmagneten lässt sich besonders gut demonstrieren, wenn man Eisenfeilspäne auf den Tisch streut, auf dem auch der Magnet liegt (siehe Bild 1.8).

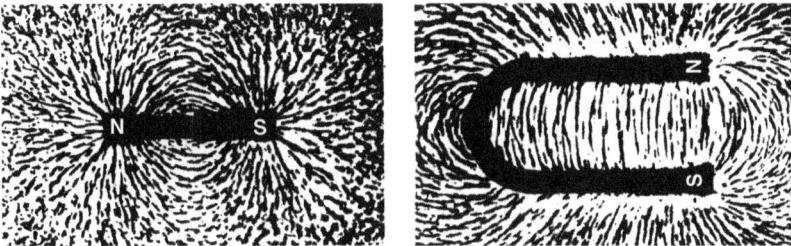

Bild 1.8: Anordnung von Eisenfeilspänen um einen Stabmagneten (links) und einen Hufeisenmagneten (rechts): Die magnetischen Kraftlinien werden deutlich sichtbar.

Die länglichen Eisenfeilspäne drehen sich im Kraftfeld des Magneten wie Kompassnadeln und machen so die Richtung der Kraftwirkung und damit die magnetischen Kraftlinien sichtbar, die offenbar von einem (z.B. Nord-) zum anderen (z.B. Süd-) Pol verlaufen. Wir wollen hier vorerst nur festhalten:

Ein Stab- bzw. ein Hufeisenmagnet erzeugt um sich herum ein magnetisches Feld B, welches parallel zu den sichtbar gemachten Kraftlinien verläuft.

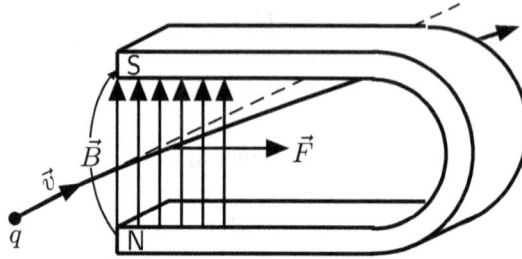

Bild 1.9: Ablenkung einer bewegten Ladung infolge der Lorentz-Kraft im homogenen Teil des Feldes eines Hufeisenmagneten.

Auf eine ruhende positive Ladung q im Magnetfeld, z.B. des Hufeisenmagneten in Bild 1.9, wird keinerlei Kraft ausgeübt, da der Magnet elektrisch neutral ist. Bewegt sich dagegen die Ladung mit der Geschwindigkeit $\vec{v}$ durch das Magnetfeld $\vec{B}$, so beobachtet man eine Kraft $\vec{F}$, die proportional zur Ladung q und zur Geschwindigkeit ist, aber immer auf dem Geschwindigkeitsvektor $\vec{v}$ und dem Vektor der magnetischen Feldstärke $\vec{B}$ senkrecht steht. Wenn wir uns an die Bedeutung des Vektorprodukts erinnern (siehe z.B. Physik I), lassen sich alle Beobachtungen dieser magnetischen Kraft auf bewegte Ladungen wie folgt zusammenfassen:

$$\boxed{\vec{F} = q(\vec{v} \times \vec{B})} \qquad \textbf{Lorentz-Kraft} \tag{1.5}$$

Diese magnetische Kraft wird als *Lorentz-Kraft* bezeichnet. Die Richtung von $\vec{B}$ liegt durch den Hufeisenmagneten in Bild 1.9 fest. Da (1.5) keine weitere Proportionalitätskonstante enthält, ist durch (1.5) auch schon die magnetische Feldstärke $\vec{B}$ bestimmt. Die Dimension des magnetischen Feldes ist [Kraft/(Ladung · Geschwindigkeit)], und es wird daher in Einheiten von $\mathrm{N\,s/(m\,C)}$, die man auch als *Tesla*-Einheit (T) bezeichnet, gemessen. Für kleinere magnetische Feldstärken verwendete man früher die 10^4-mal kleinere Gauß-Einheit (G) bzw. die noch kleinere γ-Einheit ($1\,\gamma = 10^{-5}\,$G):

Nicola Tesla, *1856–1943*

$$1\,\mathrm{T} = 1\,\frac{\mathrm{Ns}}{\mathrm{Cm}} = 10^4\,\mathrm{G} = 10^9\,\gamma.$$

So beträgt das Magnetfeld der Erde an der Erdoberfläche im Mittel $0{,}5\,\mathrm{G} = 5 \cdot 10^{-5}\,$T, das Magnetfeld im interstellaren Raum dagegen hat die Größenordnung von etwa $1\,\gamma = 10^{-9}\,$T.

Die Richtung der Lorentz-Kraft ist nach (1.5) eindeutig festgelegt: Sie steht immer senkrecht auf der durch $\vec{B}$ und $\vec{v}$ gebildeten Ebene. Die beobachtete Richtung von $\vec{F}$ kann man sich wie folgt merken: Dreht man den Vektor $\vec{v}$ um den Winkel φ zwischen $\vec{v}$ und $\vec{B}$, so dass er mit $\vec{B}$ zur Deckung kommt, so erfolgt diese Drehung im Uhrzeigersinn, wenn man in die Richtung von $\vec{F}$ blickt (Bild 1.10).

Der Betrag der Lorentz-Kraft ist gemäß (1.5) und der Bedeutung des Vektorprodukts

$$\boxed{F = q \cdot v \cdot B \cdot \sin \varphi,}$$

wobei φ der Winkel zwischen $\vec{v}$ und $\vec{B}$ ist (siehe Bild 1.10). Die magnetische Lorentz-Kraft verschwindet daher vollkommen, wenn sich das geladene Teilchen parallel zu den magnetischen Feldlinien ($\varphi = 0°$) bewegt.

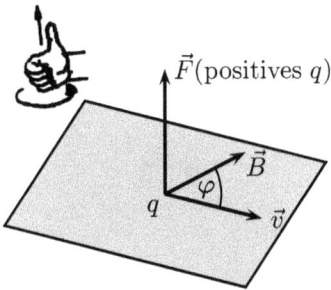

Bild 1.10: Zur Richtung der Lorentz-Kraft: $\vec{v}$, $\vec{B}$ und $\vec{F}$ bilden ein Rechtssystem (Rechte-Hand-Regel).

Da die Lorentz-Kraft immer senkrecht zur Geschwindigkeit wirkt, ändert sich unter dem Einfluss magnetischer Kräfte nur die Richtung, nie aber der Betrag von $\vec{v}$. Die kinetische Energie geladener Teilchen bleibt also beim Durchfliegen magnetischer Felder unverändert.

Bewegte oder fließende elektrische Ladungen bezeichnet man als *elektrischen Strom*. Sie kann man erzeugen, indem man z.B. leitende Drähte an eine von ALLESANDRO VOLTA erfundene elektrische Batterie anschließt. Damit war zum ersten Mal das Experimentieren mit elektrischen Strömen möglich, das zu wichtigen Entdeckungen führte. Die Stärke des Stromes I, der durch einen Leiter (z.B. durch einen Kupferdraht) fließt, ist gleich der Ladungsmenge dq, welche pro Zeiteinheit dt durch den Querschnitt des Leiters läuft:

Elektrischer Strom = elektr. Ladung pro Zeit

$$\boxed{I = \frac{dq}{dt}} \qquad \textbf{elektrischer Strom} \qquad (1.6)$$

Die Stromstärke wird demnach gemessen in (C/s), und diese Einheit nennt man 1 Ampere (A):

$$1\,\mathrm{A} = 1\,\frac{\mathrm{C}}{\mathrm{s}}.$$

Wenn am Stromtransport n Ladungsträger pro Volumeneinheit beteiligt sind, die sich alle mit der gleichen Geschwindigkeit $\vec{v}$ nach rechts bewegen (siehe Bild 1.11), dann ergibt sich ein Gesamtstrom:

$$\boxed{I = A \cdot n \cdot q \cdot v = A \cdot j} \tag{1.7}$$

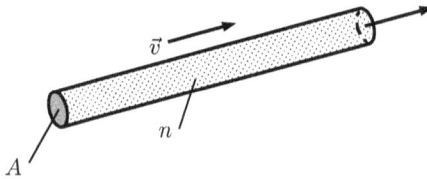

Bild 1.11: Der elektrische Strom: Ladungsträger mit der Teilchendichte n bewegen sich mit der Geschwindigkeit $\vec{v}$ in einem Draht mit dem Querschnitt A.

Stromdichte   Hierbei ist A die Querschnittsfläche des Drahtes, und j wird die *Stromdichte* genannt:

$$j = \frac{\text{Strom}}{\text{Querschnittsfläche}}.$$

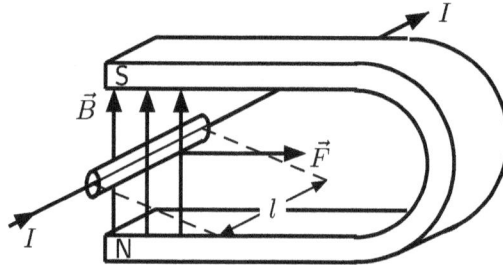

Bild 1.12: Lorentz-Kraft auf einen stromdurchflossenen Leiter in einem homogenen Magnetfeld.

Bringt man diesen stromdurchflossenen Draht – wie in Bild 1.12 gezeigt – in das Magnetfeld eines Hufeisenmagneten, so erfährt er nach (1.5) eine seitlich wirkende Lorentz-Kraft

$$\vec{F} = l \cdot A \cdot n \cdot q \cdot (\vec{v} \times \vec{B})$$

oder

$$\boxed{\vec{F} = l \cdot (\vec{I} \times \vec{B})}, \tag{1.8}$$

wobei l die Länge des Leiters im Magnetfeld $\vec{B}$ und $\vec{I} = A \cdot n \cdot q \cdot \vec{v}$ der vektorielle Strom im geraden Drahtstück ist. Diese magnetische Kraft auf einen stromdurchflossenen Leiter liegt der Bewegung aller Elektromotoren zugrunde, auch wenn das Magnetfeld nicht, wie in unserem Falle, von einem Hufeisenmagnet erzeugt wird.

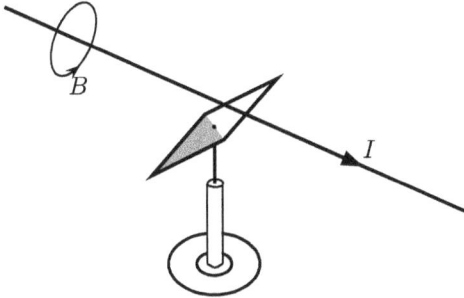

Bild 1.13: Die Ablenkung einer Magnetnadel in der Umgebung eines stromführenden Drahtes: Die Magnetnadel stellt sich senkrecht zum geradlinigen Leiter ein.

Einen großen Fortschritt zum Verständnis der magnetischen Kräfte brachte 1820 die Entdeckung des dänischen Physikers OERSTED, dass eine Kompassnadel in der Nähe eines stromführenden Drahtes eine starke Ablenkung erfährt und sich senkrecht zur Drahtachse einstellt, und zwar nur solange der Strom fließt (Bild 1.13). Damit war erwiesen, dass ein stromdurchflossener Draht ein Magnetfeld erzeugt. Eine genauere Untersuchung zeigte, dass die magnetischen Kraftlinien den stromführenden Draht kreisförmig umschließen, also an keiner Stelle anfangen, sondern in sich geschlossen sind. Dieser Feldverlauf wird sofort sichtbar, wenn man auf eine durchbohrte Glasplatte senkrecht zum Draht Eisenfeilspäne streut. Sobald man den Strom durch den Draht im Zentrum von Bild 1.14 einschaltet, wird die ringförmige Anordnung der Kraftlinien um den zentralen Leiter deutlich sichtbar.

Bild 1.14: Anordnung von Eisenfeilspänen um einen stromdurchflossenen Draht: Die magnetischen Feldlinien bilden konzentrische Kreise in der Ebene senkrecht zum Draht.

Die Richtung des magnetischen Feldes – wie sie sich aus OERSTEDs Versuchen ergab – ist in Bild 1.15 wiedergegeben. Die Stärke des von ihm beobachteten magnetischen Feldes nimmt linear mit dem Strom zu und ist umgekehrt proportional zum Abstand von der Drahtachse, wie durch folgenden Ausdruck wiedergegeben wird:

$$B = \frac{\mu_0}{2\pi} \frac{I}{r}.$$

(1.9)

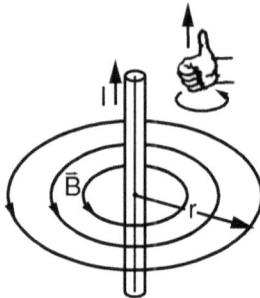

Bild 1.15: Die magnetische Feldstärke $\vec{B}$ um einen stromführenden Draht: Die Feldstärkevektoren liegen tangential zu konzentrischen Kreisen und sind so gerichtet, dass $\vec{r}$, $\vec{B}$ und $\vec{I}$ ein Rechtssystem bilden (Rechte Hand-Regel). Der Betrag der Feldstärke nimmt proportional zu $1/r$ nach außen ab.

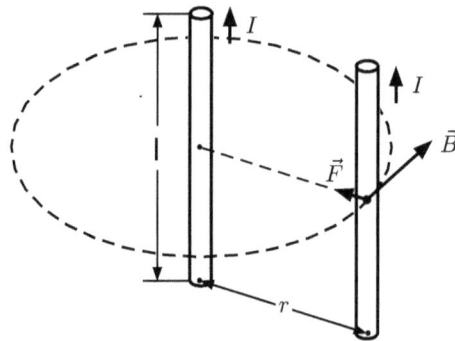

Bild 1.16: Lorentz-Kraft zwischen zwei stromdurchflossenen Leitern: Bei paralleler Stromrichtung ziehen sich beide Leiter an, bei antiparalleler Richtung stoßen sie sich ab.

Die Proportionalitätskonstante μ_0 liegt zwar in ihren Dimensionen fest, ihr Betrag jedoch muss experimentell ermittelt werden[4].

Zur experimentellen Bestimmung von μ_0 benutzt man am einfachsten die interessante und jetzt verständliche Erscheinung, dass zwei parallele stromführende Drähte sich anziehen, wenn in beiden der Strom in gleicher Richtung fließt. Bei Umkehrung der Stromrichtung in nur einem Draht (Ströme antiparallel) stoßen sich beide Drähte ab. Während des Versuches sind beide Drähte elektrisch vollkommen neutral, so dass elektrostatische

---

[4]Siehe auch Fußnote zu Gl. (1.1).

Kräfte nicht auftreten. Vielmehr ist es offenbar die Bewegung von Ladungen, die zu der beobachteten Wechselwirkung führt: Der eine Strom z.B. im linken Draht in Bild 1.16 erzeugt am Ort des rechten Drahtes ein Magnetfeld

$$B = -\frac{\mu_0}{2\pi} \frac{I}{r}.$$

Dieses Magnetfeld andererseits übt nach (1.8) auf den rechten Leiter eine nach links wirkende Lorentz-Kraft aus:

$$F = l \cdot I \cdot B.$$

Nach Einsetzen von B aus (1.9) ergibt sich daraus:

$$F = l\frac{\mu_0}{2\pi} \frac{I^2}{r} \tag{1.10}$$

Da auf der linken Seite die gleiche Kraft nach rechts wirkt, ziehen sich beide Leiter mit dieser Kraft an.

Durch Messung der Kraft zwischen den beiden parallelen stromführenden Drähten lässt sich – wie man aus (1.10) sieht – die Konstante μ_0, welche zuerst in (1.9) auftrat, ermitteln. Dabei ergibt sich:

$$\mu_0 = 4\pi \cdot 10^{-7} \frac{N}{A^2} \tag{1.11}$$

Damit sind wir in der Lage, auch quantitativ das Magnetfeld um einen geraden stromführenden Draht zu bestimmen. Wie man das Magnetfeld einer komplizierteren Leiterkonfiguration, z.B. einer Spule, bestimmen kann, wollen wir später behandeln.

Bemerkung:

Im SI-Einheitensystem wird die Kraft zwischen zwei stromdurchflossenen Leitern zur Festlegung der Einheit der Stromstärke, dem Ampere, verwendet:

1 Ampere ist die Stärke eines zeitlich unveränderlichen elektrischen Stromes, der, durch zwei im Vakuum parallel im Abstand 1 m voneinander angeordnete, geradlinige, unendlich lange Leiter von vernachlässigbar kleinem, kreisförmigem Querschnitt fließend, zwischen diesen Leitern je 1 m Leiterlänge elektrodynamisch die Kraft $0,2 \cdot 10^{-6}$ N hervorrufen würde (9. Generalkonferenz für Maß und Gewicht, 1948).

1.3   Das elektromagnetische Feld

Wir haben gesehen, dass ruhende Ladungen ein elektrisches Feld erzeugen. Durch die Bewegung von Ladungen entsteht zusätzlich auch ein magnetisches Feld. Damit ergibt sich sofort die wichtige Frage, relativ zu welchem Bezugssystem die Ladungsbewegung gemessen wird. Das Magnetfeld einer bewegten Ladung hängt offenbar von der Wahl des Bezugssystems ab, denn es verschwindet ja beispielsweise für einen mit der Ladung mitbewegten Beobachter. Andererseits werden wir sehen, dass auch das beobachtete elektrische Feld einer Ladung von der Geschwindigkeit abhängt, mit der die Ladung sich relativ zum Beobachter bewegt.

> *Sowohl das elektrische als auch das magnetische Feld von Ladungen verändern sich also, wenn man von einem Bezugssystem zu einem anderen übergeht.*

Wir haben bisher nur zeitlich konstante Felder betrachtet. In solchen Fällen waren die elektrischen und die magnetischen Erscheinungen unabhängig voneinander. Die Konstante ε_0 der Elektrostatik zeigte z.B. keinerlei Beziehung zur Konstante μ_0 der Magnetostatik. Ebenso konnte man das elektrische Feld $\vec{E}$ und das magnetische Feld $\vec{B}$ als unabhängig voneinander betrachten.

Für zeitlich veränderliche Felder gilt diese Unabhängigkeit der Felder $\vec{E}$ und $\vec{B}$ voneinander jedoch nicht mehr. Wie FARADAY und MAXWELL fanden, erzeugt ein zeitlich veränderliches Magnetfeld automatisch in der Umgebung auch ein elektrisches Feld und – in analoger Weise – führt ein zeitlich veränderliches elektrisches Feld auch zu einem Magnetfeld. Diese symmetrische Kopplung zwischen zeitlich veränderlichen elektrischen und magnetischen Feldern fand ihren mathematischen Ausdruck in den *Maxwellschen Gleichungen* (siehe Kapitel 10).

Maxwellsche
Gleichungen

Die wichtigste Konsequenz der Maxwellschen Gleichungen liegt in dem erstmaligen Verständnis der Ausbreitung von *elektromagnetischen Wellen*, deren Erzeugung und Nachweis erstmals HEINRICH HERTZ gelang. Nach der Maxwellschen Theorie sollten sich alle elektromagnetischen Wellen mit der charakteristischen Geschwindigkeit

$$\boxed{c = \frac{1}{\sqrt{\varepsilon_0 \mu_0}} = 2{,}9979 \cdot 10^8 \, \frac{\mathrm{m}}{\mathrm{s}}} \qquad \textbf{Lichtgeschwindigkeit} \qquad (1.12)$$

fortpflanzen, in glänzender Übereinstimmung mit der gemessenen Lichtgeschwindigkeit.

Ein geladenes Teilchen unter dem gleichzeitigen Einfluss von elektrischen und magnetischen Feldern erfährt nach (1.4) und (1.5) eine Gesamtkraft

$$\boxed{\vec{F} = q\left(\vec{E} + \vec{v} \times \vec{B}\right)}.$$ (1.13)

Diese Kraft wird als Verallgemeinerung von (1.5) häufig auch als *Lorentz-Kraft* bezeichnet. Unter dieser Kraft bewegt sich das Teilchen streng nach den schon bekannten Gesetzen der Mechanik.

Literaturhinweise zu Kapitel 1

Neben den bereits in Physik I vorgestellten Lehrbüchern zur Einführung in die Physik seien auch die Lehrbücher der Technischen Elektrizitätslehre empfohlen wie z.B.:

Bosse, G.: Grundlagen der Elektrotechnik, VDI-Verlag, Düsseldorf (1986)

Küpfmüller, K.: Theoretische Elektrotechnik und Elektronik, Springer, Berlin (2005), 17. Auflage

Zum Verständnis der elektromagnetischen Erscheinungen bilden Kenntnisse in der Vektorrechnung eine wesentliche Voraussetzung. Eine gute Einführung dazu wie auch zur Infinitesimalrechnung und zum Umgang mit komplexen Zahlen findet man in:

Läuger, K.: Mathematik kompakt und verständlich, Oldenbourg, München/ Wien (1992)

Wer Interesse hat, einmal einen Blick in die Originalarbeiten zum Beispiel von Coulomb oder Faraday zu werfen, dem seien folgende Bücher empfohlen:

Shamos, M.H.: Great Experiments in Physics, Holt, Rinehart and Winston, New York (1959)

Magie, W.F.: Source Book in Physics, Oxford University Press (1964)

2 Grundlagen der Elektrostatik

2.1 Die Elementarladung

Im Jahre 1910 machte MILLIKAN die wichtige Entdeckung, dass die elektrische Ladung nur stückweise vorkommt, d.h. sie ist quantisiert. Die kleinste Einheit ist die *Elementarladung* e:

$$e = 1{,}6022 \cdot 10^{-19}\,\text{C}$$

Zum Nachweis des Elementarquantums benutzte Millikan die in Bild 2.1 gezeigte prinzipielle Versuchsanordnung: In einen Plattenkondensator werden kleine Öltröpfchen gesprüht, die in Luft unter dem Einfluss der Gravitationskraft und der Stokesschen Reibungskraft (siehe Physik I) mit konstanter Geschwindigkeit $\vec{v}$ fallen, und zwar desto schneller, je größer sie sind:

$$m \cdot g = \frac{4\pi}{3} R^3 \cdot \rho \cdot g = 6\pi\eta \cdot R \cdot v. \tag{2.1}$$

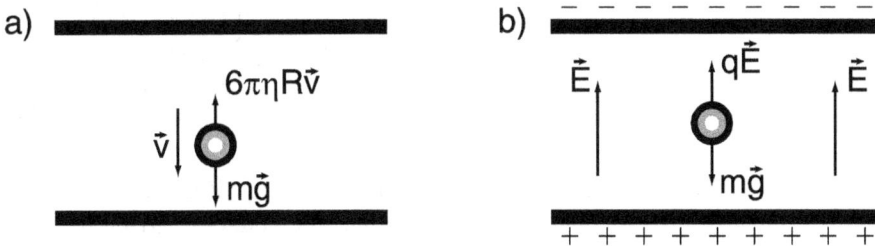

Bild 2.1: Millikanscher Versuch zur Bestimmung der Elementarladung:
a) Aus der Fallgeschwindigkeit bei ausgeschaltetem Feld lässt sich die Masse des geladenen Öltröpfchens ermitteln.
b) Wird nun das elektrische Feld gerade so groß gewählt, dass das Teilchen schwebt, so lässt sich daraus die Ladung bestimmen.

Aus der gemessenen Fallgeschwindigkeit lassen sich der Radius und damit auch die Masse des Tröpfchens bestimmen, da die Viskosität der Luft η und die Öldichte ρ bekannt sind.

Durch Bestrahlung des Tröpfchens mit Röntgenstrahlen kann nun die Ladung q des Tröpfchens erfahrungsgemäß verändert werden. Dies wird deutlich sichtbar, sobald am Kondensator ein elektrisches Feld angelegt wird, welches eine zusätzliche Kraft $q\vec{E}$ auf den Tropfen ausübt. Die Größe dieser elektrischen Kraft kann nun durch Variation von $\vec{E}$ so gewählt werden, dass die elektrische, nach oben gerichtete Kraft die Gravitationsanziehung nach unten gerade kompensiert, so dass das Tröpfchen in der Schwebe bleibt. Das hierfür notwendige elektrische Feld ergibt sich aus $qE = mg$, d.h. seine Bestimmung gibt unmittelbar Auskunft über die Ladung q des Tröpfchens:

$$q = \frac{mg}{E}. \tag{2.2}$$

Es zeigt sich:

> *Alle Ladungen, die mit solchen oder ähnlichen Versuchen[1] gemessen wurden, sind ganzzahlige Vielfache der Elementarladung $e = 1{,}6022 \cdot 10^{-19}$ C.*

Alle frei in der Natur vorkommenden Elementarteilchen besitzen eine (positive oder negative) Elementarladung, wenn sie nicht elektrisch neutral sind. Dies ist eine Erfahrungstatsache, die theoretisch kaum verstanden ist. Von GELL-MANN und ZWEIG wurden auch Teilchen, sog. *Quarks* mit Ladungen $\pm 1/3\,e$ und $\pm 2/3\,e$ theoretisch postuliert. Ihre Existenz konnte inzwischen mit verschiedenen Streuexperimenten nachgewiesen werden.[2] Sie kommen, wie schon in der Einführung erwähnt, als gebundene Teilchen in *Hadronen* vor (siehe Physik IV)

Quarks existieren nicht als freie Teilchen (Quark Confinement)

Atome sind aus geladenen Teilchen, den Elektronen und Kernen, aufgebaut. Letztere sind gebundene Systeme aus einfach positiv geladenen Protonen und ungeladenen Neutronen. Die Protonen wiederum sind zusammengesetzt aus zwei Quarks mit $+2/3\,e$ und einem mit $-1/3\,e$, die Neutronen hingegen aus zwei Quarks mit den Ladungen $-1/3\,e$ und einem Quark, der die Ladung $+2/3\,e$ trägt. Normalerweise besitzt ein Atom die gleiche Zahl von Protonen und Elektronen, so dass es nach außen als ungeladen oder elektrisch neutral erscheint. Diese Ladungsneutralität von Atomen ist ein deutlicher Hinweis auf die gleiche absolute Größe der Ladung von positiven und negativen Teilchen. Die Ladungsneutralität von Atomen wurde u.a. durch folgende zwei Experimente mit großer Genauigkeit erhärtet:

---

[1] Ein genaueres Verfahren zur Durchführung des Millikanschen Versuches ist beschrieben in K.H. Hellwege, Einführung in die Physik der Atome, Heidelberger Taschenbücher Bd. 2, Springer (1974)

[2] Näheres hierzu, siehe z.B.: Lohrmann, E.: Hochenergiephysik, Teubner Verlag (2005).

1. Keine Ablenkung eines Cs-Atomstrahls (55 Protonen, 55 Elektronen) im elektrischen Feld:[3]

   Folgerung: $(e^+ + e^-) < 10^{-16} e$.

2. Keine Aufladung eines anfänglich neutralen Tanks nach dem Aus-strömen von Wasserstoffgas:[4]

   Folgerung: $(e^+ + e^-) < 10^{-19} e$.

Ladungserhaltung

Es gibt viele Prozesse, in denen Teilchen einer Art in Elementarteilchen einer anderen Art und Ladung umgewandelt werden. In all diesen Prozessen bleibt jedoch nach allen bisherigen Erfahrungen die Gesamtladung aller beteiligten Teilchen konstant.

Die Summe der positiven und negativen Ladungen in einem abge-schlossenen System ändert sich nie.

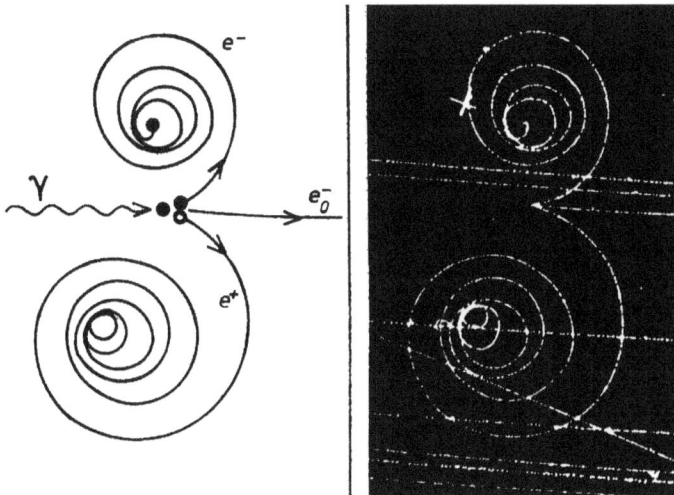

Bild 2.2: Blasenkammer-Aufnahme einer Elektron-Positron-Paarbildung beim Stoß eines hochenergetischen γ-Quants mit einem Elektron: Die Bahnen der Elektronen sind infolge eines angelegten homogenen Magnetfeldes (senkrecht zur Bildebene) gekrümmt.

Lässt man beispielsweise ein hochenergetisches γ-Quant auf ein Elektron e_0^- treffen, so kann dabei ein Elektron-Positron-Paar entstehen, nie dagegen nur

---

[3]J.C. Zorn, G.E. Chamberlain und V.W. Hughes, *Phys. Rev.* **129** (1963) 2566.
[4]J.G. King, *Phys. Rev. Lett.* **5** (1960) 562.

ein Elektron oder nur ein Positron. Paarerzeugung ist in der Blasenkammer-aufnahme Bild 2.2 zu erkennen: Da sich der Vorgang in einem homogenen Magnetfeld abspielt, gibt die Bahnkrümmung direkt Auskunft über das Ladungsvorzeichen der beiden erzeugten Teilchen.

Ladungsinvarianz

Die Ladung von Elementarteilchen ist relativistisch invariant, sie ändert sich also nicht mit der Geschwindigkeit des Teilchens.

So bleibt z.B. ein Kupferblock beim Erhitzen elektrisch neutral, obwohl sich dabei die Elektronengeschwindigkeit in ganz anderer Weise ändert als die Geschwindigkeit der Ionen.

2.2   Das Coulombsche Gesetz

Die elektrische Kraft zwischen zwei ruhenden Ladungen q_1 und q_2 wird durch das Coulombsche Gesetz (1.1) beschrieben:

$$\boxed{\vec{F} = \frac{1}{4\pi\varepsilon_0}\frac{q_1 q_2}{r^2}\frac{\vec{r}}{r}} \qquad \textbf{Coulombsches Gesetz} \qquad (2.3)$$

Dabei drückt der Einheitsvektor $\vec{r}/r$ aus, dass die Kraft auf der Verbindungslinie beider Ladungen liegt. (Schon aus Symmetriegründen ist eine andere Richtung unmöglich.) Sie ist ferner umgekehrt proportional zum Quadrat des Abstandes r beider Ladungen. Bei gleichem Vorzeichen der Ladungen stoßen sie sich ab, bei umgekehrtem Vorzeichen erfolgt Anziehung.

Die Gesetzmäßigkeit, dass die Kraft proportional zu q_1, q_2 und $1/r^2$ ist, wurde 1785 von C. DE COULOMB mit einer ähnlich der in Bild 2.3 skizzierten Drehwaage experimentell gefunden. Insbesondere die $1/r^2$-Abhängigkeit ist wohl die wichtigste Eigenschaft der Coulombschen Kraft und wird ständig mit immer größer werdender Genauigkeit untersucht.

Schon CAVENDISH zeigte sogar ein paar Jahre vor COULOMB mit einer Genauigkeit von 2%, dass die Kraft mit $1/r^2$ variiert. Nur, wenn nämlich die Coulomb-Kraft proportional zu $1/r^2$ ist, verschwindet die Kraft auf eine Probeladung und damit das elektrische Feld an jedem Ort im Innern einer homogen mit Ladungen belegten Kugelfläche in Übereinstimmung mit seinen Beobachtungen[5] (siehe Bild 2.4).

---

[5]Eine spätere Version des Cavendish-Experimentes wurde mit einer Genauigkeit $1:10^9$ durchgeführt von S.J. Plimpton und W.E. Lawton, *Phys. Rev.* **50** (1936) 1066.

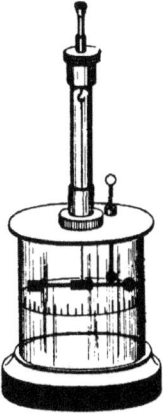

Bild 2.3: Die Coulombsche Drehwaage: Am rechten Arm der Drehwaage ist elektrisch isoliert eine Metallkugel befestigt. Eine gleich große Metallkugel daneben kann von außen aufgeladen werden und überträgt bei Berührung eine bestimmte Ladungsmenge auf die Metallkugel der Drehwaage. Die beiden Kugeln stoßen sich ab mit einer Kraft, die sich aus dem Drehwinkel ermitteln lässt (Bildnachweis: Bergmann-Schäfer: Lehrbuch der Experimentalphysik, Band II).

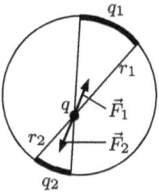

Bild 2.4: Zur Ermittlung der Kraft auf eine Probeladung im Innern einer homogen mit Ladungen belegten Kugelfläche.

Für ein beliebig herausgegriffenes kleines (Raum-)Winkelelement gilt nämlich aus geometrischen Gründen:

$$\frac{q_1}{q_2} = \frac{r_1^2}{r_2^2}.$$

Die beiden Kräfte F_1 und F_2 auf die Probeladung heben sich deshalb nur dann paarweise auf, wenn $F \propto 1/r^2$ ist:

$$\frac{F_1}{F_2} = \frac{q \cdot q_1/r_1^2}{q \cdot q_2/r_2^2}.$$

Die $1/r^2$-Abhängigkeit der Coulombkraft ist von besonderem theoretischen Interesse, weil sie eine Aussage erlaubt über die Ruhemasse m des Photons, des Feldteilchens der elektromagnetischen Wechselwirkung. Nach dem japanischen Theoretiker YUKAWA nämlich ist eine $1/r^2$-Abhängigkeit nur dann streng zu erwarten, wenn die Ruhemasse des Photons null ist. Für Teilchen mit verschwindender Ruhemasse (hier Photonen) folgt aber nach der speziellen Relativitätstheorie (Kapitel 11), dass sie sich unabhängig von ihrer Energie im Vakuum mit genau der gleichen charakteristischen Geschwindigkeit, nämlich der Lichtgeschwindigkeit, ausbreiten. Diese Folgerung aus der $1/r^2$-Abhängigkeit der Coulombkraft scheint nach neueren Beobachtungen bei Sternexplosionen in guter Übereinstimmung mit der Erfahrung zu stehen.

So wurde beobachtet[6], dass Radiopulse und Lichtsignale, die von einer Explosion aus einer Entfernung von 20 Lichtjahren zu uns gelangen, innerhalb weniger Minuten gleichzeitig auf der Erde eintreffen, woraus folgt, dass der relative Unterschied in der Ausbreitungsgeschwindigkeit dieser beiden Signale kleiner als $5 \cdot 10^{-7}$ sein muss.

Die $1/r^2$-Abhängigkeit scheint auch bis zu sehr kleinen Abständen gültig zu bleiben. Die berühmten Rutherfordschen Streuexperimente von α-Teilchen an Goldfolien (siehe Physik I) lieferten den klaren Beweis, dass die Coulombkraft bis herab zu Abständen von $r = 10^{-14}$ m noch streng dem Coulombgesetz folgt. An dem Positron-Elektron-Kollider LEP am CERN, Genf wurden e^+e^--Kollisionen bei Energien von GeV beobachtet, die das Coulomb Gesetz bis zu Abständen von 10^{-18} m verifizierten.

Die Additivität der Coulombkräfte

Betrachten wir insgesamt drei Ladungen q_1, q_2 und q (siehe Bild 2.5). Wie groß ist die Gesamtkraft $\vec{F}$, welche auf die Ladung q wirkt? Die experimentelle Beobachtung zeigt, dass sich die Gesamtkraft vektoriell aus den beiden Teilkräften $\vec{F}_1$ und $\vec{F}_2$ zusammensetzt:

$$\vec{F} = \vec{F}_1 + \vec{F}_2 = \frac{1}{4\pi\varepsilon_0} \frac{q \cdot q_1}{r_1^2} \cdot \vec{e}_1 + \frac{1}{4\pi\varepsilon_0} \frac{q \cdot q_2}{r_2^2} \cdot \vec{e}_2, \tag{2.4}$$

wobei $\vec{e}_1 = \vec{r}_1/r_1$ und $\vec{e}_2 = \vec{r}_2/r_2$ Einheitsvektoren in Richtung von $\vec{r}_1$ und $\vec{r}_2$ sind.

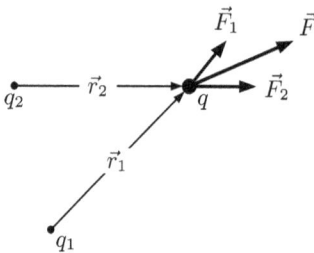

Bild 2.5: Die Gesamtkraft zweier Ladungen q_1 und q_2 auf eine Probeladung q ergibt sich vektoriell aus den Teilkräften.

Die Einzelkräfte zwischen je zwei Ladungen überlagern sich einfach, ohne dass die Gegenwart einer Ladung irgendeinen Einfluss auf die Kräfte zwischen den anderen Ladungen ausübt. Dieses Prinzip der vektoriellen *Superpositions-* Addition von Kräften heißt *Superpositionsprinzip*. Dieses Prinzip ist nicht *prinzip* selbstverständlich und schließt z.B. Drei-Teilchen-Kräfte aus, die nur zwischen drei Ladungen auftreten könnten.

---

[6]B. Lovell, F.L. Whipple und L.H. Solomon, *Nature*, **202** (1964) 377.

Frage:

Kann man bereits aus dem Ergebnis des Cavendish-Experimentes diese Folgerungen ziehen?

2.3 Das elektrische Feld

Nach der Definition des elektrischen Feldes (1.2) und dem Coulombschen Gesetz (2.3) erzeugt eine Punktladung q_1, die sich am Ort $\vec{r}_1$ befindet, an einem anderen Punkt P_0 am Ort $\vec{r}_0$ eine elektrische Feldstärke $\vec{E}(\vec{r}_0)$ (siehe Bild 2.6):

$$\vec{E}(\vec{r}_0) = \frac{1}{4\pi\varepsilon_0} \frac{q_1}{r_{01}^2} \vec{e}_{01}. \tag{2.5}$$

Hierbei ist $\vec{r}_{01} = \vec{r}_0 - \vec{r}_1$ und $\vec{e}_{01}$ der dazugehörige Einheitsvektor, der die Richtung der elektrischen Feldstärke angibt und auf der Verbindungslinie zwischen Ladung und dem Punkt P_0 liegt. Der Feldstärkevektor ist damit von positiven Punktladungen weg und zu negativen Punktladungen hin gerichtet.

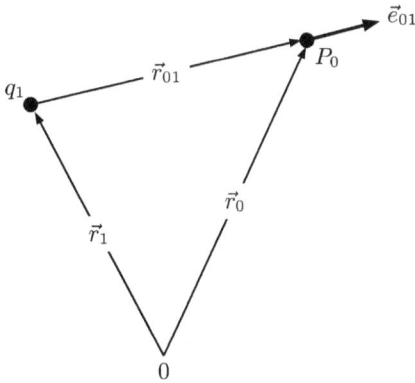

Bild 2.6: Zur Berechnung der elektrischen Feldstärke der Ladung q_1 im Punkt P_0.

Wir wollen jetzt übergehen zu mehreren Ladungen, z.B. zu insgesamt N Ladungen q_j ($j = 1 \ldots N$), die beliebig im Raum verteilt sein mögen. Wir wollen wieder die Frage stellen: Wie groß ist die elektrische Feldstärke $\vec{E}(\vec{r}_0)$ am Ort P_0? Nun, wegen der Gültigkeit des Superpositionsprinzips addieren sich alle Kräfte und damit alle Feldstärken vektoriell:

$$\vec{E}(\vec{r}_0) = \frac{1}{4\pi\varepsilon_0} \sum_{j=1}^{N} \frac{q_j}{r_{0j}^2} \vec{e}_{0j} \tag{2.6}$$

Schließlich wollen wir auch noch den Fall einer *kontinuierlichen Ladungsverteilung* besprechen. Hierzu führen wir den Begriff der räumlichen Ladungsdichte

$$\rho(\vec{r}) = \lim_{\Delta V \to 0} \frac{\Delta q(\vec{r})}{\Delta V(\vec{r})} = \frac{dq}{dV} \qquad (2.7)$$

ein. Zur Berechnung der Feldstärke am Ort $\vec{r}_0$ wird die Summe über alle Ladungen in (2.6) durch ein Integral der Ladungsdichte über das gesamte Volumen ersetzt. Der Beitrag des Volumenelemetes dV_1 mit der Ladung $\rho\,dV_1$ zur elektrischen Feldstärke im Punkt P_0 ist (siehe dazu Bild 2.7):

$$d\vec{E} = \frac{1}{4\pi\varepsilon_0} \frac{\rho dV_1}{r_{01}^2} \vec{e}_{01}.$$

Damit erhalten wir

$$\boxed{\vec{E}(\vec{r}_0) = \frac{1}{4\pi\varepsilon_0} \int_V \frac{\rho(\vec{r}_1)\,dV_1}{r_{01}^2} \vec{e}_{01}.} \qquad (2.8)$$

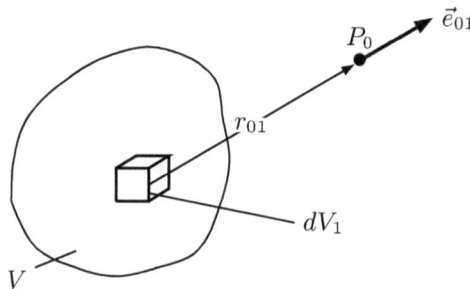

Bild 2.7: Der Beitrag des Volumenelementes dV_1 mit der Ladung $\rho\,dV_1$ zur elektrischen Feldstärke im Punkt P_0.

Dabei ist $\rho(\vec{r}_1)$ die Ladungsdichte am Ort $\vec{r}_1$ und dV_1 ein Volumenelement an derselben Stelle. In einem kartesischen Koordinatensystem ist $\rho(\vec{r}_1) = \rho(x_1, y_1, z_1)$ und $dV_1 = dx_1 \cdot dy_1 \cdot dz_1$.

Wenn Ort und Größe aller Ladungen oder die Ladungsdichte im gesamten Raum bekannt ist, können wir mit Hilfe der Gleichung 2.6 oder 2.8 die Feldstärke an jedem Ort berechnen, und wir haben damit die Grundaufgabe der Elektrostatik im Prinzip gelöst. Wir wollen jedoch diesen grundsätzlich gangbaren Weg hier nicht weiter verfolgen, weil wir – wie etwas später gezeigt wird – mit Hilfe des sog. *Potentials* bequemer zum Ziel kommen werden.

Bemerkung:

In der Nähe einer Punktladung wächst das Feld gemäß $1/r^2$ und damit gegen unendlich für $r \rightarrow 0$. Diese Singularität tritt jedoch nur dann auf, wenn die gesamte Ladung in einem mathematischen Punkt konzentriert ist. Wir können dieser fundamentalen Schwierigkeit aber ausweichen, wenn wir für unsere Belange annehmen, dass alle realen Ladungsträger eine räumlich ausgedehnte Struktur mit einer endlichen Ladungsdichte besitzen.

Nehmen wir an, ein Elektron besitze eine endliche konstante Ladungsdichte innerhalb einer Kugel ($r \leq R_0$) und eine verschwindende Ladungsdichte außerhalb der Kugel ($r > R_0$). In diesem Fall tritt keine Singularität des Feldes auf, da das Volumenelement dV in (2.8) proportional zu $r^2 \, dr$ wächst. Dadurch wird verhindert, dass der Integrand in der Nähe von $r = 0$ unendlich wird.

Das elektrische Feld bleibt also auch bei $r = 0$ endlich, wenn man die endliche Ausdehnung aller Ladungsträger berücksichtigt.

2.4   Das elektrische Potential

Die Bedeutung der potentiellen Energie bei elektrostatischen Kräften haben wir bereits in Physik I ausführlich diskutiert. Die potentielle Energie einer Ladung q_0 im Abstand r_{01} von einer anderen Ladung q_1 war definiert als der negative Wert der Arbeit, die sich ergibt, wenn man die Ladung q_0 aus dem Unendlichen bis auf den Abstand r_{01} an q_1 heranführt. Wir hatten gesehen, dass diese Arbeit nicht von dem Weg abhängt, auf dem die Ladung herangeführt wird.

Damit ist die potentielle Energie U_{pot} einer Ladung q_0 am Ort r_0 im Abstand r_{01} von q:

$$U_{\text{pot}}(\vec{r}_0) = -\int_\infty^{\vec{r}_0} \vec{F} \, d\vec{r} = -\frac{1}{4\pi\varepsilon_0} \int_\infty^{r_{01}} \frac{q_0 q_1}{r^2} \, dr = \frac{1}{4\pi\varepsilon_0} \frac{q_0 q_1}{r_{01}}. \quad (2.9)$$

Als *elektrostatisches Potential* $\varphi(\vec{r}_0)$ am Ort $\vec{r}_0$ wollen wir nun entsprechend den negativen Wert der Arbeit bezeichnen, um eine positive Einheitsladung in einem elektrischen Feld vom Unendlichen bis nach $\vec{r}_0$ heranzuführen:

$$\boxed{\varphi(\vec{r}_0) = -\int_\infty^{\vec{r}_0} \vec{E}(\vec{r}) \, d\vec{r}} \qquad \textbf{elektrostatisches Potential} \qquad (2.10)$$

Aus einem Vergleich mit (2.9) erhalten wir daraus sofort das Potential einer Punktladung q_1 am Ort $\vec{r}_0$ im Abstand r_{01} von der Punktladung:

$$\varphi(\vec{r}_0) = \frac{1}{4\pi\varepsilon_0} \frac{q_1}{r_{01}}. \qquad (2.11)$$

Das elektrische Potential ist ebenso wie das elektrische Feld eine Feldgröße, die unabhängig von der Einheitsladung vorhanden ist. Die Probeladung q_0 dient nur zum Nachweis dieser Feldgrößen.

Da wir bereits früher für die elektrische Feldstärke die Einheit (V/m) eingeführt haben, folgt aus (2.10), dass das Potential in Einheiten von Volt (V) gemessen wird. Es gilt nach (2.9):

$$1\,\mathrm{V} = 1\,\frac{\mathrm{Nm}}{\mathrm{C}} = 1\,\frac{\mathrm{J}}{\mathrm{C}} = 1\,\frac{\mathrm{W}}{\mathrm{A}}.$$

Die potentielle Energie des elektrostatischen Feldes aber hat die Einheit $(\mathrm{C}\cdot\mathrm{V})=(\mathrm{J})$. Daneben wird vor allem für Energien im atomaren Bereich die Einheit Elektronenvolt (eV) verwendet. 1 eV ist die Arbeit, die man leisten muss, um ein Elektron $q = e$ über eine Potentialdifferenz von 1 V zu bewegen. Es gilt:

$$1\,\mathrm{eV} = 1{,}602\cdot 10^{-19}\,\mathrm{J}.$$

Bild 2.8 zeigt das Potential $\varphi(r)$ in Einheiten von Volt im Abstand r von einem Proton. Die Orte gleichen Potentials sind Kugelschalen um das Proton und werden Äquipotentialflächen genannt.

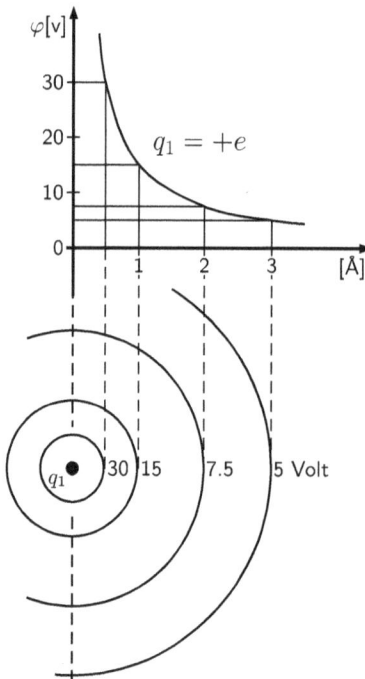

Bild 2.8: Das Potential φ eines Protons als Funktion des Abstands r: Die Äquipotentialflächen sind konzentrische Kugeln um das Proton (1 Å$=$ 10^{-10} m).

Nachdem wir das Potential einer Punktladung kennen, sei noch einmal daran erinnert, dass die Bestimmung des Potentials unabhängig vom Weg ist,
auf dem die Einheitsladung herangeführt wurde. Insbesondere ist überhaupt
keine resultierende Arbeit zu leisten, wenn man die Einheitsladung im elektrostatischen Feld $\vec{E}$ auf einer beliebigen geschlossenen Bahn herumführt
(siehe Bild 2.9). Das bedeutet

$$\oint_C \vec{E}\, d\vec{r} = 0, \tag{2.12}$$

wenn man über eine geschlossene Kurve oder Linie C in einem elektrostatischen Feld integriert. Mit anderen Worten:

*Das Linienintegral des elektrostatischen Feldes über eine geschlos-
sene Kurve ist null.*

Man sagt auch oft:

*Die Zirkulation des elektrischen Feldes ist „null" oder „das elektri-
sche Feld ist wirbelfrei"*[7].

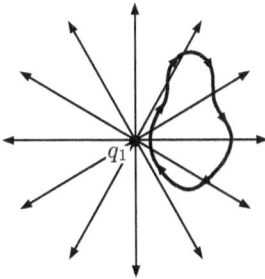

Bild 2.9: Eine Probeladung, die längs eines geschlossenen
Weges im Feld einer Punktladung bewegt wird, leistet insgesamt keine Arbeit.

Wir wollen nunmehr das Potential einer (räumlich begrenzten) Ladungsverteilung bestimmen. Wir wollen uns also fragen: Wie groß ist der negative
Wert der Arbeit, die sich bei Anwesenheit einer Ladungsdichte $\rho(\vec{r})$ ergibt,
wenn man eine Einheitsladung aus dem Unendlichen bis an die Stelle $\vec{r}_0$
(siehe Bild 2.10) bringt? Wenn r_{01} der Abstand des Volumenelements dV_1
von dieser Stelle ist, ergibt sich als Potential aus (2.11) oder auch aus (2.8)

---

[7]Diese Begriffe sind der Strömungslehre entnommen. Unter der Zirkulation einer
Strömung versteht man das Integral $\oint \vec{v}\, d\vec{r}$, das gerade bei wirbelfreier Strömung null ist.

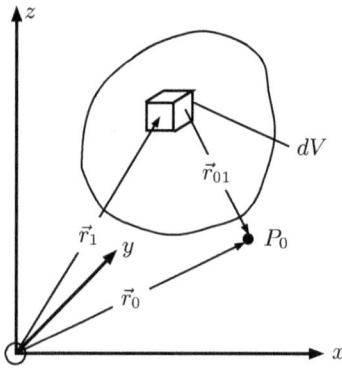

Bild 2.10: Der Beitrag des Volumenelementes dV_1 mit der Ladung $\rho\, dV_1$ zum Potential im Punkt P_0 am Ort $\vec{r}_0$ ist $d\varphi = (1/4\pi\varepsilon_0)\cdot(\rho\, dV_1/r_{01})$.

und (2.10)

$$\varphi(\vec{r}_0) = \frac{1}{4\pi\varepsilon_0} \int_V \frac{\rho(\vec{r}_1)}{r_{01}}\, dV_1, \tag{2.13}$$

wobei über das ganze Volumen V der Ladungsverteilung zu integrieren ist. $\rho(\vec{r})$ ist auch hier eine ortsabhängige Ladungsdichte.

Übungsaufgabe:

Zeigen Sie, dass die Zirkulation des elektrischen Feldes auch bei willkürlicher Ladungsverteilung verschwindet.

Spannung

Die *Potentialdifferenz* zwischen zwei Punkten $\vec{r}_1$ und $\vec{r}_2$ eines elektrischen Feldes hat große praktische Bedeutung. Sie wird als *elektrische Spannung* bezeichnet und gibt den negativen Wert der Arbeit an, die man erhält, wenn man eine Einheitsladung von $\vec{r}_1$ nach $\vec{r}_2$ bringt. Aus (2.10) ergibt sich somit für die Spannung U_{21}:

$$U_{21} = \varphi(\vec{r}_2) - \varphi(\vec{r}_1) = -\int_{\vec{r}_1}^{\vec{r}_2} \vec{E}(\vec{r})\, d\vec{r}. \tag{2.14}$$

Die Spannung wird wie das Potential in Einheiten von Volt gemessen. Da es in praktischen Aufgaben nur auf die Potentialdifferenz ankommt, kann man zu einem Potential ohne weiteres eine gemeinsame Konstante hinzufügen. Die Festlegung des Potentials einer Punktladung im Unendlichen auf den Wert null ist zwar bequem, aber willkürlich und keineswegs notwendig.

2.5   Das elektrische Feld als Gradient des Potentials

Im letzten Abschnitt haben wir das Potential mit Hilfe des elektrischen Feldes definiert. Jetzt wollen wir umgekehrt kennenlernen, wie man aus einer Potentialverteilung das zugehörige elektrische Feld finden kann. Im Allgemeinen ist es nämlich viel einfacher, das Potential einer komplizierten Ladungsverteilung entsprechend (2.13) zu ermitteln als das elektrische Feld mit (2.8). Wegen des Zusammenhanges zwischen Potential und Feld versucht man daher, zunächst das einfachere Potential zu ermitteln, und bestimmt erst daraus – in einem zweiten Schritt – das elektrische Feld.

Wie lautet nun die Umkehrung von (2.10)? Zur Beantwortung dieser Frage betrachten wir die Potentialdifferenz $\mathrm{d}\varphi$ zwischen zwei benachbarten Punkten (x, y, z) und $(x+\mathrm{d}x, y+\mathrm{d}y, z+\mathrm{d}z)$. Die Änderung des Potentials, wenn man von einem zum anderen Punkt geht, ist:

$$\mathrm{d}\varphi = \frac{\partial\varphi}{\partial x}\mathrm{d}x + \frac{\partial\varphi}{\partial y}\mathrm{d}y + \frac{\partial\varphi}{\partial z}\mathrm{d}z. \tag{2.15}$$

$\partial\varphi/\partial x$, $\partial\varphi/\partial y$ und $\partial\varphi/\partial z$ sind die partiellen Ableitungen. $\partial\varphi/\partial x$ beschreibt daher z.B. die Änderung von φ in der x-Richtung, wobei die anderen Variablen (also y und z) konstant gehalten werden. Aus (2.10) ergibt sich nun andererseits für $\mathrm{d}\varphi$:

$$\mathrm{d}\varphi = -\vec{E}\,\mathrm{d}\vec{r} = -(E_x\mathrm{d}x + E_y\mathrm{d}y + E_z\mathrm{d}z). \tag{2.16}$$

Durch Vergleich von (2.15) und (2.16) erhalten wir folgende wichtige differentielle Beziehung zwischen $\vec{E}$ und φ:

$$\boxed{\begin{aligned} E_x &= -\frac{\partial\varphi}{\partial x}, \quad E_y = -\frac{\partial\varphi}{\partial y}, \quad E_z = -\frac{\partial\varphi}{\partial z} \\ \text{oder:} & \\ \vec{E} &= \qquad -\left(\vec{i}\frac{\partial\varphi}{\partial x} + \vec{j}\frac{\partial\varphi}{\partial y} + \vec{k}\frac{\partial\varphi}{\partial z}\right) \end{aligned}} \tag{2.17}$$

Dabei sind $\vec{i}$, $\vec{j}$ und $\vec{k}$ Einheitsvektoren in Richtung der x-, y- und z-Achse. In Physik I wurde diese mathematische Operation allgemein als der Gradient von φ bezeichnet:

$$\vec{E} = -\operatorname{grad}\varphi. \tag{2.18}$$

Dafür kann man nach Einführung des Vektordifferential-Operators (Nabla-Operator)

$$\vec{\nabla} = \vec{i}\,\frac{\partial}{\partial x} + \vec{j}\,\frac{\partial}{\partial y} + \vec{k}\,\frac{\partial}{\partial z} \tag{2.19}$$

auch in einer eleganteren Darstellungsweise schreiben:

$$\boxed{\vec{E} = -\vec{\nabla}\varphi.} \tag{2.20}$$

Dabei bedeutet $\vec{\nabla}\varphi$ formal eine Multiplikation des Vektors $\vec{\nabla}$ mit dem Skalar φ. (Die Vorteile dieser Darstellungsweise werden wir noch kennenlernen).

Die elektrische Feldstärke erhält man also durch räumliches Differenzieren oder Gradientenbildung aus dem Potential. Der so gewonnene elektrische Feldvektor steht immer senkrecht auf den Äquipotentialflächen, was wir schon früher (siehe Physik I) für den analogen mechanischen Fall bewiesen hatten.

Will man also für eine gegebene Ladungsverteilung die elektrische Feldstärke berechnen, so ist es meist am bequemsten, zunächst nach (2.13) das Potential zu bestimmen, woraus sich dann durch Gradientenbildung sofort die gesuchte Feldstärke ergibt. Als besonders wichtiges Beispiel hierfür betrachten wir nun den elektrischen Dipol.

Potential und Feldstärke eines elektrischen Dipols

Wir betrachten zwei Punktladungen $+q$ und $-q$, die im Abstand d auf der z-Achse eines Koordinatensystems so angeordnet sein sollen, dass der Koordinatenursprung in der Mitte der beiden Ladungen liegt, wie in Bild 2.11 dargestellt ist.

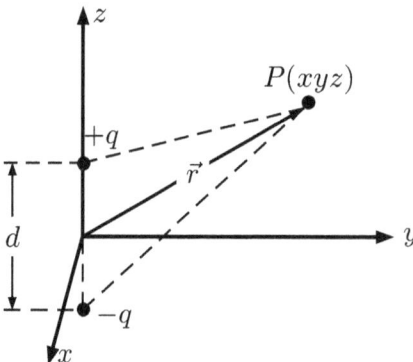

Bild 2.11: Zur Berechnung des Potentials eines elektrischen Dipols im Punkt P.

Das Potential $\varphi(x, y, z)$ eines solchen Dipols im Punkt $\vec{r} = (x, y, z)$ ergibt sich zu

$$\varphi(x, y, z) = \frac{1}{4\pi\varepsilon_0} \left[\frac{q}{\sqrt{x^2 + y^2 + (z - d/2)^2}} + \frac{-q}{\sqrt{x^2 + y^2 + (z + d/2)^2}} \right]. \quad (2.21)$$

Oft interessieren wir uns für das Potential $\varphi(\vec{r})$ in einer Entfernung r vom Dipol, die viel größer ist als der Abstand d der Dipolladungen voneinander ($r \gg d$). In diesem Fall gilt für $r^2 = x^2 + y^2 + z^2$ folgende Näherung für die Nenner in (2.21): *$r \gg d$;*
Fernfeldnäherung

$$\left(x^2 + y^2 + z^2 \mp zd + \frac{d^2}{4} \right)^{-1/2} = \left[r^2 \left(1 \mp \frac{zd}{r^2} + \frac{d^2}{4r^2} \right) \right]^{-1/2}$$

$$\approx \frac{1}{r} \left(1 \pm \frac{zd}{2r^2} \right),$$

wobei wir das Glied $d^2/4r^2 \ll zd/r^2$ vernachlässigt und die Beziehung $(1 + x)^{-1/2} \approx 1 - x/2$ für $x \ll 1$ verwendet haben. Wir erhalten schließlich für das Potential des Dipols den einfachen Ausdruck:

$$\varphi(x, y, z) = \frac{1}{4\pi\varepsilon_0} \frac{(qd) \cdot z}{r^3}. \quad (2.22)$$

Das Produkt $q\vec{d}$ wird als *Dipolmoment* $\vec{p}$ bezeichnet:

$$\vec{p} = q\vec{d}.$$

$\vec{p}$ sei ein Vektor, der von der negativen zur positiven Ladung zeigt. Eine Darstellung des Ergebnisses (2.22), das unabhängig von der besonderen Wahl des Dipols im Koordinatensystem ist, können wir erhalten, wenn wir für $z/r = \cos\theta$ einsetzen (siehe Bild 2.12):

$$\varphi(r) = \frac{1}{4\pi\varepsilon_0} \frac{p\cos\theta}{r^2} \quad \text{oder} \quad \varphi(r) = \frac{1}{4\pi\varepsilon_0} \frac{\vec{p}\,\vec{r}}{r^3} \quad (2.23)$$

Die gestrichelten Kurven in Bild 2.13 zeigen einen Querschnitt durch die Äquipotentialflächen des Dipols. Die Kraftlinien des elektrischen Feldes stehen senkrecht auf diesen Äquipotentialflächen und sind proportional zu $d\varphi/ds$ in dieser Richtung. Wir konnten daher das elektrische Feld graphisch aus dem Verlauf des Potentials in Bild 2.13 ermitteln.

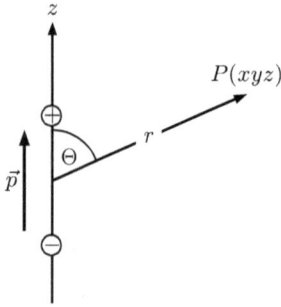

Bild 2.12: Einführung von Polarkoordinaten (r, θ) bezüglich zum Dipolmoment $\vec{p}$, das von der negativen zur positiven Ladung gerichtet ist.

Analytisch erhalten wir das elektrische Feld durch Gradientenbildung aus dem Potential (2.21) bzw. in der Fernfeld-Näherung aus (2.23). In unserem Beispiel ergibt sich für $\vec{p} = (0, 0, p)$:

$$E_x = -\frac{\partial\varphi}{\partial x} = -\frac{p}{4\pi\varepsilon_0}\frac{\partial}{\partial x}\left(\frac{z}{(x^2+y^2+z^2)^{3/2}}\right) = \frac{p}{4\pi\varepsilon_0}\frac{3zx}{r^5}$$

$$E_y = -\frac{\partial\varphi}{\partial y} = -\frac{p}{4\pi\varepsilon_0}\frac{\partial}{\partial y}\left(\frac{z}{(x^2+y^2+z^2)^{3/2}}\right) = \frac{p}{4\pi\varepsilon_0}\frac{3zy}{r^5} \qquad (2.24)$$

$$E_z = -\frac{\partial\varphi}{\partial z} = -\frac{p}{4\pi\varepsilon_0}\frac{\partial}{\partial z}\left(\frac{z}{(x^2+y^2+z^2)^{3/2}}\right)$$

$$= \frac{-p}{4\pi\varepsilon_0}\left(\frac{1}{r^3} - \frac{3z^2}{r^5}\right) = \frac{p}{4\pi\varepsilon_0}\frac{3\cos^2\Theta - 1}{r^3}.$$

Da das Feld Rotationssymmetrie um die Dipolachse (d.h. die z-Achse) besitzt, kann man das elektrische Feld auch in zwei Komponenten zerlegen, von denen eine ($E_\perp$) senkrecht zur Dipolachse und die andere ($E_\parallel$) parallel dazu steht:

$$\boxed{\begin{aligned} E_\perp &= \sqrt{E_x^2 + E_y^2} = \frac{p}{4\pi\varepsilon_0}\frac{3z}{r^5}\sqrt{x^2+y^2} = \frac{p}{4\pi\varepsilon_0}\frac{3\cos\Theta\sin\Theta}{r^3} \\ E_\parallel &= \quad E_z \quad = \frac{p}{4\pi\varepsilon_0}\frac{3\cos^2\Theta - 1}{r^3} \end{aligned}} \qquad (2.25)$$

Dieser Verlauf des Feldes ist in Bild 2.13 wiedergegeben. $E_\perp$ verschwindet für $\Theta = 0°$ und $\Theta = 90°$. Die parallele Feldkomponente $E_\parallel$ ist bei gleichem Abstand vom Dipol für $\Theta = 0°$ doppelt so groß wie für $\Theta = 90°$ und sie ist umgekehrt gerichtet.

Frage:

Zeigen Sie, dass das Potential des elektrischen Dipols im Fernfeld mit $1/r^2$, das elektrische Feld mit $1/r^3$ nach außen abfällt.

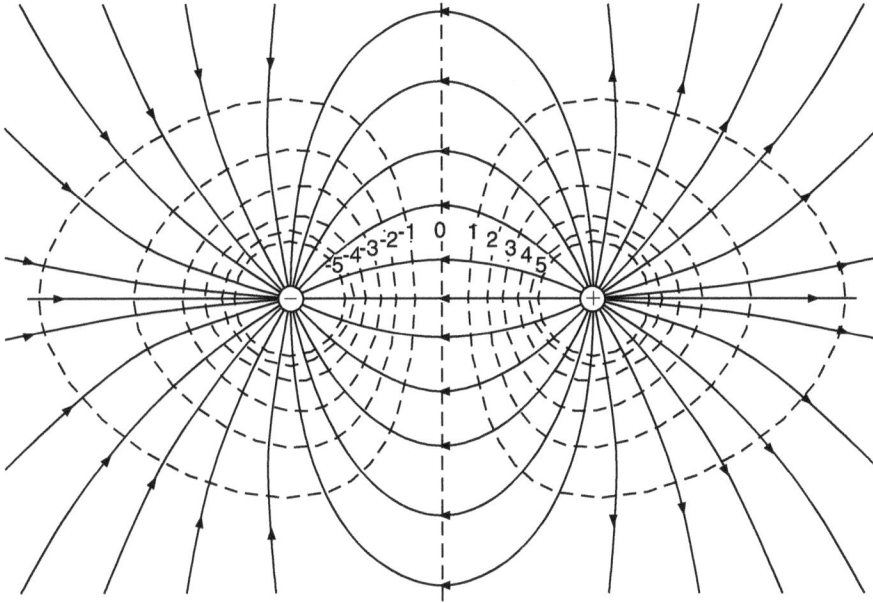

Bild 2.13: Äquipotentialflächen (gestrichelt) und Feldlinien eines elektrischen Dipols.

Dipolmomente von Molekülen

Viele zweiatomige Moleküle besitzen ein natürliches permanentes Dipolmoment. Im HCl-Molekül z.B. hält sich das Elektron des Wasserstoffatoms hauptsächlich in der Nähe des Chloratoms auf, so dass positiver und negativer Ladungsschwerpunkt nicht zusammenfallen (siehe Bild 2.14). Es bildet sich HCl mit einem Dipolmoment von

$$p_{\text{HCl}} = 3{,}43 \cdot 10^{-30}\,\text{C}\,\text{m}.$$

Frage:

Wie groß ist die mittlere relative Verschiebung der Ladungsschwerpunkte?

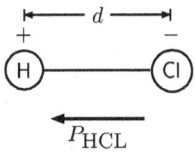

Bild 2.14: Das HCl-Molekül ($d = 1{,}27 \cdot 10^{-10}$ m) bildet wegen der großen Elektronegativität des Chloratoms einen elektrischen Dipol.

Bild 2.15 zeigt das Wassermolekül, ein dreiatomiges Molekül, welches zwei Dipolmomente $\vec{p}_1$ und $\vec{p}_2$ besitzt, die einen Winkel von $105°$ miteinander einschließen. Nach (2.23) ist das Potential der beiden Dipole im Fernfeld

$$\varphi = \varphi_1 + \varphi_2 = \frac{1}{4\pi\varepsilon_0}\left(\frac{\vec{p}_1\vec{r}}{r^3} + \frac{\vec{p}_2\vec{r}}{r^3}\right) = \frac{1}{4\pi\varepsilon_0}\frac{\vec{p}\,\vec{r}}{r^3}, \qquad (2.26)$$

da sich die Potentiale von Ladungen addieren. Die beiden Dipole $\vec{p}_1$ und $\vec{p}_2$ des Wassermoleküls erzeugen also dasselbe Feld wie ein Dipol mit dem Moment

$$\boxed{\vec{p} = \vec{p}_1 + \vec{p}_2.}$$

Wir wollen uns merken:

Dipolmomente lassen sich vektoriell addieren.

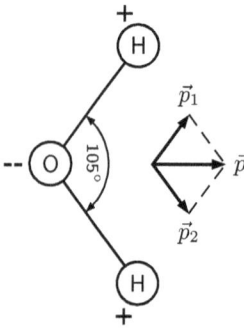

Bild 2.15: Das H_2O-Molekül besitzt zwei Dipolmomente; das gesamte Dipolmoment erhält man durch vektorielle Addition der Einzelmomente.

Frage:

Gilt dies auch im Nahfeld der Dipole?

Mit dieser Regel lässt sich auch das Dipolmoment von noch komplexeren Molekülen bestimmen. In einigen symmetrischen Molekülen wie z.B. dem CO_2 - Molekül in Bild 2.16 verschwindet das Dipolmoment vollständig, da sich die beiden Teilmomente vektoriell gerade kompensieren.

Wie groß ist nun das Potential oder Feld, welches von einem CO_2-Molekül in großem Abstand erzeugt wird? Das Molekül ist elektrisch neutral und besitzt auch kein Dipolmoment. Dennoch entsteht im Außenraum ein elektrisches Feld (Versuchen Sie es zu zeichnen!). Man nennt eine solche Ladungsverteilung einen *elektrischen Quadrupol*. (Um sein Potential und Feld zu berechnen, müssen auch die quadratischen Terme in d/r berücksichtigt werden).

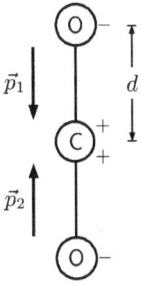

Bild 2.16: Das CO_2-Molekül: die Teilmomente kompensieren sich gerade, jedoch hat das Molekül ein nicht verschwindendes, elektrisches Quadrupolmoment.

Frage:

Zeigen Sie, dass das Potential des linearen elektrischen Quadrupols in Bild 2.16 sich ergibt zu: $\varphi = qd^2(3\cos^2\Theta - 1)/(4\pi\varepsilon_0 r^3)$.

Andererseits kann man auch in Atomen, welche an sich kein Dipolmoment besitzen, durch das Anlegen eines elektrischen Feldes eine Ladungsverschiebung hervorrufen und damit ein elektrisches Dipolmoment induzieren. Nehmen wir z.B. ein Wasserstoffatom: Die Elektronenwolke, die das Proton umgibt, wollen wir vereinfacht als eine homogen geladene Kugel mit dem Bohrschen Radius $R_0 = 0{,}5 \cdot 10^{-10}$ m betrachten, wie in Bild 2.17 dargestellt ist.

Der Bohrsche Radius ist der Radius der niedrigsten Bahn im Bohrschen Atommodell (siehe Physik IV).

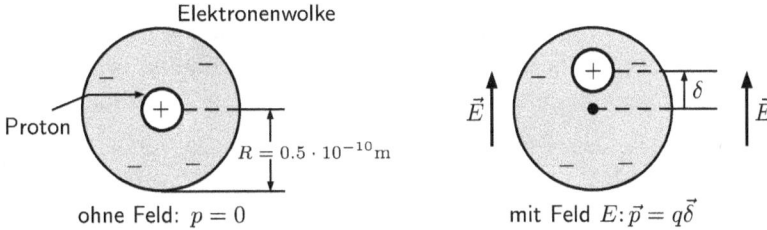

Bild 2.17: Das Wasserstoffatom ohne und mit äußerem elektrischem Feld.

Ohne Feld fallen der positive und negative Ladungsschwerpunkt zusammen ($\vec{p} = 0$). Unter dem Einfluss des Feldes jedoch werden sie um die Strecke δ voneinander getrennt, so dass ein induziertes Dipolmoment entsteht (Bild 2.17):

$$\vec{p} = q\vec{\delta}. \tag{2.27}$$

Wir wollen jetzt die Größe von $\vec{\delta}$ abschätzen: Wenn wir ein äußeres Feld $\vec{E}$ anlegen, so verlagert sich das Proton in Bild 2.17 nach oben, bis an der Stelle

δ dieses äußere Feld $\vec{E}$ genau durch das Feld der Elektronenwolke

$$\vec{E} = \frac{1}{4\pi\varepsilon_0} \frac{q\vec{\delta}}{R_0^3} \tag{2.28}$$

kompensiert wird, das wir später in (3.18) für den Fall einer Kugel mit homogener Ladungsdichte herleiten werden. Das induzierte Dipolmoment ist also proportional zum äußeren Feld und hat in diesem einfachen Fall den Wert:

$$\boxed{\vec{p} = q \cdot \frac{4\pi\varepsilon_0 R_0^3}{q} \cdot \vec{E} = \varepsilon_0 \cdot 4\pi R_0^3 \cdot \vec{E} = \varepsilon_0 \cdot \alpha \cdot \vec{E}} \tag{2.29}$$

Die Proportionalitätskonstante α heißt *atomare Polarisierbarkeit*. In Tabelle 2.1 sind die atomaren Polarisierbarkeiten für einige Atome angegeben.

Tabelle 2.1: Atomare Polarisierbarkeiten einiger Elemente.

Element:	H	He	Li	Be	C	Ne	Na
α (10^{-30} m^3)	0,66	0,21	12	9,3	1,5	0,4	27

Die Edelgasatome zeigen sehr kleine und die Alkaliatome große Polarisierbarkeiten entsprechend der festen bzw. losen Bindung der (äußeren) Elektronenwolken mit entsprechend unterschiedlichen Ausdehnungen R_0.

Bei sehr hohen Feldstärken, wenn E die Größenordnung von

$$E \approx \frac{e}{4\pi\varepsilon_0 R_0^2} \approx \frac{10\,\text{V}}{10^{-10}\,\text{m}}$$

Nichtlineare Optik   erreicht, wird δ fast so groß wie R_0 und die einfache lineare Beziehung zwischen $\vec{p}$ und $\vec{E}$ ist nicht mehr gültig, sondern α wird selbst feldabhängig. Die Phänomene der modernen nichtlinearen Optik, die in den intensiven elektrischen Wechselfeldern eines Hochleistungslasers auftreten (z.B. Frequenzverdopplung des Laserlichtes) sind zum Teil eine Konsequenz dieser Nichtlinearität der Polarisierbarkeit der Atome.

Im nicht-isotropen Fall ist die Polarisierbarkeit ein Tensor   Die Polarisierbarkeit von vielen gestreckten Molekülen zeigt noch eine Besonderheit: Das induzierte Dipolmoment zeigt nicht in dieselbe Richtung wie das induzierende Feld. Beim CO_2-Molekül z.B. ist die Polarisierbarkeit für $\vec{E}$ parallel zur z-Achse $\alpha_{zz} = 4{,}05 \cdot 10^{-30}$ m^3 mehr als doppelt so groß wie $\alpha_{xx} = \alpha_{yy} = 2 \cdot 10^{-30}$ m^3, wenn $\vec{E}$ parallel zur x-, bzw. y-Achse orientiert ist.

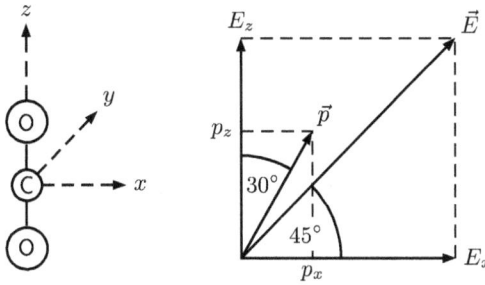

Bild 2.18: Das CO_2-Molekül: Die Polarisierbarkeiten parallel bzw. senkrecht zur Molekülachse sind nicht gleich groß. Das induzierende Feld und das induzierte Dipolmoment haben deshalb nicht die gleiche Richtung.

Legt man daher ein Feld unter $45°$ zur Molekülachse an mit gleich starken Komponenten E_z und E_x (siehe Bild 2.18), so ist infolge der relativ hohen Polarisierbarkeit α_z die z-Komponente p_z etwa doppelt so groß wie p_x, so dass ein großer Winkel zwischen $\vec{p}$ und $\vec{E}$ (in Bild 2.18 etwa $15°$) auftritt.

Frage:
Durch welches Experiment könnte man diesen Effekt nachweisen?

Wir wollen zusammenfassen:

Jede Ladungsverteilung erzeugt im Raum ein elektrisches Feld. Dieses Feld kann entweder durch die Feldstärke selbst oder die Angabe des Potentials an jedem Punkt im Raum eindeutig beschrieben werden. Beide Formen der Beschreibung sind äquivalent, da man aus dem Potential immer durch Gradientenbildung das Feld ermitteln kann. Es ist sogar oft einfacher, erst das Potential einer Ladungsverteilung zu bestimmen und daraus das Feld durch Differentiation zu ermitteln.

Die Bedeutung des Potentials ist jedoch größer und nicht nur wichtig für eine bequeme Bestimmung der elektrischen Feldstärke. In der Mikrophysik (Wellenmechanik) wird es sich nämlich zeigen, dass auch ein räumlich konstantes Potential die Bewegung eines Elektrons stark beeinflussen kann, obwohl in diesem speziellen Fall (grad $\varphi = -\vec{E} = 0$) keinerlei elektrische Felder existieren!

2.6　Der Gaußsche Satz der Elektrostatik

Wir wollen jetzt einen neuen Zusammenhang zwischen dem elektrischen Feld und seinen Quellen, den Ladungen, kennenlernen, den *Gaußschen Satz*. Diese neue Beziehung, die wir hier ableiten wollen, ist allgemeiner als das Coulomb-Gesetz, da sie auch für bewegte Ladungen ihre Gültigkeit beibehält.

Zur Formulierung des Gaußschen Satzes müssen wir zuerst den Begriff *Fluss eines Vektorfeldes* vertiefen. Für strömende Teilchen einer Flüssigkeit hat der Teilchenfluss eine besonders anschauliche Bedeutung, die wir zunächst genauer betrachten wollen.

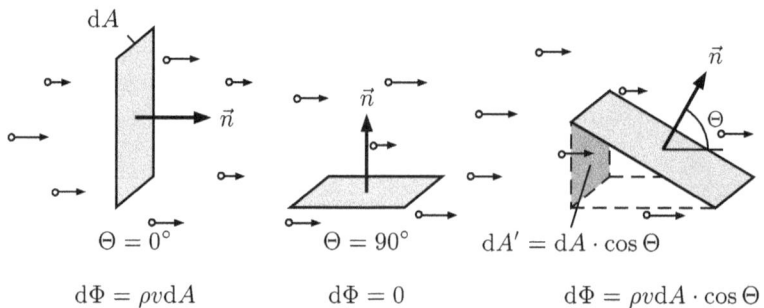

Bild 2.19: Der Teilchenfluss dϕ durch Flächenelemente dA unterschiedlicher Orientierung.

In Bild 2.19 ist ein kleines schraffiertes Flächenelement dA gezeigt, durch das Teilchen mit der Geschwindigkeit $\vec{v}$ strömen. Diese Fläche sei so klein, dass $\vec{v}$ über den ganzen Bereich von dA als konstant angesehen werden kann. Das Flächenelement steht nicht unbedingt senkrecht auf der Teilchengeschwindigkeit, sondern die Flächennormale $\vec{n}$ möge einen Winkel Θ mit der Geschwindigkeit $\vec{v}$ bilden. Die Zahl der Teilchen, welche pro Zeiteinheit durch dA fließen, nennt man den Teilchenfluss dϕ. Ist ρ die Zahl der Teilchen pro Volumeneinheit, so ergibt sich

$$d\phi = \rho \cdot v \cdot dA \cdot \cos \Theta = \rho \cdot \vec{v} \cdot \vec{n} \cdot dA. \tag{2.30}$$

Oft führt man auch den sog. Flächenvektor d$\vec{A}$ = d$A\,\vec{n}$ und die Stromdichte $\vec{f} = \rho\vec{v}$ ein. Damit erhält dϕ die einfachere Form:

$$d\phi = \vec{f} \cdot d\vec{A}. \tag{2.31}$$

Nun stellen wir uns eine große geschlossene Fläche vor, z.B. die Oberfläche des in Bild 2.20 gezeigten beliebig geformten Luftballons. Wir wollen

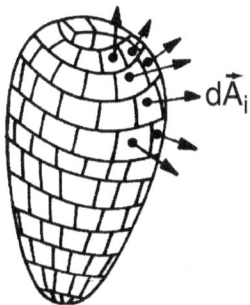

Bild 2.20: Die Oberfläche des Luftballons wird in kleine, ebene Flächenelemente zerlegt, auf denen die Vektoren $\mathrm{d}\vec{A}_i$ senkrecht stehen.

berechnen, wie viele Teilchen aus dieser gesamten Fläche herausfließen. Dazu teilen wir diese Fläche in N kleine Flächenelemente $\mathrm{d}A_i$, durch die jeweils der Teilstrom $\vec{f}_i$ fließen soll. In jedem Flächenelement steht der Vektor $\mathrm{d}\vec{A}_i$ senkrecht auf der Oberfläche. Wir wollen festlegen, dass er nach außen (siehe Bild 2.20) gerichtet sei. Der Gesamtfluss durch die geschlossene Fläche ist demnach

$$\phi = \sum_{i=1}^{N} \vec{f}_i \cdot \mathrm{d}\vec{A}_i$$

oder integriert:

$$\boxed{\phi = \oint_A \vec{f} \cdot \mathrm{d}\vec{A},} \tag{2.32}$$

wobei das Symbol $\oint_A$ ein Flächenintegral über die geschlossene Fläche A darstellen soll. Wir wollen nun diese Flussdefinition, die für beliebige Vektorfelder gilt, auf das elektrische Feld $\vec{E}$ anwenden. Stellen wir uns vor, der Luftballon befinde sich in einem beliebigen elektrischen Feld $\vec{E}$. Dann ergibt sich der Fluss des elektrischen Feldes aus der geschlossenen Fläche A zu

$$\phi = \oint_A \vec{E} \cdot \mathrm{d}\vec{A}. \tag{2.33}$$

Betrachten wir als einfachstes erstes Beispiel eine Kugeloberfläche, in deren Zentrum eine Ladung q sitzt. Das elektrische Feld an der Oberfläche hat den Wert

$$E = \frac{1}{4\pi\varepsilon_0} \cdot \frac{q}{r^2}$$

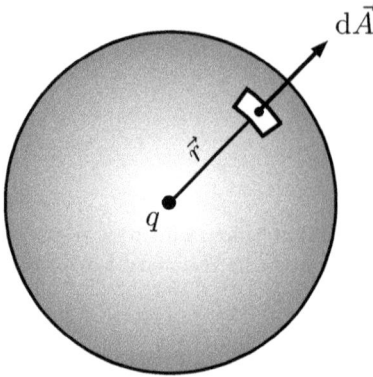

Bild 2.21: Zur Berechnung des Flusses des elektrischen Feldes einer Punktladung aus einer Kugeloberfläche.

und zeigt in Richtung der Flächennormale nach außen (Bild 2.21). Damit ist der Fluss des elektrischen Feldes aus der Kugeloberfläche:

$$\phi = E \cdot 4\pi r^2 = \frac{1}{4\pi\varepsilon_0} \cdot \frac{q}{r^2} \cdot 4\pi r^2 = \frac{q}{\varepsilon_0}. \tag{2.34}$$

Der Fluss ist also unabhängig vom Radius r der Kugel.

Jetzt umgeben wir die Kugel mit einer beliebigen anderen geschlossenen Fläche, wie in Bild 2.22 angedeutet ist. Wir werden beweisen, dass der Fluss durch diese neue beliebige Fläche ebenfalls wieder q/ε_0 ist. Dazu gehen wir von einem Flächenelement $\mathrm{d}A_r$ auf der Kugeloberfläche aus und projizieren von der Punktladung q aus dieses Flächenelement gegen die äußere Fläche A. Dabei ergibt sich auf der äußeren Fläche ein Flächenelement $\mathrm{d}\vec{A}_R$,

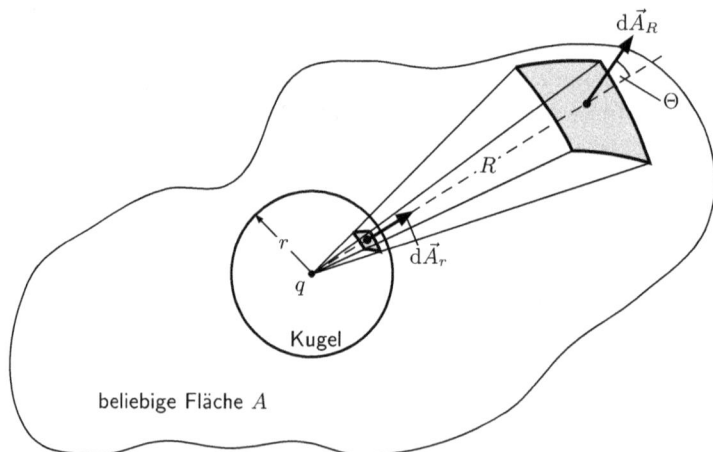

Bild 2.22: Projektion des Flächenelementes $\mathrm{d}\vec{A}_r$ der Kugeloberfläche auf eine beliebige Fläche A.

welches einen Abstand R von der Ladung besitzt und unter einem Winkel Θ gegen $\vec{R}$ geneigt ist. Die Größe von dA_R ist nach Bild 2.22

$$dA_R = \left(\frac{R^2}{r^2} \cdot dA_r \cdot \frac{1}{\cos \Theta} \right). \tag{2.35}$$

Der Fluss durch das Flächenelement $d\vec{A}_R$ ist demnach

$$d\phi = \vec{E}_R \cdot d\vec{A}_R = \left(E_r \cdot \frac{r^2}{R^2} \right) \cdot \left(\frac{R^2}{r^2} \cdot dA_r \cdot \frac{1}{\cos \Theta} \right) \cdot \cos \Theta$$

$$= E_r \cdot dA_r \tag{2.36}$$

und daher gleich dem Fluss durch das Element $d\vec{A}_r$ auf der Kugel. Indem wir über den ganzen Raumwinkel integrieren, finden wir, dass der Fluss aus der gesamten äußeren Fläche gleich ist dem Fluss aus der Kugeloberfläche, also nach (2.34) gleich q/ε_0.

Wir halten fest:

Der Fluss des elektrischen Feldes aus einer beliebigen Fläche, die eine Punktladung q umschließt, ist q/ε_0:

$$\boxed{\phi = \oint_A \vec{E} \cdot d\vec{A} = \frac{q}{\varepsilon_0}.} \tag{2.37}$$

Nach dem gleichen Verfahren lässt sich auch demonstrieren (siehe Bild 2.23), dass der Fluss aus einer geschlossenen Fläche null ist, wenn die Ladung q sich außerhalb der Fläche A befindet, also nicht von ihr umschlossen wird. Daraus folgern wir:

Äußere Ladungen führen nicht zu einem Fluss aus einer geschlossenen Fläche:

$$\phi = \oint_A \vec{E} \cdot d\vec{A} = 0. \tag{2.38}$$

Damit haben wir den Gaußschen Satz der Elektrostatik abgeleitet. Wir wollen ihn wie folgt formulieren:

Gaußscher Satz der Elektrostatik

Der gesamte Fluss aus einer geschlossenen Fläche A ist gleich der gesamten Ladung, die sich innerhalb der Fläche A befindet, dividiert durch ε_0.

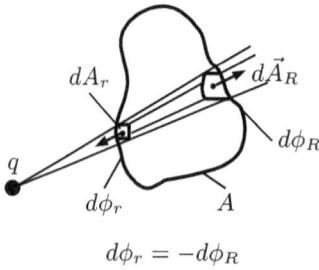

Bild 2.23: Punktladung außerhalb der geschlossenen Fläche A: Zu jedem Flächenelement $\mathrm{d}\vec{A}_R$ existiert ein Flächenelement $\mathrm{d}\vec{A}_r$, so dass $\vec{E}_r\,\mathrm{d}\vec{A}_r = \vec{E}_R\,\mathrm{d}\vec{A}_R$ gilt.

Kann die Gesamtladung durch eine Summe von N Einzelladungen q_j dargestellt werden, so hat der Gaußsche Satz die Form:

$$\oint_A \vec{E}\cdot\mathrm{d}\vec{A} = \frac{1}{\varepsilon_0}\cdot\sum_{j=1}^{N} q_j$$

Gaußscher Satz (Einzelladungen)   (2.39)

Falls die Ladung im Volumen V innerhalb von A durch eine kontinuierliche Ladungsverteilung mit der Ladungsdichte ρ beschrieben wird, gilt für die Gesamtladung $Q = \int_V \rho\cdot\mathrm{d}V$, und wir erhalten deshalb die folgende alternative Form für den Gaußschen Satz:

$$\oint_A \vec{E}\cdot\mathrm{d}\vec{A} = \frac{1}{\varepsilon_0}\cdot\int_V \rho\cdot\mathrm{d}V$$

Gaußscher Satz (Ladungsverteilung)   (2.40)

Frage:

Wie kann man nun umgekehrt aus dem Gaußschen Satz das Coulombsche Gesetz ableiten?

Der Gaußsche Satz ist eine dem Coulombgesetz äquivalente Darstellung der Elektrostatik. Er gilt interessanterweise nicht nur für die elektrischen Felder ruhender Ladungen, sondern auch für bewegte Ladungen. Die elektrischen Felder bewegter Ladungen zeigen zwar keine sphärische Symmetrie mehr – wie wir später sehen werden –, folgen aber noch streng der $1/r^2$-Abhängigkeit, die für die Ableitung des Gaußschen Satzes benutzt wurde. Die einzige Voraussetzung für die Ableitung des Gaußschen Gesetzes war die $1/r^2$-Abhängigkeit der Kraft. Somit gilt es auch für andere $1/r^2$-Felder, z.B. für das der Gravitation. Es ist dagegen nicht gültig für Felder mit einer anderen r-Abhängigkeit. Während wir mit dem Coulombgesetz das elektrische Feld einer Ladung bestimmen können, erlaubt uns der Gaußsche Satz in komplementärer Weise, aus der Feldverteilung Auskunft über die Ladungsverteilung zu erhalten. Im Folgenden wollen wir zeigen, dass der Gaußsche Satz ein außerordentlich leistungsfähiges Hilfsmittel zur Lösung fast aller Probleme der Elektrostatik ist.

Literaturhinweise zu Kapitel 2

Feynman, R.P.: Vorlesungen über Physik Band II, Kap. 4, Elektrostatik, Oldenbourg, München/Wien (2007)

Bartlett, D.F., Goldhagen, P.E. and Phillips, E.A.: Experimental Test of Coulomb's Law, *Phys. Rev.*, D2, (1970) 483

Williams, E.R., Faller, J.E. and Hill, H.A.: New Experimental Test of Coulomb's Law: A Laboratory Upper Limit on the Photon Rest Mass, *Phys. Rev. Lett.* 26, (1971) 721.

Nicola, M.: On the Definition of Electric Charge, *American Journal of Physics*, 40, (1972) 189; Nichols, R.T., Winans, J.G., Comments, 40, 1348 (1972)

Goldhaber, A.S., Nieto, M.M.: The Mass of the Photon, *Scientific American* May 1976, 86.

Fritzsch, H.: Vom Urknall zum Zerfall, Piper Verlag (1999)

3 Verschiedene Anwendungen der Gesetze der Elektrostatik

Das elektrostatische Feld wird durch zwei Gesetze vollkommen beschrieben:

1. Der *Fluss des elektrischen Feldes* aus der Oberfläche um ein Volumen ist proportional der darin enthaltenen Ladung (siehe (2.40)):

Gaußscher Satz

$$\oint_A \vec{E} \cdot \mathrm{d}\vec{A} = \frac{1}{\varepsilon_0} \cdot \int_V \rho \cdot \mathrm{d}V. \tag{3.1}$$

2. Die *Zirkulation des elektrischen Feldes* ist null (siehe (2.12)):

$$\oint_C \vec{E} \cdot \mathrm{d}\vec{r} = 0. \tag{3.2}$$

Dies gilt nur bei statischen Feldern, nicht in der Elektrodynamik bei zeitlich veränderlichen Feldern. Im Folgenden wollen wir mit Hilfe dieser beiden Gesetze einige einfache Probleme der Elektrostatik lösen.

3.1 Gleichgewicht im elektrostatischen Feld

Wir wollen uns fragen, ob es im elektrostatischen Feld irgendeiner Ladungsanordnung ein stabiles Gleichgewicht gibt, so dass beispielsweise eine positive Ladung durch elektrostatische Kräfte stabil an den Punkt P gebunden wäre.

Bild 3.1a zeigt z.B. eine feste Anordnung von zwei positiven und einer negativen punktförmigen Ladung: Ist der Punkt P eine stabile Gleichgewichtslage für eine weitere negative punktförmige Ladung? Dies kann nur der Fall sein, wenn von allen Seiten Feldlinien auf P zulaufen. Denn nur dann wäre die Kraft bei einer kleinen Auslenkung der negativen Probeladung wieder auf P gerichtet. Auf Grund des Gaußschen Satzes verschwindet aber der Fluss des elektrischen Feldes durch eine den Punkt P umhüllende Fläche A, da sich innerhalb von A außer der Probeladung keine Ladung befindet:

$$\oint_A \vec{E} \cdot \mathrm{d}\vec{A} = 0.$$

Folglich gibt es grundsätzlich kein stabiles Gleichgewicht im elektrostatischen Feld.

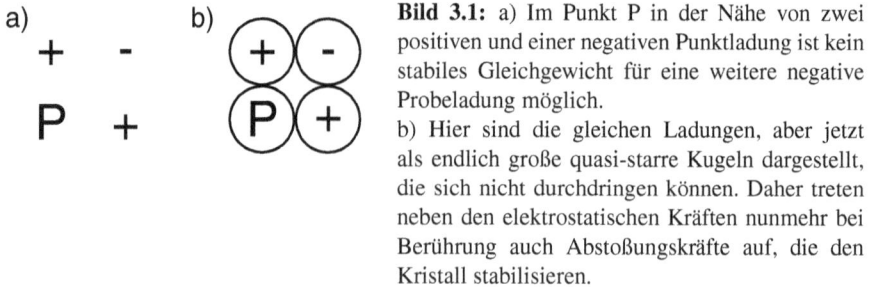

a)   b)

Bild 3.1: a) Im Punkt P in der Nähe von zwei positiven und einer negativen Punktladung ist kein stabiles Gleichgewicht für eine weitere negative Probeladung möglich.
b) Hier sind die gleichen Ladungen, aber jetzt als endlich große quasi-starre Kugeln dargestellt, die sich nicht durchdringen können. Daher treten neben den elektrostatischen Kräften nunmehr bei Berührung auch Abstoßungskräfte auf, die den Kristall stabilisieren.

So können auch elektrostatische Kräfte allein nicht für die stabile Bindung der Ionen in einem *Ionenkristall* verantwortlich sein. Betrachten wir als Beispiel einen NaCl-Kristall, in dem jedes Na-Atom ein Elektron an ein benachbartes Cl-Atom übertragen hat, da das Elektron im Cl-Atom, wie wir in Physik IV quantenmechanisch erklären werden, fester als im Na-Atom gebunden ist. Durch diesen Elektronentransfer ist aus dem NaCl-Kristall ein Ionenkristall geworden, der aus positiv geladenen Na-Ionen und negativen Cl-Ionen besteht. Die elektrostatischen Kräfte zwischen den Ionen tragen wesentlich zu den elastischen Eigenschaften und zur Bindungsenergie eines Ionenkristalls bei.

Ein stabiles Gleichgewicht der Ionen im Kristallgitter eines Ionenkristalls ist nur möglich, wenn man auch – wie in Bild 3.1b dargestellt – auf Grund der endlichen Ausdehnung der Ionen die (quantenmechanischen) Abstoßungskräfte zwischen benachbarten und sich berührenden Ionen mit in Betracht zieht. Erst das Zusammenwirken beider Kräfte, der elektrostatischen und der quantenmechanischen Abstoßungskräfte, ermöglicht die Existenz der vielen stabilen Ionenkristalle, die es in der Natur gibt.

3.2   Das elektrostatische Feld einer unendlich ausgedehnten, ebenen Ladungsschicht

Betrachten wir eine geladene Ebene, z.B. ein homogen positiv geladenes Blatt Papier, und fragen uns, wie das von diesen Ladungen erzeugte, elektrische Feld in der Nähe der Platte aussieht. Aus Symmetriegründen folgt sofort, dass $\vec{E}$ nur senkrecht auf der Ebene stehen kann sowie rechts und links der Fläche dem Betrage nach gleich sein muss, wie es in Bild 3.2 dargestellt ist.

Nun wollen wir einen Teil Q der Flächenladung mit einer geschlossenen Fläche entsprechend Bild 3.2 umgeben und den Fluss des elektrischen Feldes aus dieser Fläche berechnen. $\vec{E}$ steht senkrecht auf den beiden großen Seitenflächen A_1 und A_2, liegt dagegen parallel zu den übrigen vier schmalen Teilflächen. Daher tragen nur die beiden Seitenflächen zum Fluss bei, und der Gaußsche Satz lautet:

$$E_1 \cdot A_1 + E_2 \cdot A_2 = \frac{Q}{\varepsilon_0}. \qquad (3.3)$$

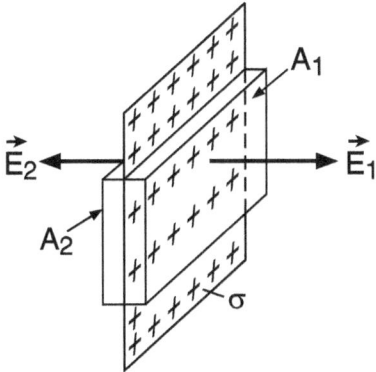

Bild 3.2: Gaußsche Fläche um einen Ausschnitt einer unendlich ausgedehnten Ladungsschicht mit der konstanten Flächenladungsdichte σ: Aus Symmetriegründen steht $\vec{E}$ senkrecht auf der Ebene.

Mit $A_1 = A_2$ und $|E_1| = |E_2|$ gilt:

$$E = \frac{1}{2\varepsilon_0} \cdot \frac{Q}{A} = \frac{\sigma}{2\varepsilon_0}, \qquad (3.4)$$

wobei $\sigma = Q/A$ als *Flächenladungsdichte* eingeführt wurde. Besonders bemerkenswert an diesem Ergebnis ist, dass das elektrische Feld in jedem Abstand von einer unendlich ausgedehnten Schicht den gleichen Wert besitzt.

Frage:

Wie sieht das elektrische Feld einer endlich ausgedehnten Platte in großer Entfernung aus?

3.3   Das elektrische Feld eines Plattenkondensators

Zwei entgegengesetzt geladene, metallische Platten, deren Abstand klein ist gegenüber dem Plattendurchmesser, nennt man einen Plattenkondensator (siehe Bild 3.3).

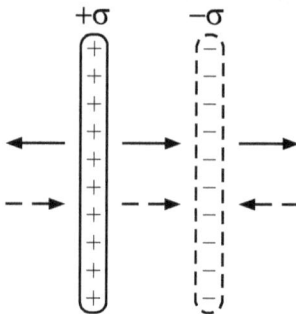

Bild 3.3: Plattenkondensator: Das elektrische Feld kommt durch Superposition der elektrischen Felder zweier entgegengesetzt geladener Platten gleicher Ladungsdichte zustande.

Das Feld dieser Anordnung erhält man durch Superposition der Felder der entgegengesetzt geladenen Platten. Die positiv geladene Platte und das von ihr erzeugte Feld ist in Bild 3.3 mit durchgehenden Linien gezeichnet, die negativ geladene Platte zusammen mit ihrem Feld dagegen gestrichelt. Wie man sieht, kompensieren sich die Felder im Außenraum vollständig, im Innenraum dagegen verdoppelt sich das Feld. Es ist in Bild 3.4 skizziert und hat nach (3.4) die Größe:

$$E = \frac{\sigma}{\varepsilon_0} = \frac{Q/A}{\varepsilon_0}. \tag{3.5}$$

Dieses Feld hat im gesamten Raum zwischen den Platten nach Richtung und Betrag den gleichen Wert und ist unabhängig vom Abstand d beider Platten. Außerhalb der Plattenränder des Kondensators ist das Feld kleiner, aber nicht null. Die *Streufelder* nehmen die Form der Felder eines elektrischen Dipols an.

Aus dem elektrischen Feld lässt sich die Potentialdifferenz oder Spannung zwischen beiden Platten berechnen (siehe Bild 3.4, rechts. Die Potentialdifferenz gibt ja die Arbeit an, welche geleistet werden muss, um eine positive Einheitsladung entgegen der Richtung der elektrostatischen Kraft von einer Platte zur anderen zu bringen. Somit ist die Spannung nach (2.14) und (3.5)

$$U = E \cdot d = \frac{\sigma}{\varepsilon_0} \cdot d, \tag{3.6}$$

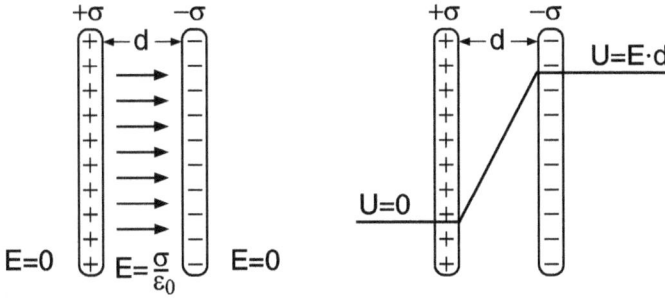

Bild 3.4: Links das elektrische Feld E und rechts der entsprechende Verlauf des Potentials U für einen Plattenkondensator mit der Flächenladungsdichte σ, innerhalb und außerhalb eines Kondensators. Ähnliche Ladungsdoppelschichten treten auch an der Oberfläche von Metallen auf und führen für die Leitungselektronen ebenfalls zu einer Stufe im Potential, die man dort meist als *Austrittsarbeit* bezeichnet.

wobei $\sigma = Q/A$ die Flächenladungsdichte auf den Platten ist. Die Spannung ist also im Unterschied zur Feldstärke proportional zum Plattenabstand d. Wir wollen das Ergebnis nun noch in der folgenden Form schreiben:

$$U = \frac{d}{\varepsilon_0 A} \cdot Q. \tag{3.7}$$

Das heißt:

Die Spannung ist auch proportional zur gespeicherten Ladung Q.

Diese Proportionalität ist eine Folge des Superpositionsprinzips und gilt daher nicht nur für den Plattenkondensator, sondern für alle beliebig geformten Kondensatoren. (3.7) kann auch so gelesen werden, dass die auf den Kondensatorplatten gespeicherte Ladungsmenge proportional zur Spannung zwischen den Platten ist. Der Proportionalitätsfaktor

$$\boxed{\frac{Q}{U} = C} \qquad \textbf{Kapazität} \tag{3.8}$$

wird als *Kapazität* bezeichnet und ist die pro Spannungseinheit im Kondensator gespeicherte Ladung. Die Kapazität wird gemessen in Einheiten von Farad (F). Nach (3.8) gilt:

Einheit der Kapazität: Farad

$$1\,\mathrm{F} = 1\,\frac{\mathrm{C}}{\mathrm{V}}.$$

In der Praxis sind allerdings meist sehr viel kleinere Kapazitäten wichtig, wie z.B. $1\,\mu\mathrm{F} = 10^{-6}\,\mathrm{F}$, $1\,\mathrm{nF} = 10^{-9}\,\mathrm{F}$ oder $1\,\mathrm{pF} = 10^{-12}\,\mathrm{F}$.

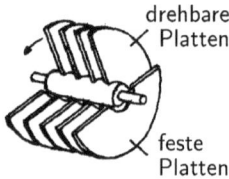

drehbare
Platten

feste
Platten   **Bild 3.5:** Der Drehkondensator.

Die *Kapazität eines Plattenkondensators* beträgt nach (3.7) und (3.8):

$$C = \varepsilon_0 \cdot \frac{A}{d} \ \text{ mit } \ \varepsilon_0 = 8,8542 \cdot 10^{-12} \, \frac{\text{F}}{\text{m}}. \tag{3.9}$$

So besitzen z.B. zwei 1 cm^2 große Platten in einem Abstand von 1 mm eine Kapazität von etwa 1 pF. Plattenkondensatoren sind wichtige Bauelemente der Elektrotechnik. Zur Erzielung großer Kapazitäten muss die Fläche der Metallplatten möglichst groß und der gegenseitige Abstand möglichst klein sein. Man verwendet daher als Elektroden oft Metallfolien, welche man mit einer isolierenden dünnen Zwischenschicht aufrollt. Der sog. *Drehkondensator* in Bild 3.5 erlaubt die stetige Veränderung der effektiven Kondensatorfläche und damit der Kapazität durch einfaches Drehen.

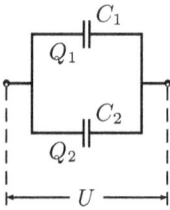

Bild 3.6: Parallelschaltung zweier Kondensatoren: An beiden Kondensatoren liegt die gleiche Spannung an.

Auch durch *Serien-* und *Parallelschaltung* von zwei Kondensatoren lassen sich wiederum neue Kapazitäten C herstellen.

Bei *Parallelschaltung* liegt an den beiden Kondensatoren in Bild 3.6 die gleiche Spannung U an. Es gilt:

$$Q = Q_1 + Q_2 = C_1 U + C_2 U = (C_1 + C_2) \cdot U = C \cdot U$$

$$\boxed{C = C_1 + C_2} \tag{3.10}$$

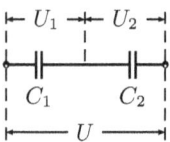

Bild 3.7: Serienschaltung zweier Kondensatoren: Beide Kondensatoren tragen die gleiche Ladung.

Bei *Serienschaltung* tragen die beiden Kondensatoren die gleiche Ladung Q (siehe Bild 3.7). Daraus folgt:

$$U = U_1 + U_2 = \frac{Q}{C_1} + \frac{Q}{C_2} = Q\left(\frac{1}{C_1} + \frac{1}{C_2}\right) = \frac{Q}{C}$$

$$\boxed{\frac{1}{C} = \frac{1}{C_1} + \frac{1}{C_2}} \tag{3.11}$$

Frage:

Warum ist $Q_1 = Q_2$?

Ladungsdoppelschichten, wie wir sie oben beim Kondensator diskutiert haben, treten im Allgemeinen auch an Oberflächen von elektrischen Leitern, z.B. von Metallen, auf. Sie bilden sich dort, wenn die schnellen Leitungselektronen des Metalls bei der Reflektion an der Oberfläche etwas über die Ebene der letzten positiven Ionen hinausschießen, bevor sie durch die rücktreibenden Kräfte der positiven Ionenladungen wieder ins Innere des Kristalls zurückgezogen werden. So entsteht knapp außerhalb einer jeden Metalloberfläche eine negative Ladungsschicht und knapp darunter durch die entsprechende Verarmung an Metallelektronen eine positive Ladungsschicht. Das elektrische Feld zwischen dieser Ladungsdoppelschicht ist es, welches die Elektronen an der Oberfläche zur Umkehr ins Innere des Metalls zwingt. Der entsprechende Potentialunterschied ist im rechten Teil von Bild 3.4 schematisch dargestellt: Das niedrige Potential U links entspricht dabei dem Metallinneren und das höhere Potential dem Außenraum. Diese Potentialdifferenz (in der Regel einige Volt) ist identisch mit der Bindungsenergie des Elektrons ans Metallgitter, und man nennt sie daher auch die *Austrittsarbeit*. Diese ist von großer Bedeutung für den Austritt von Elektronen aus einem Metall, sei es bei hohen Temperaturen (*Glühemission*) oder unter dem Einfluss hoher elektrischer Felder (*Feldemission*) oder bei der sog. *Tunnelmikroskopie*, wie wir etwas weiter unten in diesem Kapitel diskutieren wollen.

3.4 Unendlich langer, geladener Draht und Koaxialkabel

Betrachten wir zunächst einen unendlich langen, geraden Draht, der homogen geladen sein soll, d.h. die Ladung pro Längeneinheit λ soll überall auf dem Draht konstant sein. Aus Symmetriegründen können alle Feldlinien nur senkrecht zur Symmetrieachse, d.h. senkrecht zur Drahtachse, stehen.

Das Feld *außerhalb* des Drahtes kann unter Anwendung des Gaußschen Satzes folgendermaßen berechnet werden. Wir denken uns eine Gaußsche Fläche, welche die Ladungen des Drahtes auf einer Länge l, wie in Bild 3.8 gezeigt ist, mit einem koaxialen Zylinder und zwei Kreisflächen umschließt. Dann gilt nach (2.40)

$$\int_{\text{Zylinderwand}} \vec{E} \cdot d\vec{A} + \int_{\text{2 Kreisflächen}} \vec{E} \cdot d\vec{A} = \frac{1}{\varepsilon_0} \cdot l \cdot \lambda. \tag{3.12}$$

Da der Fluss durch die beiden Kreisflächen null ist, bleibt nur der Beitrag durch den Zylindermantel

$$\int_{\text{Zylinderwand}} \vec{E} \cdot d\vec{A} = E \cdot 2\pi r \cdot l \tag{3.13}$$

übrig und wir erhalten aus (3.12) schließlich

$$E \cdot 2\pi r \cdot l = (1/\varepsilon_0) \cdot l \cdot \lambda$$

oder

$$E = \frac{\lambda}{2\pi\varepsilon_0 r}. \tag{3.14}$$

Zu diesem Ergebnis wären wir auch ausgehend von der Definition der elektrischen Feldstärke (2.8) gelangt, der Lösungsweg über den Gaußschen Satz ist jedoch wesentlich einfacher.

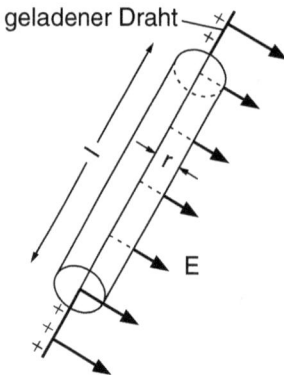

Bild 3.8: Gaußsche Fläche um einen unendlich langen, geladenen Draht mit konstanter Linienladungsdichte λ: das elektrische Feld steht senkrecht auf der Mantelfläche des Zylinders (l ist die Länge und r ist der Radius des Zylinders).

Frage:

Berechnen Sie zum Vergleich das elektrische Feld eines unendlich ausgedehnten, homogen geladenen Drahtes mit Hilfe von (2.8).

Als Nächstes wollen wir diesen Draht (Durchmesser $2r_i$) mit einem metallischen Hohlzylinder (Durchmesser $2r_a$) umgeben. Auf dem äußeren Hohlzylinder soll die gleiche Ladungsmenge – aber umgekehrten Vorzeichens – sitzen wie auf dem inneren Draht. Eine solche Anordnung nennt man ein *Koaxialkabel* oder einen *Zylinderkondensator*.

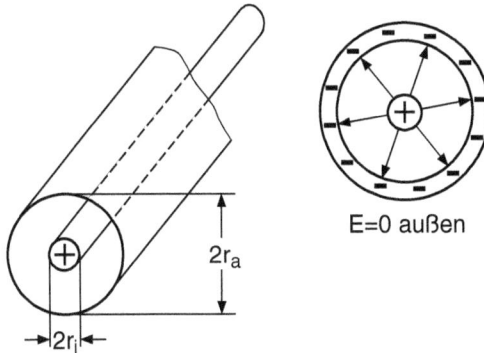

E=0 außen

Bild 3.9: Zur Berechnung des elektrischen Feldes eines Koaxialkabels.

Durch Anwendung des Gaußschen Satzes findet man wiederum leicht, dass der Außenraum völlig feldfrei ist, und dass das Feld zwischen Draht und Hohlzylinder den in (3.14) angegebenen Wert besitzt. Da der Außenraum feldfrei ist, wird das Koaxialkabel technisch als sog. *abgeschirmtes Kabel* verwendet. Wie groß ist die Kapazität eines Koaxialkabels bestimmter Länge? Dazu müssen wir die Spannung U zwischen Innen- und Außenleiter bestimmen:

Koaxialkabel werden z.B. als Antennenkabel verwendet

$$U = \int_{r_i}^{r_a} \vec{E} \cdot \mathrm{d}\vec{r} = \frac{\lambda}{2\pi\varepsilon_0} \cdot \int_{r_i}^{r_a} \frac{\mathrm{d}r}{r} = \frac{\lambda}{2\pi\varepsilon_0} \cdot \ln\left(\frac{r_a}{r_i}\right). \qquad (3.15)$$

Hieraus ergibt sich die *Kapazität eines Koaxialkabels* der Länge l:

$$C = \frac{q}{U} = \frac{\lambda \cdot l}{\lambda \cdot \ln(r_a/r_i)/2\pi\varepsilon_0} = \frac{2\pi\varepsilon_0 \cdot l}{\ln(r_a/r_i)}. \qquad (3.16)$$

Frage:

Wie groß ist die Gesamtkapazität eines Zylinderkondensators, dessen innerer Zylinder nicht nur an der Oberfläche, sondern auch im Innern homogen geladen ist?

3.5   Das elektrische Feld einer homogen geladenen Kugel

Bei der Aufstellung des universellen Gravitationsgesetzes war es für NEW-
TON eines der schwierigsten Probleme zu zeigen, dass die Erde auf einen
Körper außerhalb der Erdoberfläche eine Kraft ausübt, die genau so beschaf-
fen ist, als sei die gesamte Erdmasse im Erdmittelpunkt konzentriert.

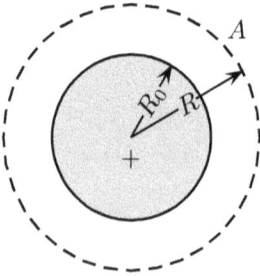

Bild 3.10: Gaußsche Fläche um eine homogen geladene
Kugel: Das elektrische Feld steht aus Symmetriegründen
senkrecht auf der konzentrischen Kugelfläche A.

Der Beweis dieses Theorems scheint NEWTON fast zwei Jahrzehnte
beschäftigt zu haben und gelang ihm schließlich mit einer besonderen Volu-
menintegration. Jetzt wollen wir ein analoges Problem behandeln, nämlich,
mit Hilfe des Gaußschen Satzes das elektrische Feld einer kugelförmigen
Ladungsverteilung zu berechnen. Dazu betrachten wir eine Kugelfläche A,
welche, wie in Bild 3.10 gezeigt, die homogen geladene Kugel konzentrisch
umschließt. Aus Symmetriegründen kann das elektrische Feld nur radial
nach außen gerichtet sein und steht daher senkrecht auf der Gaußschen
Fläche A. Der Fluss des elektrischen Feldes durch A ist daher

$$\oint_A \vec{E} \cdot \mathrm{d}\vec{A} = E \cdot 4\pi R^2$$

und ist nach dem Gaußschen Gesetz gleich der gesamten von A eingeschlossenen Ladung Q/ε_0:

$$E \cdot 4\pi R^2 = \frac{Q}{\varepsilon_0}$$

oder

$$E = \frac{1}{4\pi\varepsilon_0} \cdot \frac{Q}{R^2}. \qquad (3.17)$$

Dies ist aber gerade das elektrische Feld einer Punktladung. Das elektrische
Feld einer homogen geladenen Kugel ist also im Außenraum genau so

groß, *als sei die gesamte Kugelladung im Kugelmittelpunkt konzentriert.* (Das gleiche Resultat erhält man für jede andere Ladungsverteilung mit Kugelsymmetrie, z.B. wenn die Ladungen nur auf der Kugeloberfläche sitzen).

Nun wollen wir noch das elektrische Feld *im Innern* einer homogen geladenen Kugel berechnen. Das elektrische Feld ist auch in diesem Fall radial nach außen gerichtet, und der Fluss durch die Fläche A in Bild 3.10 – nun innerhalb der Kugel – ist damit:

$$E \cdot 4\pi R^2 = \frac{Q}{\varepsilon_0} \cdot \frac{R^3}{R_0^3}$$

oder

$$E = \frac{1}{4\pi\varepsilon_0} \cdot \frac{Q \cdot R}{R_0^3}. \tag{3.18}$$

In Bild 3.11 ist das elektrische Feld innerhalb und außerhalb einer homogen geladenen Kugel als Funktion von R graphisch dargestellt.

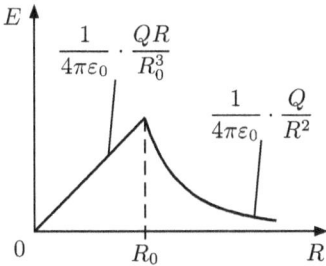

Bild 3.11: Das elektrische Feld innerhalb und außerhalb einer homogen geladenen Kugel als Funktion von R.

Schließlich wollen wir noch die Kapazität $C = Q/U$ einer geladenen metallischen Kugel gegenüber einer Gegenelektrode, welche die Kugel im unendlichen Abstand umhüllt, bestimmen. Hierzu benötigen wir noch die Spannung zwischen dem Unendlichen und der Oberfläche der geladenen Kugel mit dem Radius R_0. Durch Integration von (3.17) erhalten wir:

$$U = \frac{1}{4\pi\varepsilon_0} \cdot \frac{Q}{R_0}. \tag{3.19}$$

Die Spannung fällt hauptsächlich in Kugelnähe ab. Alle Punkte der metallischen Kugel befinden sich auf dem gleichen Potential. Somit ist die Kapazität der Kugel:

$$C = \frac{Q}{U} = 4\pi\varepsilon_0 \cdot R_0. \tag{3.20}$$

Frage:

Das elektrische Feld an der Erdoberfläche beträgt ungefähr 130 V/m und steht senkrecht auf der Erdoberfläche. Es wird von negativen Oberflächenladungen erzeugt $\approx 6 \cdot 10^5$ C für die gesamte Oberfläche der Erde). Das elektrische Feld nimmt jedoch mit der Höhe schnell ab, in 1 km Höhe beträgt es noch etwa 40 V/m, in 10 km Höhe ist es fast auf null abgesunken. Erklären Sie diesen Befund!

3.6   Leiter in einem statischen elektrischen Feld

Elektrische Leiter besitzen frei bewegliche Elektronen. Beim Anlegen eines elektrischen Feldes nehmen die freien Ladungen eine Gleichgewichtslage ein, die dadurch bestimmt ist, dass die elektrische Kraft im Innenraum des Leiters null wird, d.h. das elektrische Feld bricht zusammen. Im Innern eines Metalles kann also im Gleichgewicht kein elektrostatisches Feld existieren. Dieses bedeutet wegen des Gaußschen Satzes, dass auch überall im Innern des Metalles die Ladungsdichte $\rho = 0$ sein muss. Aus $\vec{E} = 0$ folgt ferner, dass sich alle Punkte des Metalls auf dem gleichen Potential befinden.

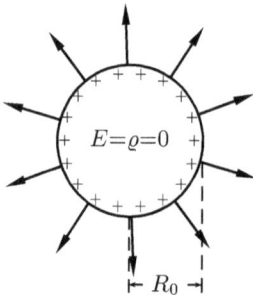

Bild 3.12: Im Innern eines Leiters sind Feldstärke und Ladungsdichte überall null.

Wo aber sitzen bei Leitern die Ladungen, wenn nicht im Innern? Nun, sie stoßen sich ab und sitzen daher an der Oberfläche, z.B. bei einer metallischen Kugel auf der Kugeloberfläche (siehe Bild 3.12).

Da die Metalloberfläche eine Äquipotentialfläche ist, verschwinden alle Tangentialkomponenten des elektrischen Feldes an der Oberfläche, d.h. das elektrische Feld unmittelbar außerhalb eines Metalls steht immer senkrecht auf der Metalloberfläche.

Mit Hilfe des Gaußschen Satzes können wir die Normalkomponente $E_\perp$ des elektrischen Feldes an der Oberfläche für ein Flächenelement ΔA, das die

Ladung Δq enthält, berechnen:

$$E_\perp \cdot \Delta A = \frac{\Delta q}{\varepsilon_0}$$

oder

$$\boxed{E_\perp = \frac{\sigma}{\varepsilon_0}}, \tag{3.21}$$

wobei $\sigma = \Delta q/\Delta A$ die Flächenladungsdichte an der Oberfläche ist. Dieses Ergebnis gilt ganz allgemein für Leiteroberflächen.

Wie groß ist z.B. das elektrische Feld an der Oberfläche einer geladenen Metallkugel mit dem Radius R_0 und der Ladung Q? Da σ überall auf der Kugeloberfläche konstant ist, folgt aus (3.21)

$$E_\perp = \frac{1}{\varepsilon_0} \cdot \frac{Q}{4\pi R_0^2}.$$

Dieses Ergebnis, das sich ebenfalls aus (3.17) und (3.18) für $R = R_0$ ergibt, lässt sich auch durch das Potential ϕ_0 der Kugel an der Oberfläche (3.19) ausdrücken:

$$E_\perp = \frac{\phi_0}{R_0} \tag{3.22}$$

Wenn wir beispielsweise wie in Bild 3.13 eine große und eine kleine Kugel mit einem Draht verbinden und auf eine gleiche Spannung (d.h. gleiches Potential) aufladen, so ist nach (3.22) die Feldstärke an der Oberfläche der kleineren Kugel größer als an der Oberfläche der größeren Kugel.

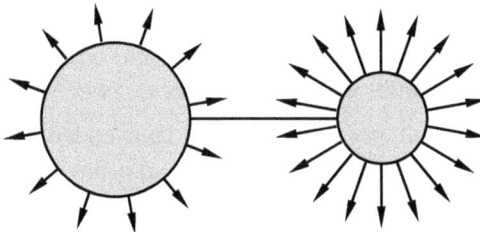

Bild 3.13: Zwei Metallkugeln auf gleichem Potential: die elektrische Feldstärke ist größer an der Oberfläche der kleineren Kugel.

Da wir uns eine nicht kugelförmige Leiteroberfläche wie z.B. die in Bild 3.14 aus vielen Metallkugeln zusammengesetzt denken können, folgt

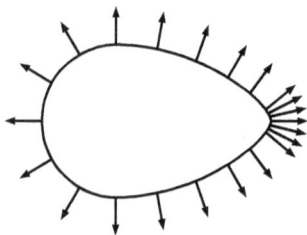

Bild 3.14: Eine nicht kugelförmige Leiteroberfläche: die elektrische Feldstärke ist umgekehrt proportional zum Krümmungsradius der Leiteroberfläche.

Die Metalloberfläche ist eine Äquipotentialfläche. Dies führt zu höheren Flächenladungsdichten an Spitzen

aus (3.22), dass die Feldstärke im Allgemeinen umgekehrt proportional zum Krümmungsradius der Leiteroberfläche sein muss. Um bei Hochspannungsgeräten das Auftreten hoher Feldstärken zu verhindern, ist es daher notwendig, nur abgerundete Metallteile mit großem Krümmungsradius zu verwenden und nach Möglichkeit jede Art von Spitzen zu vermeiden. Andererseits kann man sich gerade die hohen Feldstärken in der Nähe metallischer Spitzen zunutze machen. Ein Beispiel hierfür ist die Ladungsübertragung. Da nach (3.21) die elektrische Feldstärke an der Metalloberfläche proportional zur Flächenladungsdichte σ ist, kann man mit einem Löffel von der Spitze der Leiteroberfläche in Bild 3.14 eine größere Ladungsmenge abstreifen als von einer weniger stark gekrümmten Stelle der Oberfläche.

3.7   Spitzen in starken elektrischen Feldern

Wir halten fest: Je kleiner der Krümmungsradius einer elektrisch leitenden und aufgeladenen Spitze, desto größer ist auch die Feldstärke an der Spitzenoberfläche. Man kann heute metallische Spitzen herstellen mit außerordentlich kleinem Krümmungsradius bis hin zu atomaren Dimensionen. Dies hat einige interessante Konsequenzen: Die Feldstärke, die an der Spitzenoberfläche angreift, ist dann außerordentlich hoch. Bei einem Potential der Spitze von 1000 Volt relativ zur entfernten Gegenelektrode und bei einem Krümmungsradius der Spitze von nur 10 nm ergeben sich elektrische Feldstärken von 10^{11} V/m! Entsprechend groß sind die Kräfte, die von so hohen Feldern auf die Ladungsträger (Elektronen) oder auf die Ionen auf der Spitzenoberfläche ausgeübt werden. Hier gibt es zwei Möglichkeiten.

Entweder ist die Spitze *negativ* geladen, dann enden alle Feldlinien auf den negativen Ladungsträgern in der Spitze, d.h. im Allgemeinen auf den Elektronen, und sind bei hohen Feldern zunehmend in der Lage, diese Elektronen trotz ihrer Bindung ans Metall aus der Spitze herauszuziehen. Dieser Vorgang der sog. *Feldemission* führt bei Feldstärken von etwa 10^{10} V/m zu Emissionsstromdichten von 100 A/cm^2. Die emittierten Elektronen folgen im Vakuum genau dem radialen Verlauf der Feldlinien und können daher auch ein vergrößertes Bild der Spitzenkathode auf einen entfernten Leuchtschirm abbilden. Dies ist das Prinzip des von E.W. MÜLLER entdeckten *Feldelektronenmikroskops*.

Wenn umgekehrt die Spitze auf *positivem* Potential gehalten wird, wirken die positiven Zugkräfte des Feldes auf die positiven Ionen der Spitzenoberfläche. Dadurch wird ihre Bindung an die Spitze wirksam reduziert, so dass sie auf der Oberfläche schneller diffundieren als ohne Feld, schon bei relativ niedrigen Temperaturen flüssig werden und schließlich sogar von der Oberfläche verdampfen. Benetzt man die positive Spitze (z.B. aus Kupfer) mit einem flüssigen Metall (z.B. Gallium), so wird die nunmehr flüssige Spitze unter dem Einfluss des Feldes noch spitzer und führt zur Emission von ungewöhnlich hohen Ionenströmen. Flüssige positiv geladene Spitzen sind heute die intensivsten bekannten Ionenquellen. Aus einer Spitze von nur 15 Å Durchmesser können über 10^{14} Ionen pro Sekunde abgezogen werden.

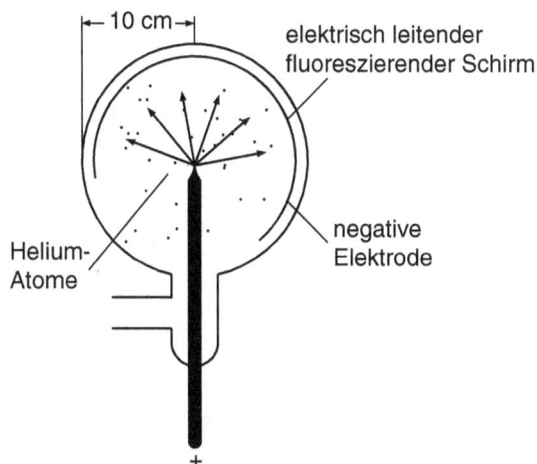

Bild 3.15: Prinzipieller Aufbau eines Feldionen-Mikroskops.

Wahrscheinlich die genialste Anwendung hoch positiv geladener Spitzen ist das im Folgenden beschriebene *Feldionen-Mikroskop*, , das ebenfalls von E.W. MÜLLER erfunden wurde[1]. Die einfache Anordnung ist schematisch in Bild 3.15 gezeigt. Eine feine Wolframspitze mit einem Krümmungsradius von etwa 50 nm ragt in einen evakuierbaren Glaskolben, an dessen Innenseite ein leitender, fluoreszierender Schirm aufgebracht ist, ähnlich wie in jeder Fernsehbildröhre. In dem Glaskolben befinden sich nur He-Atome unter sehr geringem Gasdruck. Legt man nun eine hohe elektrische Spannung zwischen Wolframspitze und Fluoreszenzschirm, so dass die Spitze positiv

---

[1]Siehe: Tien T. Tsong, *Atom-Probe Field Ion Microscopy*, Cambridge University Press (1990)

wird, so entstehen unmittelbar an der Spitze außerordentlich hohe elektrische Feldstärken. Wenn die He-Atome im Glaskolben mit den Atomen der Wolframspitze zusammenstoßen, verlieren sie unter dem Einfluss der hohen Felder Elektronen an die Wolframspitze. Die übrigbleibenden positiven He-Ionen wandern dann genau parallel zu den radialen elektrischen Feldlinien zum Fluoreszenzschirm und entwerfen dort beim Auftreffen ein vergrößertes Bild der Wolframoberfläche, welches in Bild 3.16 wiedergegeben ist.

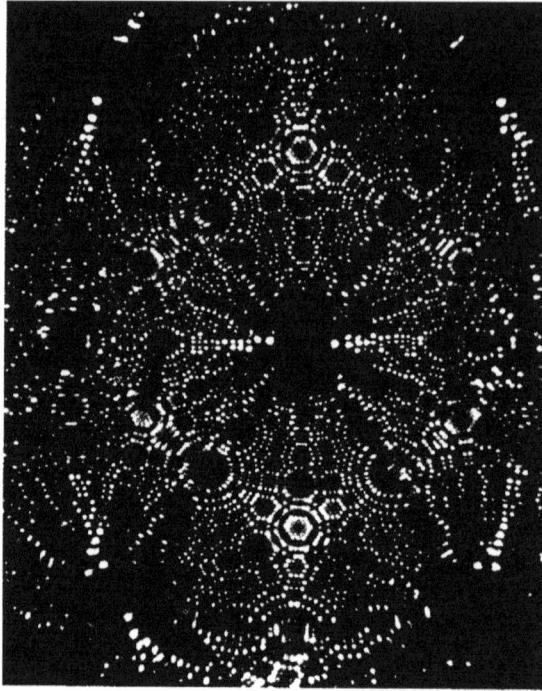

Bild 3.16: Aufnahme eines Feldionen-Mikroskops von der Spitze einer Wolframnadel. Der Krümmungsradius der Spitze beträgt etwa $450 \cdot 10^{-10}$ m. (Bildnachweis: Ch. Kittel, *Einführung in die Festkörperphysik*, Oldenbourg, München/Wien (2006)).

Der Vergrößerungsfaktor ergibt sich einfach aus dem Verhältnis von Radius des Glaskolbens $R = 10$ cm zum Krümmungsradius der Spitze mit $r = 50$ nm und ist daher $R/r = 2 \cdot 10^6$. Unter dieser Vergrößerung ist es möglich, die einzelnen Atome der Wolframspitze zu erkennen: Sie sind – siehe Bild 3.16 – wegen der Krümmung der Wolframoberfläche auf deutlich sichtbaren Kreisen angeordnet. Mit dieser relativ einfachen Anordnung – die auch von modernen Elektronenmikroskopen an Auflösungsvermögen nicht übertroffen wird – war es zum ersten Mal möglich, einzelne Atome zu erkennen.

3.8   Das Rastertunnelmikroskop

Nähert man eine metallische Spitze bis auf einen Abstand von nur wenigen Å der Oberfläche eines anderen Metalls (ohne Berührung), so verhindert nach den Gesetzen der klassischen Physik die Barriere der potentiellen Energie, deren Höhe wie weiter oben beschrieben und in Bild 3.4 dargestellt durch die Austrittsarbeit U bestimmt ist, jedes Übertreten der Elektronen von der Spitze zum Substrat oder umgekehrt. Nach den Gesetzen der Quantenmechanik stellt jedoch jedes Teilchen, wie z.B. ein Elektron, zugleich eine Materiewelle dar (die Wellenlänge beträgt für $E = 1\,\text{eV}$ etwa 3 Å) und kann daher mit endlicher Wahrscheinlichkeit auch in den klassisch verbotenen Bereich der hohen Energiebarriere eindringen und ihn prinzipiell – wenn auch nur in kleiner Zahl – durchtunneln. Bild 3.17 stellt diese klassisch paradoxe Situation des quantenmechanischen Tunneleffekts, den wir in den späteren Bänden noch ausführlich besprechen werden, anschaulich dar.

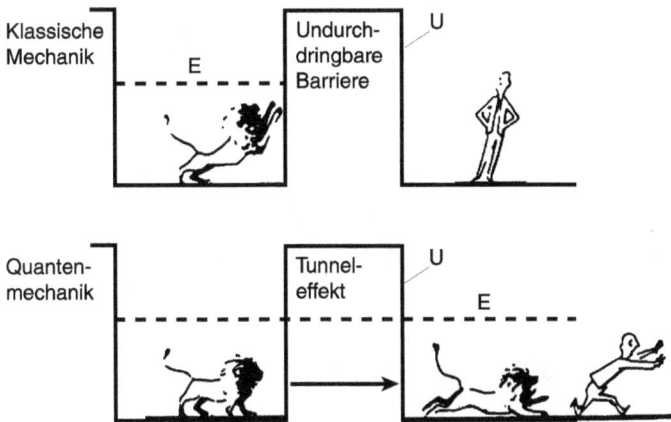

Bild 3.17: Nach der klassischen Physik (oberer Bildteil) kann ein Teilchen mit der kinetischen Energie E die Barriere der potentiellen Energie niemals überwinden, solange E kleiner als U ist. Nach der Quantenmechanik (unterer Bildteil) kann jedoch die Energiebarriere durchtunnelt werden mit den dargestellten dramatischen Konsequenzen (Bild nach R. Wiesendanger: Scanning Probe Microscopy, Cambridge U. Press, 1994).

Die Tunnel-Wahrscheinlichkeit ist endlich und nimmt mit wachsender Breite der Potentialbarriere, d.h. wachsendem Abstand zwischen Spitze und Substrat rasch ab. Wenn man daher eine metallische Spitze im Abstand von nur einigen Å über eine elektrisch leitende Kristalloberfläche führt, wie in Bild 3.18 schematisch dargestellt, ist der Tunnelstrom ein Maß für den Abstand zwischen Spitze und Substrat und kann daher zur Abbildung der Kristalloberfläche benutzt werden. Das Atom der Spitze mit dem kleinsten Abstand zum Substrat übernimmt dabei fast den gesamten Tunnelstrom.

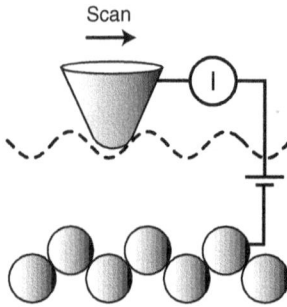

Scan

Bild 3.18: Schematische Skizze eines Rastertunnelmikroskops im Betrieb bei konstantem Tunnelstrom. Die Höhe z wird elektronisch so nachgeführt, dass beim Rastern der Strom konstant bleibt. Das Bild der abgerasterten xy-Oberfläche ergibt sich aus der Darstellung der für jeden Punkt (x, y) zur z-Nachführung erforderlichen Spannung, (meist in Fehlfarben) wie im folgenden Bild einer Si-Oberfläche.

Für einen Tunnelstrom von z.B. $100\,\mathrm{nA}$ werden auf diese Weise etwa 10^{12} Elektronen pro Sekunde ($=\ I/e$) über das eine letzte Atom der Spitze weitergeleitet. Das auf dieser Basis arbeitende Rastertunnelmikroskop mit atomarer Auflösung wurde 1981 von G. BINNIG und H. ROHRER erfunden (Nobelpreis 1986).

Bild 3.19: (111)-Siliziumoberfläche mit der für Si(111) charakteristischen Anordnung der Oberflächenatome und mit drei kristallinen Terrassenstufen, abgebildet mit einem Rastertunnelmikroskop. Jedes Oberflächenatom erscheint als heller Punkt. (Bildquelle siehe Bild 3.17.)

3.9 Der Faradaysche Käfig

Als Nächstes wollen wir zeigen, dass das elektrische Feld in jedem metallischen Hohlraum verschwindet, wenn er keine Ladungen enthält. Da das Feld – wie wir oben gesehen haben – im Innern des Leiters null ist, verschwindet auch der Fluss des Feldes durch eine Fläche, die den Hohlraum ganz umschließt, wie in Bild 3.20 angedeutet ist. Dieses bedeutet, dass auf der Oberfläche des inneren Hohlraumes die Gesamtladung null sein muss. Das schließt aber nicht aus, dass beispielsweise positive Ladungen auf der einen und negative Ladungen auf der anderen Seite dieser Oberfläche sitzen, was zu einem elektrischen Feld im Hohlraum führen würde.

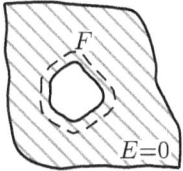

Bild 3.20: Gaußsche Fläche um einen Hohlraum im Innern eines Leiters.

Um zu beweisen, dass das elektrische Feld im Hohlraum verschwindet, machen wir erstmalig Gebrauch von der in (3.2) ausgedrückten *Wirbelfreiheit des elektrischen Feldes*:

$$\oint_C \vec{E} \cdot \mathrm{d}\vec{r} = 0.$$

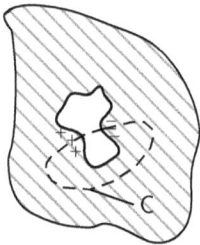

Bild 3.21: Zur Berechnung des Linienintegrals des elektrischen Feldes wird die geschlossene Kurve gewählt, die teils im Innern des Leiters und teils durch den Hohlraum geht.

Als Integrationsweg für dieses Linienintegral wählen wir die geschlossene, gestrichelte Kurve C in Bild 3.21, die teilweise durch den Leiter und teilweise durch den Hohlraum verläuft. Da $\vec{E}$ im Leiter null ist, verschwindet auch der Beitrag zum Integral im Leiter. Da aber das Gesamtintegral über die geschlossene Kurve verschwindet, muss auch der Beitrag zu

$$\oint_C \vec{E} \cdot \mathrm{d}\vec{r}$$

im Hohlraum null sein. Dieses ist für beliebige Integrationswege nur möglich, wenn $\vec{E}$ im ganzen Hohlraum, der vom Leiter umgeben ist, exakt verschwindet. Natürlich ist hier vorausgesetzt, dass sich keine Ladungen im Innern des Hohlraums befinden. Diese Feldfreiheit von metallischen Hohlräumen wird in der Elektrotechnik zur Abschirmung von elektrischen

Feldern verwendet. So erreicht man im sog. *Faradayschen Käfig* eine vollständige Abschirmung gegen elektrische Felder. Bekanntlich schlägt auch der Blitz nicht in das Innere eines Autos ein.

Der Van-de-Graaff-Generator

Die Feldfreiheit metallischer Hohlräume kann zur Erzeugung hoher Spannungen benutzt werden.

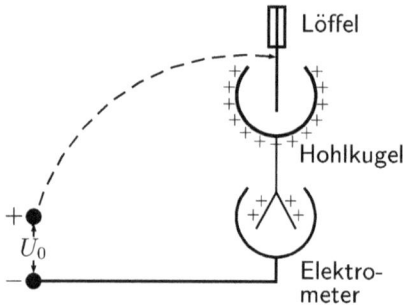

Bild 3.22: Durch wiederholtes Aufbringen von kleinen Ladungsmengen in das Innere einer Metall-Hohlkugel kann die Hohlkugel auf sehr hohe Spannungen aufgeladen werden.

Das physikalische Grundprinzip des von VAN DE GRAAFF erfundenen Hochspannungsgenerators lässt sich an der in Bild 3.22 gezeigten Versuchsanordnung demonstrieren: Bringt man von einer Ladungsquelle mit einem „Löffel" Ladungen in das Innere einer metallischen Hohlkugel, so wandern die Ladungen sofort nach außen, wie oben erläutert, und der innere Hohlraum bleibt feldfrei, unabhängig davon wie viel Ladungen die Hohlkugel schon trägt. Durch wiederholtes Transferieren von Ladungen mit dem Löffel von einer positiven Ladungsquelle, die sich auf dem Potential U_0 befindet, kann man immer wieder die gesamte Ladung des Löffels auf die Hohlkugel übertragen, bis die Kugel schließlich ein viel höheres Potential erreicht als die Ladungsquelle. *Entscheidend für eine wirkungsvolle Spannungserhöhung ist das Abstreifen des Löffels im feldfreien Inneren der Hohlkugel!*

Dieses Verfahren kann zum Bau von Teilchenbeschleunigern genutzt werden (siehe Physik IV)

Nach dem von VAN DE GRAAFF ersonnenen Verfahren wird die Ladung durch ein rotierendes isolierendes Band in das Innere der Hohlkugel übertragen. Unten werden z.B. positive Ladungen auf das Band aufgesprüht, dann nach oben transportiert und schließlich oben in der Hohlkugel wieder abgestreift. Auf diese Weise kann man erreichen, dass sich die Kugel bis auf etwa 10 Millionen Volt auflädt.

3.10 Influenz

Influenz, lat. „Einfluss"

Wir hatten in Abschnitt 3.6 festgestellt, dass im Innern eines Metalls im Gleichgewicht kein elektrisches Feld existieren kann. Hier wollen wir

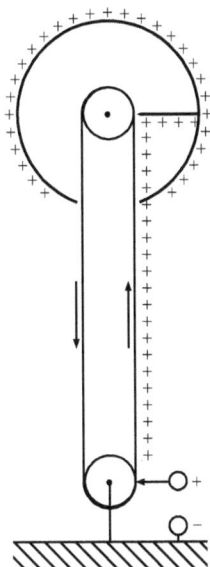

Bild 3.23: Van-de-Graaff-Generator (Bandgenerator): von einer Spannungsquelle werden Ladungen auf das umlaufende Band aus Isoliermaterial aufgesprüht und in das Innere der Metall-Hohlkugel transportiert. Der Bandgenerator, der eine konstante Spannung im MV-Bereich bei Stromstärken von etwa 0,1 mA liefern kann, wird in der Kernphysik häufig verwendet.

prüfen, was passiert, wenn eine Metallprobe in ein elektrisches Feld gebracht wird, und wie es dabei zur Auslöschung des Feldes im Metall kommt. Bringt man ein beliebiges Stück Metall in das elektrische Feld eines Plattenkondensators, so werden unter dem Einfluss des Feldes Ladungen im Leiter getrennt, d.h. sog. *Influenzladungen* erzeugt (siehe Bild 3.24). Sie liefern im Innern des Metalls ein Feld, das dem ursprünglichen entgegengerichtet ist und dieses genau zu null kompensiert. Nur deshalb ist das Feld im Innern des Leiters null.

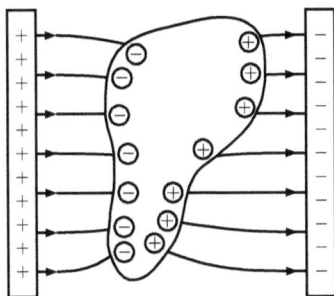

Bild 3.24: Leiter im Feld eines Plattenkondensators: die Influenzladungen verteilen sich so auf der Leiteroberfläche, dass das elektrische Feld im Innern des Leiters verschwindet.

Das Auftreten solcher Influenzladungen lässt sich mit folgenden Versuchen demonstrieren, die in Bild 3.25 dargestellt sind. In Bild 3.25a werden zwei flache Aluminiumlöffel aneinandergepresst und in ein elektrisches Feld gebracht. Die Influenzladungen sammeln sich an den äußeren Löffeloberflächen.

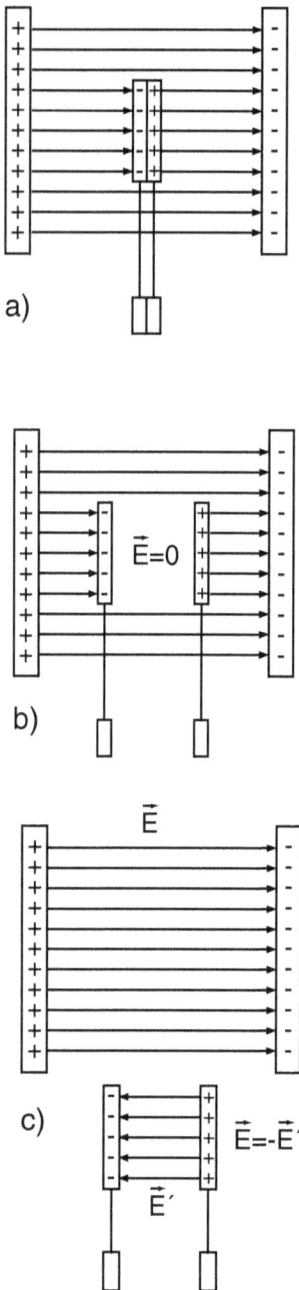

Bild 3.25: Versuch zur Demonstration von Influenzladungen:

a) Zwei flache Aluminiumlöffel werden im Feld eines Plattenkondensators aneinandergepresst.

b) Die beiden Löffel werden im Feld getrennt.

c) Die herausgenommenen Löffel tragen eine Influenzladung, die durch ein Elektrometer nachgewiesen werden kann.

Die Löffel mit den Influenzladungen werden nun im Feld getrennt (siehe Bild 3.25b). Das Feld zwischen den Löffeln ist null. In Bild 3.25c werden die getrennten Löffel dann aus dem Feld $\vec{E}$ genommen. Zwischen den getrennten Löffeln existiert nunmehr ein elektrisches Feld $\vec{E}'$, das genauso groß ist wie $\vec{E}$, aber umgekehrt gerichtet ist. Die Influenzladungen können mit dem Elektrometer ausgemessen werden, es kann also auf diese Weise die elektrische Feldstärke an jedem Ort gemessen werden.

Zur Ausmessung komplizierter Felder nach dem dargestellten Grundprinzip werden die Influenzplatten klein gegenüber den Dimensionen des auszumessenden Feldes gemacht. Man kann auch zwei getrennte Platten um eine Achse senkrecht zur Feldrichtung drehen und den Wechselstrom messen, der in einem Leiter, der die Platten verbindet, fließt.

Frage:
Wie würden Sie einen solchen Feldmesser konstruieren?

3.11 Das elektrische Feld zwischen geladenen Leitern und die Bildladung

Bisher haben wir gesehen, wie man mit Hilfe des Gaußschen Satzes für eine gegebene *feste* Ladungsverteilung relativ einfach die Feldstärke berechnen kann. Dieser Fall einer *festen* Ladungsverteilung liegt jedoch in vielen praktischen Anwendungen, in denen die Ladungen auf metallischen Elektroden sitzen, nicht vor. Nehmen wir an, wir haben die Aufgabe, das elektrische Feld zwischen zwei oder mehreren geladenen Leitern zu bestimmen. Auf diesen Leitern sind die Ladungen nicht fest, sondern frei beweglich, und da uns die Ladungsverteilung auf den Leitern nicht vorher bekannt ist, können wir den Gaußschen Satz nicht unmittelbar anwenden.

Wie können wir die unbekannte Ladungsverteilung auf den Leiteroberflächen bestimmen? Jedenfalls müssen sich die Ladungen so verteilen, dass die Metalloberflächen Äquipotentialflächen darstellen, denn sonst würden ja tangentielle elektrische Felder an der Oberfläche die Ladungen so lange verschieben, bis keine tangentiellen Kräfte mehr wirksam sind. Man muss also diejenige Ladungsverteilung an der Oberfläche suchen, für die die Leiteroberfläche mit einer Äquipotentialfläche übereinstimmt. Bei beliebig geformten Leitern ist die Berechnung der Ladungsverteilung und der entsprechenden Felder im Außenraum nur numerisch mit Rechenmaschinen möglich, wenn man nicht die Äquipotentialflächen experimentell ausmessen will.

Dennoch kann man bei einfachen Leiterformen auch ohne großen Aufwand mit Hilfe einiger Kunstgriffe die Feldverteilung angeben. Als Beispiel hierfür wollen wir das elektrische Feld zwischen einer kleinen geladenen Kugel und einer ebenen metallischen Oberfläche berechnen.

Wir gehen aus von der einfachen Ladungsanordnung eines elektrischen Dipols, für die wir die Äquipotentialflächen schon berechnet (siehe (2.21)) und in Bild 2.13 dargestellt haben. In Bild 3.26a sind einige Äquipotentialflächen oben gestrichelt noch einmal angedeutet, und die elektrischen Feldlinien sind als volle Linien eingezeichnet.

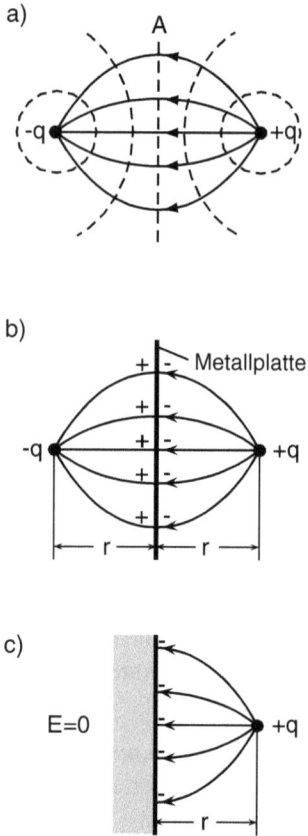

a)

b)

c)

Bild 3.26: Zur Ermittlung des elektrischen Feldes zwischen einer Punktladung und einer Metallplatte:
a) Das elektrische Feld eines Dipols: die Symmetrieebene A senkrecht zur Dipolachse bildet eine Äquipotentialfläche.
b) Eine ungeladene Metallplatte in A verändert nicht das Dipolfeld.
c) Das elektrische Feld wird nicht geändert, wenn die linke Dipolladung entfernt wird.

Nun bringen wir auf die mittlere, ebene Äquipotentialfläche A eine dünne, ungeladene Metallplatte, wie in Bild 3.26b gezeigt ist. Wenn diese Metallplatte ungeladen ist, besitzt sie genau das Potential der Äquipotentialfläche A, und *die Gegenwart der Metallplatte verändert nichts am Feldverlauf der Anordnung.* (Nur im Innern des Metalls ist das Feld null wegen der im Bild 3.25b angedeuteten Influenzladungen). Andererseits ist durch die Metallplatte der Feldverlauf im linken Halbraum unabhängig von dem im rechten geworden. So ändert sich z.B. nichts am Feldverlauf im rechten

Halbraum, wenn man die linke Hälfte ganz mit Metall ausfüllt, wie in Bild 3.26c gezeigt ist.

Auf diese elegante Weise haben wir das elektrische Feld zwischen einer Punktladung ($+q$) und einer ebenen Metalloberfläche gefunden: Die Feldlinien, welche von der positiven Ladung ausgehen, haben einen Verlauf, als ob sich im gleichen Abstand hinter der Metalloberfläche eine negative Ladung ($-q$) befände. Diese imaginäre Ladung nennt man auch *Bild-* oder *Spiegelladung*. Auch die Kraft, welche auf die positive Ladung ausgeübt wird, stimmt mit der Kraft zwischen den Ladungen eines Dipols (im Abstand $2r$) überein:

Bild- oder Spiegelladung

$$F = \frac{1}{4\pi\varepsilon_0} \cdot \frac{q^2}{(2r)^2} \tag{3.23}$$

Damit haben wir das Feld und die sog. *Bildkraft* zwischen einer Ladung und einer ebenen Metalloberfläche berechnet, ohne zuvor die Ladungsdichte auf der Metalloberfläche studieren zu müssen. Da sich das elektrische Feld in Bild 3.26 nicht ändert, wenn wir die Ladung $-q$ der Punktladung auf einen Leiter bringen, dessen Oberfläche mit einer Äquipotentialfläche in Bild 3.26 zusammenfällt, kennen wir hiermit auch die Feldverteilung für viele andere Leiterformen.

Frage:

Wie könnte man die Flächenladungsdichte an einem beliebigen Ort auf der Metallplatte in Bild 3.26 ermitteln?

3.12 Die Energie des elektrischen Feldes

Wenn man einen Leiter aufladen will, so muss man Arbeit leisten gegen die abstoßenden Kräfte der schon auf dem Leiter vorhandenen Ladungen. Nehmen wir an, eine Metallfläche mit der Kapazität C trage bereits eine Ladung q und liege daher auf dem Potential $U = q/C$. Um dazu noch eine weitere Ladung dq aus dem Unendlichen auf den Leiter zu bringen, muss man die Arbeit leisten:

$$dW = U \cdot dq = \frac{q}{C} \cdot dq. \tag{3.24}$$

Die insgesamt erforderliche Arbeit, um auf den Kondensator die Ladung Q aufzubringen, ist daher:

$$W(Q) = \int_0^Q \frac{q}{C} \cdot dq = \frac{Q^2}{2C} = \frac{1}{2} \cdot C \cdot U^2 \tag{3.25}$$

Dieses Resultat gilt allgemein für einen beliebigen Kondensator der Kapazität C und ist gleich der Arbeit, die man leisten muss, um die Gesamtladung Q von einer Elektrode zur anderen zu bringen (siehe Bild 3.27).

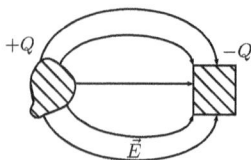

Bild 3.27: Ein Kondensator mit der Ladung Q.

Eine Kugel mit dem Radius R zum Beispiel hat nach (3.20) die Kapazität $C_K = 4\pi\varepsilon_0 \cdot R$, wenn sich die Gegenelektrode im Unendlichen befindet. Um auf die Kugel die Ladung Q aufzubringen, ist daher die Arbeit erforderlich:

$$W_K = \frac{Q^2}{2C_K} = \frac{Q^2}{8\pi\varepsilon_0 \cdot R}. \tag{3.26}$$

Die Aufladung eines Plattenkondensators der Kapazität C_{PK}, für die nach (3.9) $C_{PK} = \varepsilon_0 \cdot A/d$ gilt, ist ebenfalls nur möglich durch die Leistung der Arbeit:

$$W_{PK} = \frac{Q^2}{2C_{PK}} = \frac{d}{2\varepsilon_0 A} \cdot Q^2. \tag{3.27}$$

Da das elektrische Feld im Plattenkondensator nach (3.5) $E = Q/(\varepsilon_0 A)$ beträgt, kann man formal in (3.27) die Ladung Q durch das Feld E ersetzen und erhält so:

$$W_{PK} = \frac{d}{2\varepsilon_0 A} \cdot \varepsilon_0^2 A^2 E^2 = \frac{1}{2}\varepsilon_0 E^2 \cdot V, \tag{3.28}$$

wobei $V = A \cdot d$ das Volumen innerhalb des Kondensators ist.

Wir können daher sagen, dass die zur Aufladung des Kondensators erforderliche Arbeit verwendet wurde, um ein elektrisches Feld zwischen den Platten des Kondensators aufzubauen. Nach dieser Auffassung steckt diese Energie jetzt im elektrischen Feld des Volumens V. Oder anders ausgedrückt: Die Energiedichte des elektrischen Feldes beträgt nach (3.28):

$$\boxed{\frac{W_{PK}}{V} = \frac{1}{2} \cdot \varepsilon_0 \cdot E^2} \qquad \textbf{Energiedichte des elektrischen Feldes} \tag{3.29}$$

Diese wichtige und einfache Folgerung lässt sich beim Plattenkondensator deshalb ziehen, da das elektrische Feld und deshalb auch die Energiedichte innerhalb des Kondensators konstant ist.

Frage:

Zeigen Sie, dass (3.29) auch für das elektrische Feld einer Kugel gültig ist, d.h. dass das Integral

$$W_K = \frac{1}{2}\varepsilon_0 \cdot \int E^2 \cdot dV$$

integriert über das gesamte Volumen des Feldes mit (3.26) übereinstimmt.

Es lässt sich allgemein zeigen[2], dass der Ausdruck (3.29) nicht nur für das elektrische Feld des Plattenkondensators oder das Feld um eine Kugel gültig ist, sondern *die Energiedichte jedes beliebigen elektrischen Feldes angibt.* Hiermit haben wir etwas Entscheidendes gelernt:

Die elektrische Energie von Ladungen ist in deren Feld gespeichert.

Beispiele:

Die Feldenergie eines Elektrons und der Elektronenradius Betrachten wir das Elektron als eine geladene Kugel mit dem Radius r_e, die gerade eine Elementarladung $e = 1{,}6 \cdot 10^{-19}$ C trägt. Die Energie des elektrischen Feldes um das Elektron beträgt nach (3.26):

$$W_e = \frac{e^2}{8\pi\varepsilon_0 \cdot r_e}. \tag{3.30}$$

Andererseits besitzt das Elektron auch eine Ruhemasse $m_e = 9 \cdot 10^{-31}$ kg. Wenn diese Masse nach der Einsteinschen Energie-Massen-Beziehung (siehe Kapitel 11) nur durch die elektrostatische Energie W_e verursacht würde, wäre die Elektronenmasse definiert durch:

$$m_e c^2 = \frac{e^2}{8\pi\varepsilon_0 r_e}. \tag{3.31}$$

Daraus ergäbe sich ein Elektronenradius von

$$r_e = \frac{1}{8\pi\varepsilon_0} \cdot \frac{e^2}{m_e c^2} \approx 10^{-15} \text{ m}. \tag{3.32}$$

---

[2]Siehe z.B.: R.P. Feynman, *Vorlesungen über Physik*, Band II, Kapitel 8.5, Oldenbourg, München/Wien (2007)

Ein solcher Radius stimmt auch recht gut überein mit dem Elektronen-streuquerschnitt, den man bei der Lichtstreuung, die wir später behandeln werden, findet. Jedoch ist hier ein Wort der Vorsicht am Platz: Wir kennen nicht die genaue Ladungsverteilung im Elektron, und außerdem haben wir zur Herleitung von (3.26) und damit (3.30) die Elektronenladung in kleine Teilladungen zerlegen müssen, was der Natur der Elektronenladung wider-spricht, da sie quantisiert und unteilbar ist. Die Größe

$$\frac{1}{4\pi\varepsilon_0} \cdot \frac{e^2}{m_e c^2} = 2r_e = 2{,}82 \cdot 10^{-15}\,\text{m}$$

klassischer Elektronenradius   wird häufig auch als *klassischer Elektronenradius* bezeichnet. Längen dieser Größe spielen in der Kernphysik eine große Rolle, wie dies auch das nächste Beispiel zeigt.

Berechnung von Kernradien Betrachten wir zwei Kerne $^{209}_{82}$Pb und $^{209}_{83}$Bi der Elemente Blei und Wismut. Beide Kerne besitzen wegen der gleichen Nukleonenzahl praktisch den gleichen Radius, aufgrund ihrer unterschied-lichen Ladungen aber einen messbaren Unterschied von 20 MeV in ihren elektrostatischen Energien. Wenn wir annehmen, dass sich alle Ladungen an der Oberfläche des Kerns befinden, können wir, entsprechend der Be-rechnung des klassischen Elektronenradius, den Kernradius berechnen und erhalten – die Rechnung sei zur Übung empfohlen – für den Radius $R = 6 \cdot 10^{-15}$ m.

Frage:

Realistischer ist es anzunehmen, dass die Ladung im Kern homogen verteilt ist. Welcher Wert ergibt sich in diesem Fall für R? (Zeigen Sie dazu, dass die Energie einer homogen geladenen Kugel $W_K = (3/5) \cdot Q^2/(4\pi\varepsilon_0 R)$ beträgt.)

Kraft zwischen den Platten eines Kondensators Das elektrische Feld zwi-schen den Platten eines Plattenkondensators beträgt nach (3.5) $E = Q/\varepsilon_0 A$ und ist unabhängig vom Plattenabstand d. Da die Platten entgegengesetzt geladen sind, ziehen sie sich gegenseitig an mit einer Kraft F, welche wir nun berechnen wollen.

Wenn wir die Platten – siehe Bild 3.28 – gegen die Wirkung dieser Kraft um eine kleine Strecke Δd weiter voneinander entfernen wollen, so erfordert dies eine Arbeit $F \cdot \Delta d$. Da das Feld unabhängig vom Abstand konstant bleibt, bleibt auch die Energiedichte des Feldes $(1/2)\varepsilon_0 E^2$ unverändert, und die gesamte elektrostatische Feldenergie erhöht sich nur gemäß der Volumenzunahme $A \cdot \Delta d$ um $(1/2)\varepsilon_0 E^2 \cdot A \cdot \Delta d$. Dieser Energiezuwachs

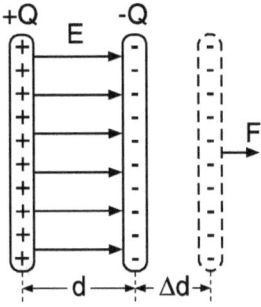

Bild 3.28: Ein Plattenkondensator wird durch die Kraft F um die Strecke Δd auseinandergezogen. Dabei ändert sich die Energie des elektrischen Feldes.

des Feldes muss gleich der von außen geleisteten Arbeit sein:

$$F \cdot \Delta d = \frac{\varepsilon_0}{2} E^2 \cdot A \cdot \Delta d.$$

Daraus ergibt sich als Kraft zwischen den Platten

$$F = \frac{\varepsilon_0}{2} \cdot E^2 \cdot A \qquad (3.33)$$

oder, da $E = Q/(\varepsilon_0 A)$ gilt, können wir auch schreiben:

$$F = \frac{1}{2} \cdot Q \cdot E \qquad (3.34)$$

Frage:

Zeigen Sie, dass für einen beliebigen Kondensator mit der Kapazität C und der Ladung Q gilt:

$$F_x = -\frac{1}{2} \cdot \frac{Q^2}{C^2} \cdot \frac{\mathrm{d}C}{\mathrm{d}x}.$$

(3.34) unterscheidet sich von (1.4) um einen Faktor 1/2. Dies rührt daher, dass das mittlere Feld, welches an den Ladungen einer Platte angreift (siehe Bild 3.29), nur halb so groß ist wie das elektrische Feld E zwischen den Platten. Da die Ladungsschicht auf beiden Platten eine endliche Dicke hat, fällt die Feldstärke nach dem Gaußschen Satz innerhalb dieser Schicht auf null, so dass auf die Ladungen im Mittel nur das Feld $E/2$ wirkt.

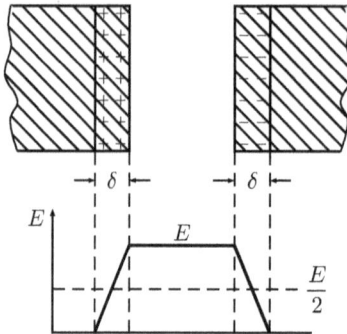

Bild 3.29: Das elektrische Feld eines Plattenkondensators fällt innerhalb einer dünnen Oberflächenschicht auf null.

3.13 Die Abschirmung elektrischer Potentiale in leitenden Medien

Wie sieht das elektrische Feld und das Potential einer geladenen Kugel aus, die sich nicht im Vakuum, sondern in einem leitenden Medium befindet? Bild 3.30 zeigt eine solche Metallkugel, die über den Draht, an dem sie hängt, positiv geladen ist, und sich in einem *Elektrolyten*, z.B. einer wässerigen Kochsalzlösung, befindet. (Um einen Ladungsausgleich zu verhindern, sei die Metallkugel mit einer dünnen isolierenden Schicht umgeben.) Die Lösung ist elektrisch neutral, aber leitend, da sie gleich viele positive Na^+- und negative Cl^--Ionen enthält, die sich frei in der Lösung bewegen können.

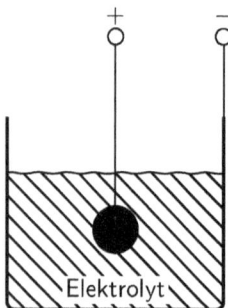

Bild 3.30: Eine geladene Metallkugel in einem Elektrolyten: Die Kugel sei von einer dünnen, isolierenden Schicht umgeben, so dass kein Ladungsausgleich stattfinden kann.

Wenn sich die Kugel im Vakuum befände, würden die elektrischen Feldlinien, wie in Bild 3.31a gezeigt ist, ohne Unterbrechung radial nach außen verlaufen, so dass das Feld, wie wir wissen, mit $1/r^2$ abfällt.

Bringt man nun die Kugel in den Elektrolyten, so werden von der positiv geladenen Kugel die negativen Ionen angezogen, die positiven dagegen abgestoßen, so dass die Kugel in ihrer näheren Umgebung nunmehr von einer insgesamt negativen Ladungswolke umgeben ist, wie in Bild 3.31b skizziert

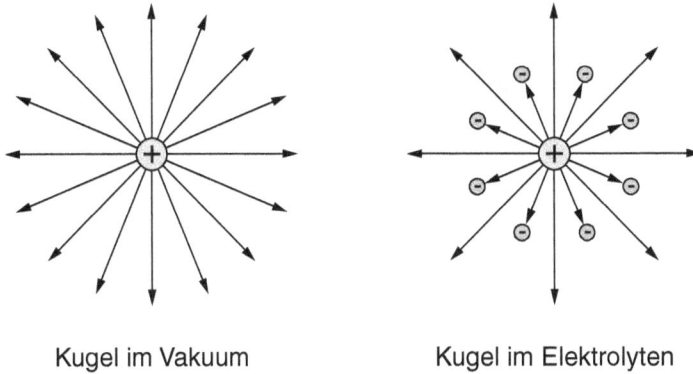

Kugel im Vakuum   Kugel im Elektrolyten

Bild 3.31: a) Das elektrostatische Feld einer geladenen Kugel im Vakuum.
b) Das abgeschirmte elektrische Feld einer geladenen Kugel in einem Elektrolyten.

ist. Diese *Ladungswolke*, deren Ausbildung nur durch die thermische Bewegung der Ionen erschwert wird, *schirmt offenbar das Feld der Kugel im entfernten Außenraum sehr wirkungsvoll ab*.

Da diese Abschirmungswirkung in vielen Zweigen der Physik von großer Bedeutung ist, wollen wir jetzt den Potentialverlauf im Elektrolyten genauer berechnen. Dazu wollen wir eine relativ große Kugel wählen und uns besonders für die Feldverteilung in der Nähe der Kugeloberfläche interessieren, so dass wir die Kugelkrümmung vernachlässigen können. Da das Feld nach außen rasch abklingt, wie wir in Bild 3.31b gesehen haben, muss auch die Änderung des Potentials unmittelbar an der Metalloberfläche größer sein als in größeren Abständen x davon.

Der quantitative Verlauf des Potentials hängt naturgemäß von der Ladungsverteilung im Elektrolyten ab, die wir zunächst berechnen wollen. In großem Abstand von der Kugeloberfläche herrscht Ladungsneutralität, d.h. die Teilchendichte der positiven Ionen n_+ ist gleich der negativen Ionendichte n_-:

$$n_+ = n_- = n_\infty \quad \text{für } x \to \infty.$$

Bis auf einen Abstand x können sich nur positive Ionen der Kugel nähern, die eine thermische Energie haben, die größer ist als die potentielle Energie $\epsilon = q \cdot \varphi(x)$. Diese Problemstellung ist formal identisch mit der in Physik I besprochenen Frage, wie die thermische Energie den Luftmolekülen hilft, die Gravitationsarbeit $\epsilon = m \cdot g \cdot h$ zu leisten, um in größere Höhen h zu gelangen. Wir können daher die sog. *barometrische Höhenformel* für die Dichteverteilung der Luftmoleküle im Schwerefeld der Erde,

$$n(h) = n_0 \cdot \exp\left(-\frac{\epsilon(h)}{k_B T}\right),$$

auch unmittelbar verwenden, um die Dichteverteilung der Ionen im elektrischen Kraftfeld der geladenen Kugel zu bestimmen. So ergeben sich für positive und negative Ionen folgende Verteilungen, wenn wir für $\epsilon_+ = +q \cdot \varphi$ bzw. für $\epsilon_- = -q \cdot \varphi$ setzen:

$$n_+(x) = n_\infty \cdot \exp\left(-\frac{q \cdot \varphi(x)}{k_\mathrm{B} T}\right); \quad n_-(x) = n_\infty \cdot \exp\left(+\frac{q \cdot \varphi(x)}{k_\mathrm{B} T}\right). \quad (3.35)$$

Für hohe Temperaturen ($k_\mathrm{B} T \gg |q \cdot \varphi|$) lässt sich die Exponentialfunktion entwickeln ($\exp[\pm q\varphi/(k_\mathrm{B} T)] \approx 1 \pm q\varphi/(k_\mathrm{B} T)$), und man erhält somit die resultierende Ladungsdichte

$$[n_+(x) - n_-(x)] \cdot q = -n_\infty \cdot \frac{2 \cdot q^2 \cdot \varphi(x)}{k_\mathrm{B} T}, \quad (3.36)$$

welche in Bild 3.32 skizziert ist.

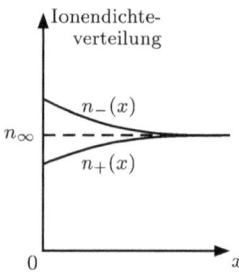

Bild 3.32: Die Dichte positiver und negativer Ionen des Elektrolyten als Funktion des Abstandes von der Metallkugel.

Aus dieser bekannten Ladungsverteilung ergibt eine Anwendung des Gaußschen Satzes auf das in Bild 3.33 dargestellte Volumenelement

$$A \cdot E(x + \mathrm{d}x) - A \cdot E(x) = A \cdot \frac{\mathrm{d}E}{\mathrm{d}x} \cdot \mathrm{d}x = \frac{1}{\varepsilon_0} \cdot \rho \cdot A \cdot \mathrm{d}x, \quad (3.37)$$

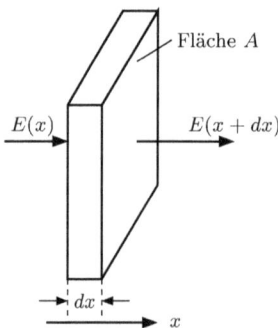

Bild 3.33: Eine Gaußsche Fläche um eine infinitesimale Flächenschicht der Dicke $\mathrm{d}x$.

wobei ρ die Ladungsdichte innerhalb des Volumenelementes ist. Da andererseits $d^2\varphi/dx^2 = -dE/dx$ gilt, folgt:

$$\frac{d^2\varphi}{dx^2} = -\frac{\rho}{\varepsilon_0} \qquad (3.38)$$

Diese einfache differentielle Form des Gaußschen Satzes ist immer dann gültig, wenn Feld und Potential wie in unserem Fall nur von einer Koordinate abhängen. Setzt man die in (3.36) gefundene Ladungsdichte ein, so erhält man folgende Bestimmungsgleichung für $\varphi(x)$:

$$\frac{d^2\varphi}{dx^2} = \frac{2 \cdot n_\infty \cdot q^2}{\varepsilon_0 \cdot k_B T} \cdot \varphi. \qquad (3.39)$$

Wir verwenden als Lösungsansatz für das Potential $\varphi(x)$ eine Exponentialfunktion der Form:

$$\varphi(x) = \varphi(0) \cdot \exp\left(-\frac{x}{D}\right) \qquad (3.40)$$

Setzen wir dies in (3.39) ein, so sehen wir, dass der Ansatz der Differentialgleichung genügt, wenn für D gilt:

$$D = \sqrt{\frac{\varepsilon_0 \cdot k_B T}{2 \cdot n_\infty \cdot q^2}} \qquad \textbf{Debyesche Abschirmlänge} \qquad (3.41)$$

Das Potential $\varphi(x)$, das in Bild 3.34 skizziert ist, fällt also jeweils innerhalb der Strecke D auf den e-ten Teil ab. D heißt *Debyesche Abschirmlänge* und ist ein Maß für die Dicke der negativen Ladungsschicht, welche unsere positiv geladene Kugel umgibt.

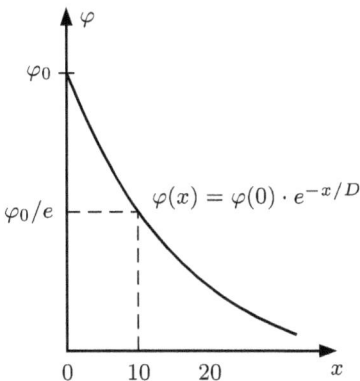

Bild 3.34: Das Potential einer geladenen Kugel mit dem Radius R in einem Elektrolyten als Funktion des Abstandes x von der Kugeloberfläche ($x \ll R$).

Viele kolloidale Teilchen, z.B. Goldteilchen in Wasser, tragen eine gleiche Ladung. Sie stoßen sich daher ab und bleiben so in Lösung. Setzt man nun etwas Kochsalz zu und erhöht damit die Ionendichte n_∞, so verringert man die Reichweite der abstoßenden Coulomb-Kräfte und damit die Debyesche Abschirmlänge. Bei zu starker Ionenkonzentration wird D schließlich so klein, dass sich bei Stößen die Goldteilchen selbst berühren können. Dabei kleben die stoßenden Goldteilchen zusammen, es formen sich koagulierende Klumpen[3], die schließlich ausfallen. Auch viele langgestreckte Makromoleküle sind auf ihrer ganzen Länge geladen. So sind z.B. alle Phosphatreste eines DNS-Moleküls negativ geladen. Die abstoßenden Kräfte dieser Ladungen sind dafür verantwortlich, dass viele lange Moleküle sich im Wasser nicht stark biegen, sondern energetisch die ausgestreckte gerade Form bevorzugen. Dagegen wird in starken Elektrolyten mit hoher Ionenkonzentration die Reichweite der Coulombkräfte so weit abgeschirmt, dass sie die langgestreckte Konformation des Makromoleküls nicht mehr stabilisieren können.

Erwähnt sei schließlich der Vollständigkeit halber noch, dass auch die elektrischen Felder von Punktladungen in elektrisch leitenden Medien durch Ladungen entgegengesetzten Vorzeichens abgeschirmt werden. So lässt sich beispielsweise zeigen, dass ein positives Ion in einem Elektrolyten oder in einem Plasma von einer negativen Ladungswolke umgeben ist, deren Dimension wiederum durch die Debye-Länge gegeben ist. Das Potential um die Punktladung verläuft nicht mit $1/r$, sondern es gilt in analoger Weise

$$\boxed{\varphi(r) = \frac{\varphi_0}{r} \cdot \exp\left(-\frac{r}{D}\right)}, \tag{3.42}$$

was hier nicht bewiesen werden soll. Wegen der außerordentlich hohen Ladungsträgerdichte in Metallen (in Kupfer sind es zum Beispiel $n_\infty = 8{,}5 \cdot 10^{22}$ Elektronen pro cm^3), ist die Abschirmlänge hier besonders klein: Die Coulomb-Felder eines positiven Fremdatoms oder eines Elektrons werden durch die anderen Metall-Elektronen schon im Ångström-Bereich effektiv abgeschirmt. In schwach dotierten Halbleitern mit kleinen Ladungsträgerdichten kann dagegen die Abschirmlänge größer als 100 Å werden.

---

[3]Ein Koagulat ist ein aus kolloidaler Lösung ausgeflockter Stoff.

Literaturhinweise zu Kapitel 3

Feynman, R.P.: Vorlesungen über Physik, Band II, Oldenbourg, München/ Wien (2007)

> Kap. 5, Anwendung des Gaußschen Gesetzes,
> Kap. 6 und 7, Das elektrische Feld in Einzelfällen,
> Kap. 8, Elektrostatische Energie,
> Kap. 12, Elektrostatische Analogien,

Pohl, R.W.: Elektrizitätslehre, Springer, Berlin (1995), Kapitel 1, 2 und 4

Wiesendanger, R.: Scanning Probe Microscopy, Cambridge University Press (1994) und Springer (1998)

Rose, H. und Witthower, A.B.: Tandem Van de Graaff Accelerators, *Sci. Am.* 226, March (1972)

4 Isolatoren im elektrischen Feld

Nachdem wir uns so ausführlich mit Leitern im elektrischen Feld und dem Feld in Leitern befasst haben, wollen wir jetzt den Einfluss eines elektrischen Feldes auf Isolatoren (fest, flüssig oder gasförmig) betrachten, in denen die Ladungen nicht frei, sondern an den Molekülen des Isolators gebunden sind.

In diesem Kapitel geht es fast nur um gebundene Ladungen, z.B. Elektronen

4.1 Die Gleichungen der Elektrostatik in einem Dielektrikum

Wenn die Schwerpunkte von positiven und negativen Ladungen eines Moleküls, aus denen der Isolator besteht, nicht zusammenfallen, besitzt das Molekül ein elektrisches Dipolmoment, wie z.B. das Wassermolekül. Im elektrischen Feld erfolgt eine Orientierung der *permanenten Dipole* in Feldrichtung, die man *Orientierungspolarisation* nennt und die wir später eingehend besprechen wollen.

Dielektrikum ist ein anderer oft gebrauchter Name für einen Isolator

Zunächst wollen wir uns nichtpolaren Molekülen oder Atomen zuwenden, die also kein permanentes Dipolmoment besitzen. In einem solchen Atom verschieben sich – wie wir am Ende von Abschnitt 2.5 gesehen hatten – im elektrischen Feld der positive und negative Ladungsschwerpunkt voneinander um die Strecke δ, so dass ein *induziertes Dipolmoment* des Atoms

Nichtpolare Atome oder Moleküle besitzen kein permanentes Dipolmoment

$$\vec{p} = q \cdot \vec{\delta} = \varepsilon_0 \cdot \alpha \cdot \vec{E} \qquad (4.1)$$

entsteht. Dabei ist α die *atomare Polarisierbarkeit*.

Betrachten wir nun einen Isolator, welcher aus solchen nichtpolaren Molekülen aufgebaut ist, im elektrischen Feld eines Plattenkondensators, wie in Bild 4.1 gezeigt ist. Da das Feld an allen Atomen des Isolators in gleicher Weise angreift, werden deren negative Ladungen relativ zu den positiven um die Strecke δ nach oben verschoben. Diese *Polarisation* des Isolators stört nicht die Neutralität im Innern der Probe, erzeugt aber negative bzw. positive Überschussladungen auf der oberen bzw. unteren Oberfläche des Isolators

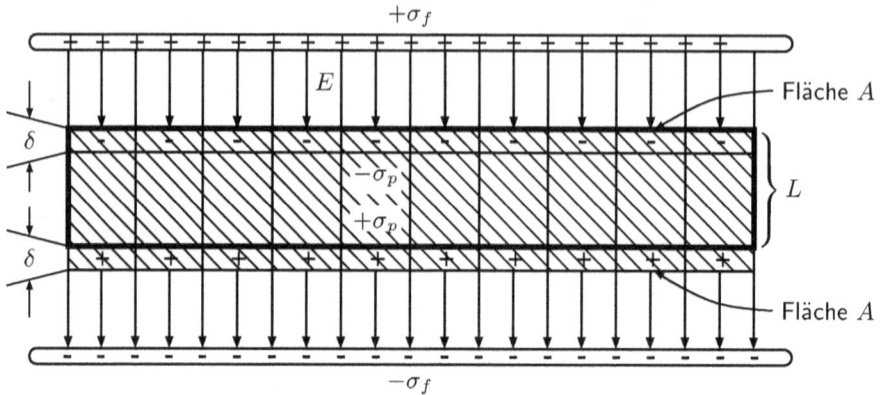

Bild 4.1: Ein Dielektrikum innerhalb eines Plattenkondensators: An der Oberfläche werden Polarisationsladungen mit der Flächenladungsdichte σ_P induziert.

mit der Fläche A und der Dicke L. Wenn der Isolator n polarisierbare Atome pro Volumeneinheit enthält, ist die *Flächenladungsdichte* σ_P, z.B. auf der unteren Fläche, offenbar

$$\boxed{\sigma_P = n \cdot q \cdot A \cdot \frac{\delta}{A} = n \cdot q \cdot \delta = n \cdot p}, \tag{4.2}$$

also unabhängig vom Volumen der Probe. Auf der oberen Fläche sitzt genau die gleiche Ladungsmenge, aber umgekehrten Vorzeichens. Die gesamte Probe stellt also einen Dipol dar mit dem Dipolmoment (= Oberflächenladung $\times$ Probendicke):

$$\sigma_P \cdot A \cdot L = n \cdot p \cdot A \cdot L. \tag{4.3}$$

Das Dipolmoment der Probe ist offenbar proportional zum Probenvolumen

Die Polarisation ist $A \cdot L$.
das Dipolmoment
pro Volumen oder   Als Polarisation $\vec{P}$ bezeichnet man das Dipolmoment des Isolators
die Ladungsdichte   pro Volumeneinheit:
an der Oberfläche

$$\boxed{\vec{P} = n \cdot \vec{p}} \qquad \textbf{Polarisation} \tag{4.4}$$

Die Richtung des Polarisationsvektors ist durch $\vec{p}$ festgelegt, sein Betrag ist nach (4.2) gleich der *Ladungsdichte an der Oberfläche* σ_P:

$$\boxed{P = \sigma_P} \tag{4.5}$$

Linearer Response   In vielen Fällen besteht ein einfacher linearer Zusammenhang zwischen dem induzierten Dipolmoment pro Volumeneinheit und dem elektrischen Feld $\vec{E}$ im Dielektrikum:

$$\boxed{\vec{P} = \varepsilon_0 \cdot \chi \cdot \vec{E}} \qquad (4.6)$$

χ heißt *dielektrische Suszeptibilität*. Für nichtpolare Atome oder Moleküle ergibt sich z.B. aus (4.1), (4.4) und (4.6) die folgende einfache Beziehung zwischen atomarer Polarisierbarkeit α und Suszeptibilität:

$$\boxed{\chi = n \cdot \alpha}$$

Die Suszeptibilität ist gleich der Summe der atomaren Polarisierbarkeiten

Bemerkung:

Dabei wird angenommen, dass auf ein Atom des Dielektrikums das Feld $\vec{E}$ im Dielektrikum wirkt. Diese Annahme ist allerdings, wie in Abschnitt 4.5 gezeigt wird, in *dichten* Medien nicht mehr gut erfüllt, da das Feld, das auf ein Atom wirkt, stark von der Polarisation der Nachbaratome beeinflusst wird.

In unserem Plattenkondensator waren $\vec{E}$ und damit $\vec{P}$ überall im Isolator gleich groß. Das ist eine gute Näherung für eine unendlich ausgedehnte dünne dielektrische Platte, bei der die Randzonen nicht berücksichtig werden müssen. Im Allgemeinen hängt jedoch $\vec{E}$ vom Ort innerhalb des Isolators ab, und es müssen deshalb dann auch im Innern des Isolators Polarisationsladungen angenommen werden.

Nun wollen wir anhand von Bild 4.1 das elektrische Feld im Innern des Isolators berechnen. Ohne Isolator ist das elektrische Feld nach (3.5)

$$E_0 = \frac{\sigma_F}{\varepsilon_0},$$

wenn wir mit σ_F die Ladungsdichte auf den Kondensatorplatten bezeichnen. Bringen wir jetzt einen Isolator zwischen die Platten, so dass er den Kondensator ganz füllt, so ist das Feld im Isolator:

$$\boxed{E = \frac{\sigma_F - \sigma_P}{\varepsilon_0} = \frac{\sigma_F - P}{\varepsilon_0} = E_0 - \frac{P}{\varepsilon_0}} \qquad (4.7)$$

Da wegen (4.6) gilt $E = E_0 - \chi \cdot E$, folgt hieraus:

$$\boxed{\frac{E_0}{E} = 1 + \chi = \varepsilon} \qquad (4.8)$$

Zieht man also aus einem *ganz* mit einem Isolator gefüllten, geladenen Kondensator den Isolator heraus, so *steigt* die Feldstärke von E auf E_0. Da

Die Dielektri-
zitätskonstante ist
eine dimensions-
lose Zahl

der Plattenabstand dabei unverändert bleibt, muss sich beim Herausziehen des Isolators auch die Potentialdifferenz zwischen den Platten um denselben Faktor $1 + \chi = \varepsilon$ erhöhen. ε heißt *Dielektrizitätskonstante* und ist eine dimensionslose Zahl.

Da sich beim Einbringen eines Isolators in einen Kondensator trotz konstanter Ladung auf den Platten die Spannung an den Platten erniedrigt, hat offenbar ein mit dem Isolator gefüllter Kondensator eine um den Faktor ε größere Kapazität als ein vergleichbarer, leerer Kondensator:

$$\frac{C_{\text{mit Isolator}}}{C_{\text{ohne Isolator}}} = \frac{Q/U_{\text{mit}}}{Q/U_{\text{ohne}}} = \frac{E_{\text{ohne}}}{E_{\text{mit}}} = \varepsilon \qquad (4.9)$$

Tabelle 4.1: Dielektrizitätskonstante einiger Substanzen.

Substanz	Zustand des Mediums	DK
Luft	Gas, 0°C, 1 bar	1,00059
HCl	Gas, 0°C, 1 bar	1,0046
H_2O, Wasser	Gas, 110°C, 1 bar	1,0126
Wasser	flüssig, 20°C	80,0
Benzol	flüssig, 20°C	2,28
Porzellan	fest, 20°C	4,0
Paraffin	Wachs, 20°C	2,1
$SrTiO_3$	Kristall, 10 K	12000

In Tabelle 4.1 sind die Dielektrizitätskonstanten (DK) einiger isolierender Stoffe wiedergegeben. Sie wurden bestimmt durch Messung der Kapazität von Kondensatoren mit und anschließend ohne *Dielektrikum*. Da die DK u.a. von der Temperatur des Mediums abhängt, ist bei allen Werten die Temperatur mit angegeben worden. In der Tabelle sind auch die Dielektrizitätskonstanten für einige Substanzen mit polaren Molekülen aufgeführt, die wie im Fall von H_2O oder $SrTiO_3$ besonders große Werte annehmen können. Isolatoren mit großen DKs sind für den Kondensatorbau von besonderem Interesse, da dadurch die Kapazität und damit das Speichervermögen trotz konstanter Geometrie um den Faktor ε erhöht werden kann.

Bisher hatten wir uns nur mit dem homogenen Feld im Plattenkondensator beschäftigt: Nun wollen wir den komplizierten Fall behandeln, bei dem das elektrische Feld und damit der Polarisationsvektor nicht überall im Medium den gleichen Betrag und die gleiche Richtung hat. In diesem Fall kann eine echte Ladungsdichte in einem betrachteten Volumen entstehen, denn die Ladung, die auf der einen Seite eintritt, muss nicht die gleiche sein, die auf der anderen Seite aus dem Volumen heraustritt. Die Ladung, die infolge einer Polarisation durch eine gedachte Fläche dA hindurchtritt, ist gleich der Normalkomponente von $\vec{P}$, also $\vec{P} \cdot d\vec{A}$.

Denken wir uns nun eine geschlossene Oberfläche A (siehe Bild 4.2). Wie groß ist die Ladungsmenge Q, die infolge der Polarisation das durch die Oberfläche A umschlossene Volumen verlässt?

$$Q = \oint_A \vec{P} \cdot d\vec{A}. \tag{4.10}$$

Dadurch entsteht im Innern von A eine Polarisationsladung Q_P entgegengesetzten Vorzeichens

$$\boxed{Q_P = -\int_A \vec{P} \cdot d\vec{A} = \int_V \rho_P \cdot dV}, \tag{4.11}$$

welche durch die Polarisationsladungsdichte ρ_P beschreibbar ist.

Neben diesen Polarisationsladungen gibt es aber grundsätzlich auch die Möglichkeit von freien Ladungen, die auch ohne Polarisation existieren, charakterisierbar durch ρ_F. Es gilt also für die gesamte Ladungsdichte: *Allgemeiner Fall: Polarisation und freie Ladungen*

$$\rho = \rho_F + \rho_P. \tag{4.12}$$

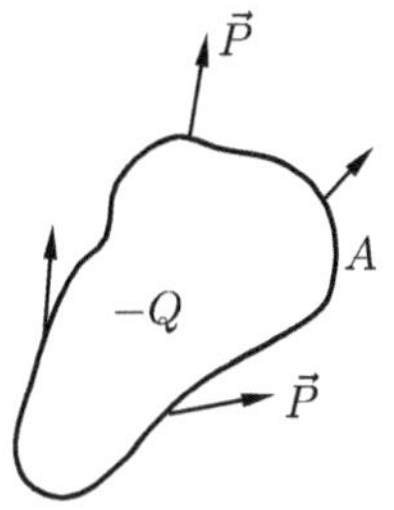

Bild 4.2: Durch die Polarisation $\vec{P}$ kann in dem durch die Fläche A umgrenzten Volumen des Dielektrikums eine Polarisationsladung $(-Q)$ entstehen.

Zur Ermittlung der elektrischen Feldstärke benutzen wir wieder das Gaußsche Gesetz (2.40):

$$\oint_A \vec{E} \cdot d\vec{A} = \frac{1}{\varepsilon_0} \int_V \rho \, dV = \frac{1}{\varepsilon_0} \int_V (\rho_F + \rho_P) \, dV$$

$$= \frac{1}{\varepsilon_0} \left(\int_V \rho_F \, dV - \oint_A \vec{P} \, d\vec{A} \right).$$

Daraus erhalten wir schließlich:

$$\oint_A \left(\vec{E} + \frac{\vec{P}}{\varepsilon_0} \right) \cdot d\vec{A} = \frac{Q_F}{\varepsilon_0}$$ **Gaußscher Satz im Isolator** (4.13)

Wegen der Wirbelfreiheit des elektrostatischen Feldes (siehe z.B. (2.12)) gilt zusätzlich für jede geschlossene Kurve C im Dielektrikum:

$$\oint_C \vec{E} \cdot d\vec{r} = 0$$ (4.14)

Die beiden Gleichungen (4.13) und (4.14) sind die allgemeinen Feldgleichungen im Dielektrikum.

Gaußscher Satz für   Unter der Voraussetzung, dass ein linearer Zusammenhang zwischen $\vec{P}$ und
$\vec{P} = \varepsilon_0 \chi \vec{E}$ $\vec{E}$ entsprechend (4.6) besteht, gilt für (4.13) noch die einfachere Beziehung:
(linearer Response)

$$\oint \varepsilon_0 (1 + \chi) \cdot \vec{E} \cdot d\vec{A} = \oint \varepsilon_0 \cdot \varepsilon \cdot \vec{E} \cdot d\vec{A} = Q_F$$ **Gaußscher Satz** (4.15)
im Isolator

Mit Hilfe des Gaußschen Satzes in dieser Form lässt sich z.B. das Feld einer Punktladung im Dielektrikum berechnen.

Übungsaufgabe:

Versuchen Sie zu zeigen, dass die elektrische Feldstärke durch die Gegenwart des (isotropen) Dielektrikums überall um den Faktor $1/\varepsilon$ reduziert wird.

Das Coulombsche Gesetz lautet also im isotropen Dielektrikum:

$$F = \frac{1}{4\pi\varepsilon\varepsilon_0} \cdot \frac{q_1 \cdot q_2}{r^2}$$ (4.16)

Mitunter führt man für $\varepsilon\varepsilon_0 \vec{E}$ auch einen neuen Vektor $\vec{D}$ ein, der *dielektrischer Verschiebungsvektor* genannt wird:

$$\vec{D} = \varepsilon \cdot \varepsilon_0 \cdot \vec{E}.$$ (4.17)

Wir wollen hiervon im Allgemeinen keinen Gebrauch machen, da dazu keine Notwendigkeit besteht.

Bemerkung:

Die Gleichungen (4.13) und (4.14) sind identisch mit den beiden ersten Max-wellschen Gleichungen in Intergralform, die wir weiter unten in diesem Band ausführlich behandeln werden.

4.2 Die Polarisierbarkeit von Atomen in elektrischen Wechselfeldern

Die atomare Polarisierbarkeit in *statischen* elektrischen Feldern hatten wir bereits in Abschnitt 2.5 besprochen. Der positive und negative Ladungs-schwerpunkt werden im Feld um eine Strecke δ voneinander getrennt, und die rücktreibende Kraft $F = q \cdot E$ ist proportional zur Auslenkung. Diese Verhältnisse sind die gleichen wie bei dem in Physik I besprochenen harmo-nischen Oszillator.

Wir wollen nun untersuchen, wie die atomare Polarisation einem äußeren Feld folgt, *wenn dieses Feld mit einer Winkelfrequenz ω oszilliert.* Da die Masse des positiven Kerns relativ schwer ist, werden durch das oszillierende Feld hauptsächlich die leichteren Elektronen der Masse m_e mit einer ge-wissen Schwingungsamplitude x bewegt. Nehmen wir an, dass die Kerne unendlich schwer sind, so lautet die Bewegungsgleichung der Elektronen im elektrischen Feld $E_x = E_x^0 \cdot \cos \omega t$:

$$m_e \cdot \frac{\mathrm{d}^2 x}{\mathrm{d} t^2} + m_e \cdot \omega_0^2 \, x = q \cdot E_x. \tag{4.18}$$

Dabei ist $\omega_0 / 2\pi$ die Resonanzfrequenz der Elektronenschwingung. Die Lösung dieser Oszillatorgleichung ist uns bereits aus Physik I bekannt:

$$x = x_0 \cdot \cos \omega t \qquad \text{mit:} \quad x_0 = \frac{q E_x^0}{m_e \left(\omega_0^2 - \omega^2 \right)}. \tag{4.19}$$

Dieser Auslenkung x entspricht ein oszillierendes Dipolmoment $p_x = q \cdot x$. Mit Hilfe von (2.29) erhalten wir für p_x und die Polarsierbarkeit α:

$$p_x = \frac{q^2}{m_e \left(\omega_0^2 - \omega^2 \right)} \cdot E_x = \varepsilon_0 \cdot \alpha(\omega) \cdot E_x. \tag{4.20}$$

Die atomare Polarisierbarkeit unterhalb und oberhalb der Resonanzfrequenz

Die Polarisierbarkeit α hängt also von der Winkelfrequenz ω des Wech-selfeldes $\vec{E}$ ab. In Bild 4.3 ist die Polarisierbarkeit als Funktion von ω

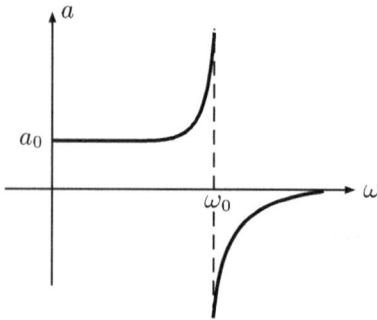

Bild 4.3: Die atomare Polarisierbarkeit α in Abhängigkeit von der Kreisfrequenz eines elektrischen Wechselfeldes.

aufgezeichnet. Während die *statische Polarisierbarkeit* ($\omega = 0$)

$$\alpha_0 = \alpha(\omega = 0) = \frac{q^2}{\varepsilon_0 \cdot m_{\mathrm{e}} \cdot \omega_0^2} \tag{4.21}$$

beträgt, nimmt α in der Nähe der Resonanzfrequenz sehr viel höhere Werte an. Oberhalb der Resonanzfrequenz wird α negativ, d.h. die Richtungen von $\vec{p}$ und $\vec{E}$ sind entgegengesetzt. Bei extrem hohen Frequenzen geht α schließlich gegen null, weil die Elektronen dem Feld nicht mehr folgen können. Da wegen (4.1), (4.4) und (4.6) der Zusammenhang

$$\chi = n \cdot \alpha \tag{4.22}$$

besteht, zeigt auch die Suszeptibilität das gleiche Frequenzverhalten wie α.

Dieses oben beschriebene ideale Verhalten eines Atoms im elektrischen Wechselfeld setzt allerdings voraus, dass die Wechselwirkungen mit den Nachbaratomen vernachlässigbar sind und dass auch bei hohen Feldstärken keine Abweichungen von der linearen Beziehung zwischen der Auslenkung x und E entstehen. Diese Voraussetzungen sind keineswegs immer erfüllt.

So führt z.B. *die Wechselwirkung mit den benachbarten Atomen* oder Molekülen oft zu „Reibungsverlusten" beim Umpolarisieren, so dass bei hinreichend hohen Frequenzen – schon unterhalb der Resonanzfrequenz – die Polarisation dem angelegten Wechselfeld nicht mehr vollständig folgen kann. Aus diesem Grunde weicht z.B. das dielektrische Verhalten vieler Flüssigkeiten deutlich von dem nach Bild 4.3 zu erwartenden Verhalten ab.

Zweitens treten auch bei *hohen Feldstärken* E und entsprechend großen Auslenkungen x deutliche Abweichungen von der bisher angenommenen strikten Linearität zwischen x und E auf. Zudem treten bei hohen Amplituden in Gl. (4.19) neben dem linearen Hauptbeitrag $\omega_0^2 x$ auch nichtlineare Zusatzterme auf, welche schließlich zur „nichtlinearen Optik" mit ihren ganz neuen Erscheinungen führen, die in PHYSIK III (ab S. 196) ausführlich beschrieben sind.

4.3 Die Dielektrizitätskonstante eines Plasmas und Plasmaschwingungen

Schließlich wollen wir noch den wichtigen Sonderfall betrachten, dass die Elektronen nicht an ihre positiven Ionen gebunden sind, sondern sich von ihnen entfernen können. Ein solches Medium hatten wir ein *Plasma* genannt. Es besteht also aus n freien Elektronen und Ionen pro Volumeneinheit.

Die Tatsache der fehlenden Bindungen zwischen einem Elektron und seinem Gegenion drücken wir durch $\omega_0 = 0$ aus. Nach (4.20) und (4.22) beträgt die Suszeptibilität des Plasmas daher

$$\chi = n \cdot \alpha(\omega_0 = 0, \omega) = -\frac{n \cdot q^2}{\varepsilon_0 \cdot m_e \cdot \omega^2}$$

Mit Hilfe der Definition:

$$\boxed{\omega_P^2 = \frac{n \cdot q^2}{\varepsilon_0 \cdot m_e}} \tag{4.23}$$

erhält man für die Suszeptibilität $\chi = -\omega_P^2/\omega^2$ und für die Dielektrizitätskonstante: *Plasmafrequenz*

$$\boxed{\varepsilon = 1 + \chi = 1 - \frac{\omega_P^2}{\omega^2}} \quad \textbf{DK eines Plasmas} \tag{4.24}$$

$\omega_P/2\pi$ heißt *Plasmafrequenz*. Das Verhalten des Plasmas bei dieser charakteristischen Frequenz, bei der $\varepsilon = 0$, die Suszeptibilität $\chi = -1$ und nach (4.6) $P = -\varepsilon_0 E$ wird, wollen wir anhand von Bild 4.4 genauer betrachten.

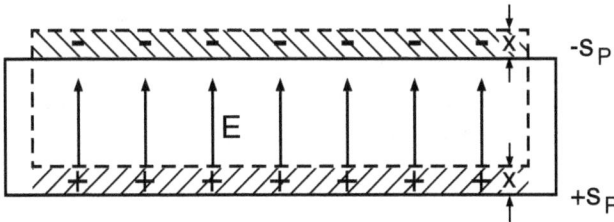

Bild 4.4: Plasmaschicht mit Polarisationsladungen an der Oberfläche: Das resultierende Feld im Innern des Plasmas führt zu rücktreibenden Kräften.

Dargestellt ist eine ebene Plasmaschicht von endlicher Dicke, in der sich Elektronen der Masse m_e frei gegenüber den viel schwereren Ionen bewegen können. Jetzt wollen wir kurzzeitig (z.B. durch ein äußeres Feld) alle

Plasmaschwingun-
gen in der
Ionosphäre, in
Halbleitern und in
Metallen

Elektronen um die Strecke x nach oben auslenken. Dadurch entsteht auf der oberen Grenzfläche eine negative Ladungsdichte $-\sigma_P$ und auf der unteren infolge der zurückbleibenden positiven Ionen entsprechend die Ladungsdichte $+\sigma_P$, wobei gilt:

$$\sigma_P = n \cdot q \cdot x.$$

Dies führt (wie beim Plattenkondensator) zu einem elektrischen Feld im Plasma

$$E = \frac{\sigma_P}{\varepsilon_0} = \frac{n \cdot q}{\varepsilon_0} \cdot x \tag{4.25}$$

und damit zu einer rücktreibenden Kraft auf jedes Elektron im Plasma, die der Auslenkung x proportional ist:

$$\boxed{m_e \cdot \frac{d^2 x}{dt^2} = -q \cdot E = -\frac{n \cdot q^2}{\varepsilon_0} \cdot x} \tag{4.26}$$

oder:

$$\boxed{\frac{d^2 x}{dt^2} + \omega_P^2 \cdot x = 0}$$

Die Lösung dieser Oszillatorgleichung $x = x_0 \cdot \cos(\omega_P t)$ zeigt, dass die Elektronenwolke in Bild 4.4 mit der Kreisfrequenz ω_P, der *Plasmafrequenz*, zeitlich periodisch nach oben und unten schwingt. An dieser kollektiven Bewegung, der sog. *Plasmaschwingung*, nehmen alle freien Elektronen teil, und die Resonanzfrequenz der Schwingung hängt unmittelbar von der Elektronendichte n des Plasmas ab (siehe (4.23)). So beträgt ω_P z.B. im relativ „dünnen" Plasma der Ionosphäre 10^7 Hz, in Halbleitern etwa 10^{13} Hz und im Innern eines Metalls wegen der viel größeren Elektronendichte dagegen 10^{15} Hz. Auf die Bedeutung der Plasmafrequenz für die Wellenausbreitung z.B. in der Ionosphäre oder in Metallen wollen wir erst später zu sprechen kommen. Wir können aber vielleicht schon ein wichtiges Ergebnis vorwegnehmen:

Elektromagnetische Wellen können sich nur oberhalb der Plasmafrequenz ausbreiten, wenn ε positive Werte annimmt.

Dies hat wichtige Konsequenzen für den Funkverkehr auf der Erde (für Frequenzen unterhalb von ω_P).

4.4 Die Orientierungspolarisation

Wir hatten bereits in Abschnitt 2.5 erwähnt, dass viele Moleküle auch ohne ein äußeres elektrisches Feld schon ein permanentes Dipolmoment besitzen. Fast bei allen nicht aus gleichen Atomen aufgebauten Molekülen fallen der positive und negative Ladungsschwerpunkt nicht zusammen. So verschiebt sich z.B. im HCl-Molekül das Elektron des H-Atoms spontan um $0{,}2 \cdot 10^{-10}$ m zum Chloratom. So wird das H-Atom positiv und das Cl-Atom negativ. Daraus resultiert ein permanentes Dipolmoment, *das um vier Größenordnungen über dem induzierten Dipolmoment liegt, welches man am H-Atom in Feldern von $3 \cdot 10^6$ V/m erzeugen kann.* Diese permanenten Dipolmomente polarer Moleküle sind also außerordentlich stark, und wir werden jetzt zeigen, dass sie sich in elektrischen Feldern orientieren, was nur durch ihre thermische Bewegung erschwert wird. Bevor wir die daraus resultierende Polarisation und Suszeptibilität berechnen, wollen wir das Verhalten eines Dipols im elektrischen Feld genauer prüfen.

1. *Elektrischer Dipol im homogenen elektrischen Feld*

    Im homogenen elektrischen Feld wirkt ein Kräftepaar auf die beiden Ladungen des Dipols (siehe Bild 4.5). Die resultierende Kraft ist daher null. Das Kräftepaar erzeugt jedoch ein Drehmoment

$$\boxed{\vec{M} = \vec{d} \times \vec{F} = q \cdot \left(\vec{d} \times \vec{E} \right) = \vec{p} \times \vec{E}}. \tag{4.27}$$

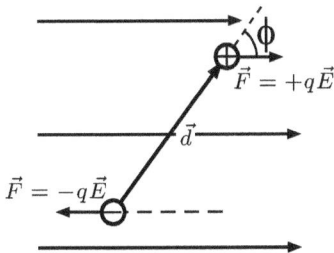

Bild 4.5: Elektrischer Dipol in einem homogenen elektrischen Feld: Auf den Dipol wirkt ein Drehmoment $\vec{M} = \vec{d} \times \vec{F}$.

Der Betrag des Drehmomentes ist also $M = p \cdot E \cdot \sin \phi$, wobei $\vec{p}$ und $\vec{E}$ den Winkel ϕ einschließen. Eine Drehung des Dipols ergibt eine Arbeitsleistung $dW = -M \cdot d\phi$. Das negative Vorzeichen drückt aus, dass der Dipol Arbeit leistet, wenn ϕ kleiner wird. Dies bedeutet eine

Änderung der potentiellen Energie um $U_{\text{pot}} = -\mathrm{d}W$. $U_{\text{pot}}(\phi)$ ist daher bestimmt durch

$$U_{\text{pot}}(\phi) = \int M \, \mathrm{d}\phi = -p \cdot E \cdot \cos\phi + C = -\left(\vec{p} \cdot \vec{E}\right), \quad (4.28)$$

wenn man willkürlich $U_{\text{pot}}(\phi = 90°) = 0$ setzt.

2. *Elektrischer Dipol im inhomogenen elektrischen Feld*

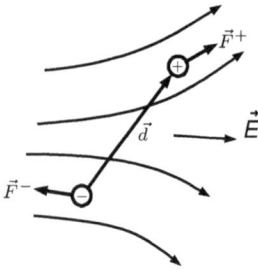

Bild 4.6: Elektrischer Dipol in einem inhomogenen Feld: Es tritt sowohl ein Drehmoment als auch eine Kraft auf den Dipol auf.

Im *inhomogenen* elektrischen Feld (siehe Bild 4.6) sind die Kräfte auf die positive und die negative Ladung des Dipols nicht mehr entgegengesetzt gleich, so dass auf den Dipol im inhomogenen Feld neben dem Drehmoment auch eine Kraft $\vec{F} = \vec{F}^+ + \vec{F}^-$ ausgeübt wird. Für die Komponenten von $\vec{F}$ ergibt sich:

$$F_x = q\,(E_x^+ - E_x^-) = q \cdot \left(\vec{d} \cdot \operatorname{grad} E_x\right) = \vec{p} \cdot \operatorname{grad} E_x$$
$$F_y = q\,(E_y^+ - E_y^-) = q \cdot \left(\vec{d} \cdot \operatorname{grad} E_y\right) = \vec{p} \cdot \operatorname{grad} E_y \quad (4.29)$$
$$F_z = q\,(E_z^+ - E_z^-) = q \cdot \left(\vec{d} \cdot \operatorname{grad} E_z\right) = \vec{p} \cdot \operatorname{grad} E_z$$

Hier sind E_x^+, E_y^+, E_z^+ die Komponenten des elektrischen Feldes am Ort der Plusladung und entsprechend E_x^-, E_y^-, E_z^- die Feldkomponenten am Ort der negativen Ladung des Dipols. Die Kraft hängt also stark von der Dipolorientierung im Feld ab. Wenn sich z.B. der Dipol unter dem Einfluss des elektrischen Feldes so gedreht hat, dass $\vec{d}$ parallel zum lokalen Feld liegt, wird der Dipol mit der Kraft

$$F = p \cdot \operatorname{grad} E \quad (4.30)$$

in die Richtung des *wachsenden* Feldes, also in Bild 4.7 nach links gezogen.

Frage:

Wie groß ist die Kraft auf einen Dipol im Feld einer Punktladung im Abstand $r \gg d$ von der Punktladung?

Auch ein nichtpolares Molekül besitzt im elektrischen Feld ein induziertes Dipolmoment $\vec{p} = \varepsilon_0 \cdot \alpha \cdot \vec{E}$, welches wie in Bild 4.7 parallel zu $\vec{E}$ liegt. Daher wird auch ein nichtpolares Atom oder Molekül in die Richtung des wachsenden elektrischen Feldes gezogen mit einer Kraft

$$F = p \cdot \mathrm{grad}E = \varepsilon_0 \cdot \alpha \cdot E \cdot \mathrm{grad}E,$$

Auch ein neutrales Atom wird in die Richtung wachsender elektrischer Felder gezogen

die in erster Näherung proportional zu E^2 ist. Wegen dieses induzierten Dipolmomentes werden auch ungeladene Papierschnitzel und Staubteilchen in ein hohes elektrisches Feld hineingezogen. Hierauf beruhen einige elektrostatische Reinigungsmethoden (z.B. Reinigung der Luft von Rußteilchen).

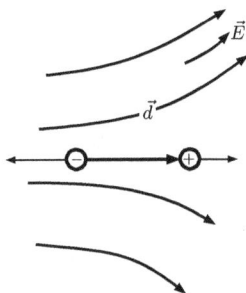

Bild 4.7: Elektrischer Dipol parallel zum inhomogenen Feld: Die Kraft auf den Dipol wirkt in Richtung der wachsenden elektrischen Feldstärke.

Nach diesen vorbereitenden Überlegungen wollen wir nun die Polarisierbarkeit und daraus die Suszeptibilität einer Probe berechnen, die aus *permanenten Dipolen* besteht. Wenn wir ein Gas oder eine Flüssigkeit aus polaren Molekülen (Molekülen mit permanentem Dipolmoment) ohne elektrisches Feld betrachten, so stellt sich aufgrund der Stöße eine statistische Verteilung der Richtungen der Dipolmomente ein: Die mittlere Polarisation pro Volumeneinheit ist daher null. Legt man nun ein äußeres Feld an, so treten folgende Vorgänge auf: Im Molekül wird ein Dipolmoment durch das Feld induziert; seine Größe ist jedoch fast immer vernachlässigbar im Vergleich zum permanenten Dipolmoment. Wichtiger ist, dass das Feld nach (4.27) ein Drehmoment $\vec{M} = \vec{p} \times \vec{E}$ auf die Dipole ausübt, wodurch sie teilweise in Feldrichtung ausgerichtet werden. Durch diese Ausrichtung entsteht eine Polarisation pro Volumeneinheit, die sog. *Orientierungspolarisation*.

Bei endlichen Temperaturen verhindern die Molekülstöße, die eine Energie von etwa $k_B T$ austauschen, eine vollständige Orientierung. Der Grad der

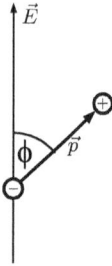

Bild 4.8: Zur Berechnung der potentiellen Energie eines elektrischen Dipols in einem elektrischen Feld $\vec{E}$.

Die thermische Energie eines Teilchens hat eine Größenordnung von $k_B T$

Orientierung hängt im thermischen Gleichgewicht von der potentiellen Energie der Dipole im Feld – (4.28) – relativ zur thermischen Energie $k_\mathrm{B}T$ ab. Die Wahrscheinlichkeit dafür, dass ein Molekül im thermischen Gleichgewicht sich unter einem Winkel ϕ relativ zum elektrischen Feld einstellt (Bild 4.8), was die Überwindung der potentiellen Energie $U_\mathrm{pot}(\phi) = -p \cdot E \cdot \cos\phi$ erfordert, ist proportional zu

$$\exp\left(\frac{-U_\mathrm{pot}}{k_\mathrm{B}T}\right) \tag{4.31}$$

aus dem gleichen Grund, aus dem nach der barometrischen Höhenformel (siehe Physik I) die Moleküle der Luftatmosphäre sich vorwiegend in geringen Höhen mit kleiner potentieller Energie aufhalten. Bei hinreichend hohen Temperaturen gilt für (4.31) näherungsweise:

$$\exp\left(\frac{-U_\mathrm{pot}}{k_\mathrm{B}T}\right) \approx 1 - \frac{U_\mathrm{pot}}{k_\mathrm{B}T} = 1 + \frac{p \cdot E \cdot \cos\phi}{k_\mathrm{B}T}. \tag{4.32}$$

Kleine Winkel ϕ treten also bevorzugt auf und $\phi = 180°$ relativ am seltensten. Bild 4.9 zeigt diese Orientierungspolarisation von n Molekülen pro

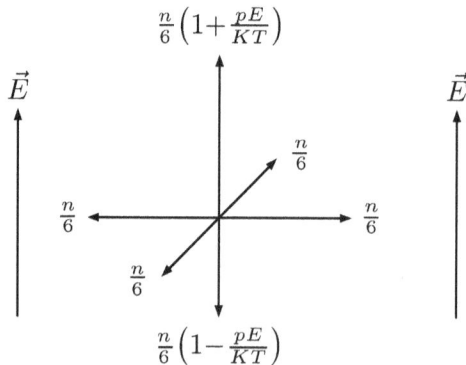

Bild 4.9: Zur Berechnung der Polarisation eines Gases aus Molekülen mit permanentem Dipolmoment in einem elektrischen Feld

Volumeneinheit in vereinfachter Form: Die Dipolachse der Moleküle soll sich statt in beliebigen Richtungen nur entlang jeder der 6 Koordinatenrichtungen $\pm x$, $\pm y$ und $\pm z$ orientieren können. Ohne ein elektrisches Feld ist daher im Mittel jeweils 1/6 der Moleküle entlang jeder dieser 6 gleichberechtigten Richtungen orientiert, und die Gesamtpolarisation der Probe ist null. Legt man jedoch ein Feld $\vec{E}$ parallel zur z-Achse an, wie in Bild 4.9 dargestellt, so zeigen nach (4.32) mehr Dipolmomente nach oben ($\phi = 0°$) als nach unten ($\phi = 180°$), und man liest aus Bild 4.9 unmittelbar die Gesamtpolarisation ab, die sich als Differenz der vertikalen Komponenten ergibt, da sich die vier horizontalen Beiträge gegenseitig kompensieren:

$$P = \frac{n}{6}\left(1 + \frac{pE}{k_\mathrm{B}T}\right) \cdot p - \frac{n}{6}\left(1 - \frac{pE}{k_\mathrm{B}T}\right) \cdot p,$$

$$\boxed{P = \frac{n \cdot p^2 \cdot E}{3 \cdot k_\mathrm{B}T}.}$$

(4.33)

Die Orientierungspolarisation im elektrischen Feld bei der Temperatur T

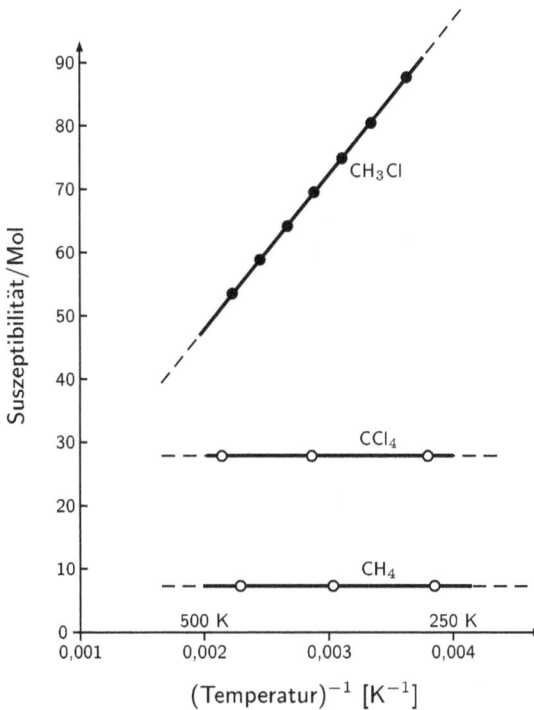

Bild 4.10: Parelektrische Suszeptibilität einiger Gase in Abhängigkeit von der reziproken Temperatur.

Eine strenge Behandlung[1] führt zum gleichen Resultat. Die Polarisation pro Volumeneinheit steigt also linear mit dem angelegten Feld an. Daraus ergibt sich die *parelektrische Suszeptibilität* zu

$$\boxed{\chi = \frac{P}{\varepsilon_0 \cdot E} = \frac{n \cdot p^2}{\varepsilon_0 \cdot 3 \cdot k_{\mathrm{B}} T}} . \tag{4.34}$$

Ein entsprechendes Curie-Verhalten ergibt sich auch für die paramagnetische Suszeptibilität

Sie nimmt mit $1/T$ zu. Eine derartige Temperaturabhängigkeit nennt man ein *Curie-Verhalten*. Diese Temperaturabhängigkeit der Suszeptibilität von polaren Molekülen ist offenkundig in Bild 4.10, in dem polare Moleküle wie CH_3Cl mit nichtpolaren wie CCl_4 und CH_4 im gasförmigen Zustand verglichen werden: Nur die Suszeptibilität von CH_3Cl-Gas ist eine lineare Funktion von $1/T$, während die Suszeptibilität der nichtpolaren Gase unabhängig von der Temperatur ist.

4.5 Die Dielektrizitätskonstante eines dichten Mediums

Elektrisches Feld am Ort eines Atoms im dichten polarisierten Medium

Wir wollen jetzt genauer prüfen, wie groß das elektrische Feld ist, welches unter verschiedenen Umständen auf ein Atom wirkt. Wenn sich das Atom oder nichtpolare Molekül allein zwischen den Platten eines Kondensators mit der Ladungsdichte σ_F befindet, so wirkt nach (3.5) auf das Atom das elektrische Feld $E = \sigma_F/\varepsilon_0$. Erhöht man die Zahl der Atome und betrachtet z.B. ein atomares Gas im Plattenkondensator, so hatten wir zur Berechnung des Feldes im Innern des Mediums auch noch die durch die Polarisation an den Grenzflächen entstehende Ladungsdichte σ_P berücksichtigt und in (4.7) als Feld erhalten:

$$E = \frac{\sigma_F - \sigma_P}{\varepsilon_0} .$$

Den Innenraum des Mediums hatten wir als ladungsfrei betrachtet, da Polarisationsladungen nur an der oberen und unteren Grenzfläche des Isolators in Bild 4.1 auftraten.

Wir wollen jetzt zeigen, dass in Wirklichkeit auf jedes Atom des Mediums nicht ein Feld nach (4.7), sondern eine größere Feldstärke wirkt. Wir werden sehen, dass (4.7) nur näherungsweise bei geringer Dichte des Mediums die Feldstärke beschreibt, welche auf jedes Atom des Mediums wirkt.

Lorentz-Konstruktion

Jedes Atom ist in einem isotropen Isolator so von Nachbaratomen umgeben,

---

[1] Siehe z.B.: R.P Feynman, *Vorlesungen über Physik*, Band II, Kapitel 11.3, Oldenbourg, München/Wien (2007)

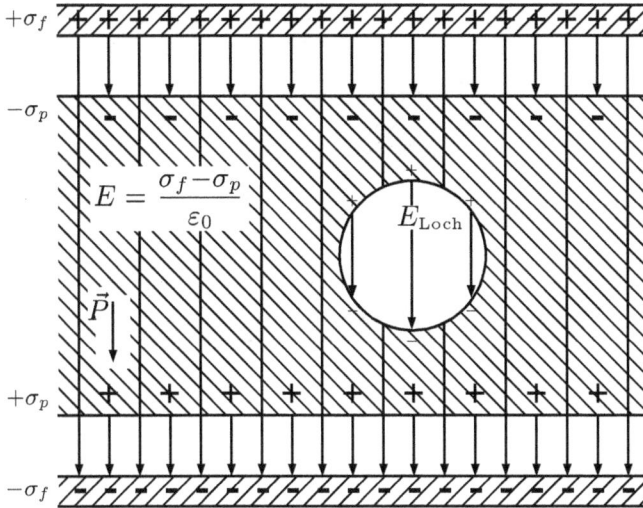

Bild 4.11: Zur Berechnung des elektrischen Feldes, das auf ein Atom in einem isotropen Isolator wirkt: Das Feld im Innern des kugelförmigen Loches ist größer als im umgebenden Medium, da an der Oberfläche des Loches zusätzliche Polarisationsladungen vorhanden sind.

dass es in einem nahezu kugelförmigen Hohlraum sitzt, den wir in Bild 4.11 eingezeichnet haben. Das elektrische Feld in diesem Loch E_{Loch} ist größer als das Feld im kompakten Material $E = (\sigma_F - \sigma_P)/\varepsilon_0$, weil an der unteren und oberen Grenzfläche des Hohlraums zusätzlich Ladungen durch die Polarisation des umgebenden Mediums entstehen, welche das Feld im Loch E_{Loch} über den Wert von E erhöhen. Quantitativ ergibt sich, dass das Feld in einem kugelförmigen Hohlraum nicht E, sondern

$$E_{\text{Loch}} = E + \frac{1}{3}\frac{P}{\varepsilon_0} \qquad (4.35)$$

ist. Dieses Resultat erscheint plausibel, wenn man es mit dem Feld im Innern anders geformter Hohlräume (siehe Bild 4.12) vergleicht: So beträgt etwa das Feld innerhalb eines ebenen Spaltes (E senkrecht zur Spaltebene):

$$E_{\text{Loch}} = E + \frac{P}{\varepsilon_0}$$

und das Feld in einem langen Hohlzylinder, der parallel zum Feld steht,

$$E_{\text{Loch}} = E.$$

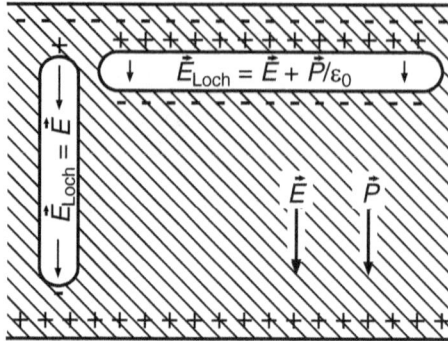

Bild 4.12: Elektrisches Feld im Innern eines Hohlraums in Abhängigkeit von der Form des Hohlraums.

Übungsaufgabe:

Versuchen Sie dies mit Hilfe des Gaußschen Satzes zu beweisen.

Das Resultat (4.35) für den kugelförmigen Hohlraum liegt also plausiblerweise gerade zwischen diesen beiden Extremen. Den genauen Beweis für (4.35) wollen wir etwas zurückstellen und uns zunächst lieber schon fragen, welche Konsequenzen daraus zu ziehen sind, dass das Feld, welches auf ein Atom wirkt, nicht E, sondern $E + P/(3\varepsilon_0) = E_{\text{Loch}}$ ist. Das zusätzliche Feld $P/(3\varepsilon_0)$, kann nur vernachlässigt werden in gasförmigen Medien mit kleiner Polarisation. In dichten Medien jedoch kann der Beitrag $P/(3\varepsilon_0)$ fast so groß werden wie E selbst, so dass man ihn auf keinen Fall vernachlässigen darf.

Damit können wir nunmehr einen Ausdruck für die Polarisation angeben, der auch in einem dichten, isotropen Medium, z.B. einer Flüssigkeit, gültig bleibt. Aus (4.1) und (4.4) ergibt sich

$$\vec{P} = n \cdot \alpha \cdot \varepsilon_0 \cdot \vec{E}_{\text{Loch}} = n \cdot \alpha \cdot \varepsilon_0 \cdot \left(\vec{E} + \frac{\vec{P}}{3\varepsilon_0} \right),$$

wobei n die Zahl der Atome pro Volumeneinheit ist. Dies ergibt für $\vec{P}$:

$$\vec{P} = \frac{n \cdot \alpha}{1 - n \cdot \alpha/3} \cdot \varepsilon_0 \vec{E}.$$

Hieraus folgt die sog. *Clausius-Mosotti-Beziehung*

$$\chi = \frac{n \cdot \alpha}{1 - n \cdot \alpha/3} \quad \text{und} \quad \varepsilon = 1 + \frac{n \cdot \alpha}{1 - n \cdot \alpha/3} \tag{4.36}$$

für dichte Medien. Nur wenn $n \cdot \alpha/3$ klein gegen 1 ist, wie z.B. in Gasen mit kleinem n, erhalten wir die ursprüngliche einfache Relation $\chi = n \cdot \alpha$. Mit Hilfe der Clausius-Mosotti-Formel lässt sich die DK einer dichten nichtpolaren Flüssigkeit berechnen, wenn man die DK des entsprechenden Gases ($\varepsilon = 1 + n_{\text{Gas}} \cdot \alpha$) kennt.

Zum Schluss dieser Betrachtung müssen wir noch den Beweis dafür nachtragen, dass das Feld im Innern eines kugelförmigen Hohlraumes wirklich durch $E_{\text{Loch}} = E + P/(3\varepsilon_0)$ gegeben ist, wie in (4.35) behauptet wurde. Dazu benutzen wir zunächst das Superpositionsprinzip, nach dem sich die elektrischen Felder verschiedener Ladungen einfach überlagern. Bild 4.13 zeigt, wie sich z.B. das Feld $\vec{E}$ im kompakten Dielektrikum additiv zusammensetzt aus dem Feld $\vec{E}_{\text{Loch}}$ im Hohlraum und dem Feld im Innern einer polarisierten dielektrischen Kugel $\vec{E}_{\text{Kugel}}$. Wenn wir $\vec{E}_{\text{Kugel}}$ kennen würden, wäre damit auch $\vec{E}_{\text{Loch}} = \vec{E} - \vec{E}_{\text{Kugel}}$ bekannt und das Problem gelöst.

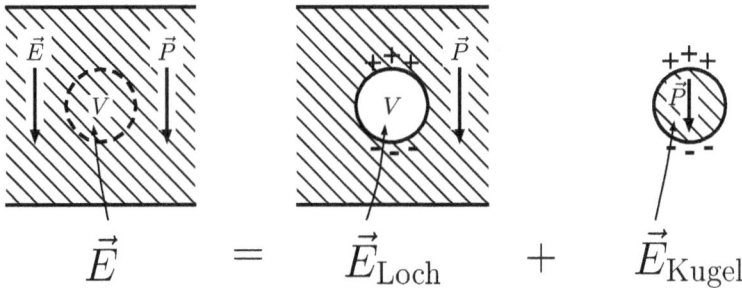

Bild 4.13: Zur Berechnung des elektrischen Feldes im Innern eines kugelförmigen Hohlraums: Das Feld des kompakten Dielektrikums ist die Summe aus dem Feld im Hohlraum und dem Feld im Innern einer homogen polarisierten, dielektrischen Kugel.

Versuchen wir also das Feld im Innern einer homogen polarisierten Kugel vom Radius r_0 zu berechnen. Die Polarisation $\vec{P}$ und das (noch unbekannte) Feld $\vec{E}_{\text{Kugel}}$ seien im Kugelvolumen homogen (siehe Bild 4.14). Da sowohl die positive als auch die negative Ladung der Kugel eine nahezu kugelsymmetrische Verteilung haben, kann man zur Berechnung des Feldes im Außenraum die Gesamtladung in den Kugelmittelpunkt legen. Da nun im polarisierten Zustand alle negativen gegen alle positiven Ladungen um die Strecke δ verschoben sind, ist die polarisierte Kugel von außen gesehen äquivalent zu einem Dipol

$$\vec{p}_0 = Q \cdot \vec{\delta} = \frac{4\pi}{3} r_0^3 \cdot nq \cdot \vec{\delta},$$

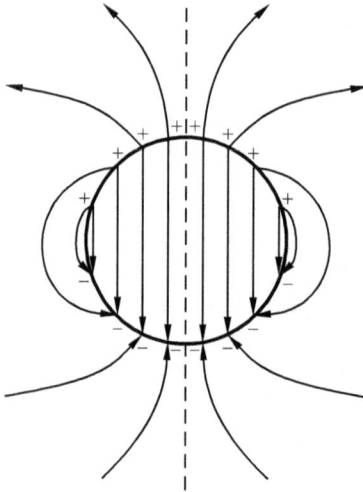

Bild 4.14: Das elektrische Feld einer homogen polarisierten Kugel: Innerhalb der Kugel ist das Feld $\vec{E}$ homogen, im Außenraum dagegen das eines Dipols, der sich im Kugelmittelpunkt befindet.

wobei n die Zahl der Ladungen pro Volumeneinheit ist. Mit Hilfe von (4.4) können wir dies umformen:

$$\vec{p}_0 = \frac{4\pi}{3} r_0^3 \cdot \vec{P}. \tag{4.37}$$

Das Potential eines Dipolmoments $\vec{p}_0$ beträgt nach (2.22) im Abstand r_0, d.h. auf der Kugeloberfläche

$$\varphi = \frac{1}{4\pi\varepsilon_0} \cdot \frac{p_0}{r_0^3} \cdot z.$$

Ersetzt man hier p_0 nach (4.37) durch P, so ergibt sich

$$\varphi = \frac{P}{3\varepsilon_0} z \tag{4.38}$$

an der Kugeloberfläche. Da das Feld E_{Kugel} im Kugelvolumen homogen sein soll, muss das Potential *im Kugelvolumen* betragen:

$$\varphi = -E_{\text{Kugel}} \cdot z. \tag{4.39}$$

Nun müssen an der Kugeloberfläche beide Potentiale übereinstimmen. Daraus folgt für das Feld in der Kugel:

$$\boxed{\vec{E}_{\text{Kugel}} = \frac{-\vec{P}}{3\varepsilon_0}.} \tag{4.40}$$

Somit ist das gesuchte Feld im Innern eines kugelförmigen Hohlraums (siehe Bild 4.13):

$$\vec{E}_{\text{Loch}} = \vec{E} - \vec{E}_{\text{Kugel}} = \vec{E} + \frac{\vec{P}}{3\varepsilon_0}.$$

Diese Beziehung – siehe (4.13) – hatten wir zur Ableitung der Clausius-Mosotti-Beziehung benutzt. In diesem Beweisgang hatten wir nur eine unbewiesene Annahme gemacht, dass nämlich das Feld im Innern der Kugel homogen sei. Nachträglich gesehen ist jedoch diese Annahme verträglich mit dem Potential an der Kugeloberfläche wie auch mit dem Gaußschen Satz, so dass ein homogenes Innenfeld die Grenzbedingungen und das Grundgesetz der Elektrostatik erfüllt.

4.6   Elektrische Polarisation in festen Körpern

In Kristallen können Moleküle mit permanentem Dipolmoment in geordneter Weise so eingebaut sein, dass der ganze Kristall auch ohne angelegtes Feld ein permanentes Dipolmoment besitzt. Dadurch entstehen an der Kristalloberfläche elektrische Dauerladungen, die allerdings sehr schwer nachweisbar sind, da sie normalerweise Ladungen aus der umgebenden Atmosphäre anziehen und dadurch neutralisiert werden.

Wenn sich jedoch die Polarisation des Kristalls ändert, sei es durch Erwärmung oder Anwendung von Druck, so ändert sich entsprechend die Ladungsdichte auf der Oberfläche schneller als sie neutralisiert werden kann. Diese Änderung der Oberflächenladung ist leicht messbar und als *pyroelektrischer* bzw. *piezoelektrischer* Effekt bekannt. Bei modernen piezoelektrischen Materialien steigt bei Druckanwendung die Ladungsdichte an den beiden Oberflächen so stark an, dass man Funkenüberschlag zwischen ihnen beobachtet. Bild 4.15 zeigt schematisch die Einheitszelle des piezoelektrischen Quarzkristalles. Man sieht rechts, wie durch Anwendung eines vertikalen Drucks das elektrische Dipolmoment des Kristalls in dieser Richtung verkleinert wird.

piezein, griech. „drücken"; pŷr, griech. „Feuer"

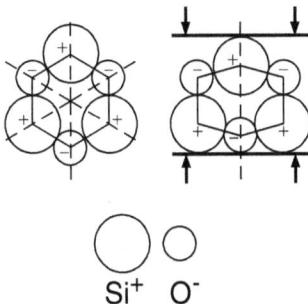

Bild 4.15: Einheitszelle eines Quarz-Kristalls: Bei Druckanwendung verkleinert sich das Dipolmoment der Einheitszelle in Druckrichtung.

Andererseits sieht man an dieser Skizze auch, wie man durch Anwendung eines elektrischen, vertikal gerichteten Feldes eine Ladungsverschiebung und damit eine vertikale Ausdehnung oder Kompression des Kristalls erreichen kann. So kann man durch Anlegen von Wechselfeldern an piezoelektrische Kristalle periodische, mechanische Deformationen in diesen hervorrufen und sie somit zur *Ultraschallerzeugung* verwenden. Auf diese Weise kann man heutzutage Ultraschallwellen bis zu Frequenzen von etwa 10^{10} Hz erzeugen. Insbesondere lassen sich in dünnen, planparallelen Quarzplättchen stehende Wellen, d.h. Eigenschwingungen, elektrisch anregen, deren Schwingungsfrequenz über lange Zeiten sehr stabil bleibt. Sie werden daher als Frequenzstabilisatoren und als Frequenznormale verwendet. In der Nachrichtentechnik verdrängen piezoelektrische Filter mehr und mehr die konventionellen Bauelemente aus Spulen und Kondensatoren, eben wegen ihrer großen Frequenzstabilität und des einfachen Aufbaus.

Piezoelektrische Elemente finden auch Anwendungen als Druckgeber und Sensoren und sind in der Mikromechanik wichtige Stellelemente (z.B. im Tunnel- und Kraft-Mikroskop).

Für Kristalle mit Inversionssymmetrie – wie z.B. NaCl – ist es schon aus Symmetriegründen unmöglich, ein Dipolmoment zu besitzen. Dennoch können auch diese Kristalle als Verunreinigungen Ionen mit einem permanenten Dipolmoment besitzen. So enthält z.B. ein NaCl-Kristall oft Cl^--Leerstellen, die mit OH^--Ionen besetzt sind (Bild 4.16). Das Dipolmoment des OH^--Ions ist dabei fast frei im Raum drehbar. Ein Kristall, der viele OH^--Zentren enthält, zeigt daher eine Orientierungspolarisation wie ein polares Gas. Insbesondere steigt die dielektrische Suszeptibilität χ des Kristalls, wie für ein polares Gas zu erwarten, nach (4.34) mit $1/T$ an.

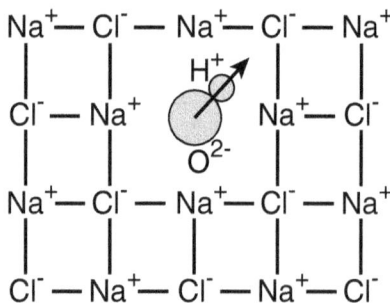

Bild 4.16: OH^--Verunreinigung in einem NaCl-Gitter: Das OH^--Ion, das ein permanentes Dipolmoment besitzt, ist innerhalb der Cl^--Leerstelle frei drehbar.

Zum Schluss wollen wir noch eine besondere Klasse von Kristallen besprechen, die auch orientierte Dipole mit einer permanenten Polarisation besitzen, aber nur *unterhalb einer kritischen Temperatur* T_c. Erhöht man die Temperatur über diesen kritischen Punkt, so hört plötzlich die Ausrichtung der molekularen Dipole auf, die Polarisation wird sehr klein. Diese Erscheinung nennt man *Ferroelektrizität*. Ein typisches Beispiel dafür ist Bariumtitanat, welches nur unterhalb von 118°C eine spontane Polarisation $\vec{P}_S$ besitzt, oberhalb dagegen nicht (Bild 4.17). Warum steigt in ferroelektrischen Kristallen beim Abkühlen unterhalb von T_c die spontane Polarisation so plötzlich an? Zur Erklärung wollen wir die Clausius-Mosotti-Beziehung benutzen, die auch für kubische Kristalle gilt:

$$\chi = \frac{3 \cdot n \cdot \alpha}{3 - n \cdot \alpha}.$$

Der Parameter $n \cdot \alpha$ ist oberhalb von T_c etwas kleiner als 3, und daher bleibt die Suszeptibilität endlich.

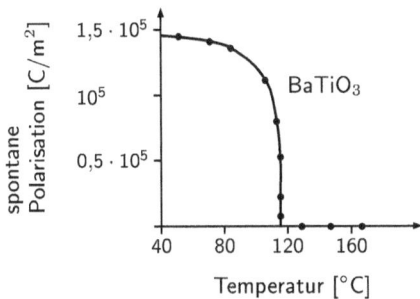

Bild 4.17: Die Temperaturabhängigkeit der spontanen Polarisation im ferroelektrischen Bariumtitanat.

Beim Abkühlen wächst jedoch $n \cdot \alpha$, z.B. infolge der thermischen Kontraktion, und erreicht den kritischen Wert $n \cdot \alpha = 3$, für den die Suszeptibilität unendlich wird, bei der kritischen Temperatur T_c (*Polarisationskatastrophe*). $\chi \rightarrow \infty$ bedeutet, dass schon geringste elektrische Felder sehr hohe Polarisationen erzeugen können. Was bei der kritischen Temperatur passiert, ist das Auftreten einer spontanen Polarisation im Gitter.

Wir wollen noch analysieren, was in einem ferroelektrischen Kristall knapp oberhalb der kritischen Temperatur vor sich geht. Bei T_c ist $n \cdot \alpha = 3$, wie wir gerade gesehen hatten. Bei höheren Temperaturen nimmt $n \cdot \alpha$ ab. In unmittelbarer Nähe von T_c, kann man wie folgt entwickeln:

$$n \cdot \alpha = 3 - \beta(T - T_c) + \dots.$$

Dabei ist β eine Konstante von etwa 10^{-5}/Grad. Wenn wir berücksichtigen, dass $\beta \cdot (T - T_c) \ll 1$ gilt, erhalten wir daraus:

$$\boxed{\chi = \frac{3 \cdot [3 - \beta(T - T_c)]}{3 \cdot \beta(T - T_c)} \approx \frac{9}{\beta(T - T_c)}} \tag{4.41}$$

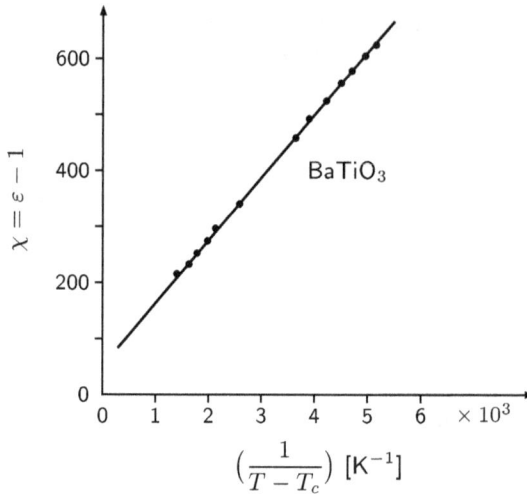

Bild 4.18: Die Suszeptibilität von Bariumtitanat in Abhängigkeit von der reziproken, relativen Temperatur $(T - T_c)^{-1}$.

Die Suszeptibilität strebt also wie $1/(T - T_c)$ gegen unendlich, in guter Übereinstimmung mit dem Experiment (siehe Bild 4.18), so dass auch die DK ungewöhnlich hohe Werte annimmt. Ferroelektrische Kristalle gewinnen daher zunehmend auch technisches Interesse.

Literaturhinweise zu Kapitel 4

Feynman, R.P.: Vorlesungen über Physik, Band II, Oldenbourg, München/ Wien (2007)

> Kap. 10, Dielektrika,
>
> Kap. 11, Vorgänge im Inneren von Dielektrika

Purcell, E.H.: Berkeley Physik Kurs, Vol. II, Elektrizität und Magnetismus, Vieweg-Verlag, Braunschweig (1989)

> Kap. 9, Elektrische Felder in der Materie

Kittel, Ch.: Einführung in die Festkörperphysik, Oldenbourg, München/ Wien (2006)

> Kap. 16, Dielektrische und ferroelektrische Festkörper

Feldtkeller, E.: Dielektrische und magnetische Materialeigenschaften, BI-Hochschultaschenbücher, Bde. 485 und 488, Mannheim (1973)

Sessler, G. H. (Ed.): Electrets, Topics in Applied Physics, Vol. 33, Springer (1987)

5 Der elektrische Strom

5.1 Stromdichte, Strom und Ladungserhaltung

Elektrische Ströme werden durch die Bewegung von Ladungsträgern erzeugt. Gemessen wird der elektrische Strom I, der in einem Draht fließt, durch die Zahl der Ladungen, welche sich pro Sekunde durch die Querschnittsfläche des Drahtes bewegen, wie schon in (1.6) erläutert wurde. Die *Einheit der Stromstärke* beträgt daher 1 C/s und wird *Ampere* (A) genannt. Als *Stromdichte* j hatten wir in der Einleitung die Zahl der Ladungen bezeichnet, welche pro Sekunde senkrecht durch eine Einheitsfläche fließen. Wenn alle n Ladungen q pro Volumeneinheit dieselbe Geschwindigkeit v besitzen, ist

Einheit der Stromstärke: $1\,\text{A} = 1\,\text{C/s}$

$$\boxed{\vec{j} = n \cdot q \cdot \vec{v} = \rho \cdot \vec{v}} \quad \textbf{Stromdichte} \qquad (5.1)$$

wobei $\rho = n \cdot q$ die *Ladungsdichte* ist. Im Allgemeinen werden aber nicht alle Ladungen dieselbe Geschwindigkeit besitzen. Wenn pro Volumeneinheit n_k gleiche Ladungen q die Geschwindigkeit v_k haben, erhalten wir:

$$\vec{j} = n_1 \cdot q \cdot \vec{v}_1 + n_2 \cdot q \cdot \vec{v}_2 + \ldots = q \cdot \sum_k n_k \cdot \vec{v}_k. \qquad (5.2)$$

Die mittlere Geschwindigkeit der Ladungen ist:

$$\langle \vec{v} \rangle = \frac{1}{n} \cdot \sum_k n_k \cdot \vec{v}_k \quad \text{mit} \quad n = \sum_k n_k. \qquad (5.3)$$

Damit erhalten wir einen verallgemeinerten Ausdruck für die Stromdichte:

$$\boxed{\vec{j} = n \cdot q \cdot \langle \vec{v} \rangle = \rho \cdot \langle \vec{v} \rangle} \qquad (5.4)$$

$\langle \vec{v} \rangle$ ist Mittelwert einer Vektorgröße, d.h. $\langle \vec{v} \rangle$ verschwindet, wenn die Verteilung der Geschwindigkeiten räumlich isotrop ist. Dem Betrag nach ist $\langle \vec{v} \rangle$ oft – z.B. in Metallen – nur ein kleiner Bruchteil der vorkommenden Maximalgeschwindigkeiten. $\langle \vec{v} \rangle$ wird auch als *Driftgeschwindigkeit* bezeichnet.

Driftgeschwindigkeit

Der Strom dI, der durch eine beliebig relativ zu $\vec{j}$ orientierte Fläche $d\vec{A}$ (der Vektor $d\vec{A}$ steht senkrecht auf der Fläche) fließt, ist:

$$dI = \vec{j} \cdot d\vec{A}. \tag{5.5}$$

Ladungen bleiben immer erhalten!

Nun wollen wir den Strom durch eine geschlossene Fläche A, die ein Volumen V umschließt, betrachten und dabei überlegen, wie dieser Strom mit der Ladung im Volumen V zusammenhängt. Dazu benutzen wir eines der Grundprinzipien der Elektrodynamik: *die Ladungserhaltung*. Die Zahl der Ladungen, die pro Zeiteinheit aus der geschlossenen Fläche herausfließt, muss gleich der Abnahme der Ladung Q im Innern des umschlossenen Volumens sein:

$$\oint_A \vec{j} \cdot d\vec{A} = -\frac{dQ}{dt} = -\frac{d}{dt} \int_V \rho \, dV. \tag{5.6}$$

Für den Fall, dass die Ladungsdichte an jedem Ort *zeitlich* konstant ist ($\partial\rho/\partial t = 0$), gilt einfacher:

$$\oint_A \vec{j} \cdot d\vec{A} = 0. \tag{5.7}$$

Stationäre Ströme sind zeitlich konstant

Für eine zeitunabhängige Ladungsverteilung ist fast immer auch die Stromdichte $\rho \cdot \langle \vec{v} \rangle$ an jedem Ort zeitlich konstant. Man spricht in diesem Fall von *stationären Strömen*.

Frage:

In einer Vakuumröhre (siehe Bild 5.1) laufen die Elektronen in Kathodennähe langsamer als an der Anode. Welches ist die Dichteverteilung der Elektronen (für geringe Dichten), wenn die Stromdichte stationär und die Feldstärke räumlich konstant ist?

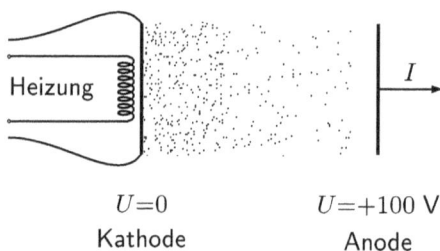

Heizung

$U=0$
Kathode

$U=+100$ V
Anode

I

Bild 5.1: Ladungsverteilung innerhalb einer Vakuumröhre bei einem stationären Strom.

5.2 Elektrische Leitfähigkeit und das Ohmsche Gesetz

Zwar kann man elektrische Ladungen auch rein mechanisch bewegen (z.B. auf dem rotierenden Band eines Van-de-Graaff-Generators in Bild 3.23), aber die Kräfte eines elektrischen Feldes sind als stromerzeugender Mechanismus viel wichtiger, und wir wollen uns daher in diesem Abschnitt nur mit dem Einfluss des elektrischen Feldes auf die Stromleitung beschäftigen. Eine der ersten Entdeckungen hierüber war das Ohmsche Gesetz[1]:

Legt man an einen metallischen Draht eine Spannung U an, so fließt   *Ohmsches Gesetz*
nach der Beobachtung ein elektrischer Strom I, der bei konstanter
Temperatur proportional zur angelegten Spannung ist.

Das Verhältnis von angelegter Spannung U zum fließenden Strom I ist eine Konstante R, die man *Widerstand* nennt. Er hängt für viele Leiter nicht vom Strom ab:

$$\boxed{\frac{U}{I} = R}\qquad \textbf{Ohmsches Gesetz} \qquad\qquad (5.8)$$

Die Beobachtung zeigt weiter, dass der Widerstand immer linear mit der Länge l des Drahtes zunimmt und umgekehrt proportional zu seiner Querschnittfläche A ist:

$$\boxed{R = \rho_0 \cdot \frac{l}{A}}\qquad\qquad (5.9)$$

ρ_0 (nicht zu verwechseln mit der Ladungsdichte ρ) ist der sog. *spezifische Widerstand*, der nur vom Material und seiner Temperatur abhängt. Die Einheit des elektrischen Widerstands ist $1\,\text{V/A}$ und wird als $1\,\text{Ohm}$ (Ω) bezeichnet, der Kehrwert davon, die Einheit der elektrischen Leitfähigkeit, als $1\,\text{Siemens}$ (S):

$$1\,\Omega = 1\,\text{V/A}; \quad 1\,\text{S} = 1\,\text{A/V}.$$

Dementsprechend wird der spezifische Widerstand in Einheiten von $\Omega \cdot \text{m}$, häufig auch in $\Omega \cdot \text{cm}$ gemessen. Unter der *spezifischen Leitfähigkeit* σ_0 (nicht zu verwechseln mit der Flächenladungsdichte σ) versteht man hier

---

[1]GEORG SIMON OHM (1789–1854)

den Kehrwert des spezifischen Widerstands:

$$\sigma_0 = \frac{1}{\rho_0}. \tag{5.10}$$

Damit lässt sich das Ohmsche Gesetz in eine andere, auch häufig verwendete Form bringen. Aus $I = U/R$ folgt nämlich mit Hilfe von (5.9) $I/A = (1/\rho_0) \cdot U/l$ oder

$$\boxed{\vec{j} = \sigma_0 \cdot \vec{E}} \qquad \textbf{Ohmsches Gesetz} \tag{5.11}$$

In Tabelle 5.1 ist der spezifische elektrische Widerstand einiger Substanzen bei Raumtemperatur angegeben. Wie man sieht, variiert das Leitvermögen der in der Natur vorkommenden Stoffe über mehr als 20 Zehnerpotenzen. Die weitaus besten Leiter sind die Metalle, in denen die Elektronen für den Ladungstransport verantwortlich sind. In den Isolatoren, z.B. in NaCI-Kristallen oder Glas, ist das Leitvermögen äußerst gering und wird besonders bei höheren Temperaturen durch die thermische Bewegung der Ionen deutlich verstärkt. Auch in elektrolytischen Lösungen, auf die wir noch näher zu sprechen kommen werden, führt die Wanderung von Ionen zum Stromtransport.

Tabelle 5.1: Der spezifische elektrische Widerstand (in $\Omega \cdot$ m) einiger Substanzen bei Raumtemperatur. Der Bereich erstreckt sich über 26 Größenordnungen.

Silber	$2 \cdot 10^{-8}$	Germanium (rein)	0,46
Kupfer	$2 \cdot 10^{-8}$	Silizium (rein)	$2 \cdot 10^{-3}$
Aluminium	$3 \cdot 10^{-8}$	NaCl-Lösung 1 Mol/l	0,1
Natrium	$4 \cdot 10^{-8}$	NaCl-Kristall	10^8
Messing	$5 \cdot 10^{-8}$	Hartpapier	$10^{10} \ldots 10^{12}$
Konstantan	$50 \cdot 10^{-8}$	Porzellan	$3 \cdot 10^{12}$
Kohlenstoff (Graphit)	$1300 \cdot 10^{-8}$	Glas	$10^{11} \ldots 10^{15}$
		Bernstein	10^{18}

5.3 Mikroskopisches Modell für das Ohmsche Gesetz

Wenn wir (5.4) und (5.11) zusammenfassen

$$\vec{j} = n \cdot q \cdot \langle \vec{v} \rangle = \sigma_0 \cdot \vec{E}, \tag{5.12}$$

so können wir als wesentliche Aussage des Ohmschen Gesetzes entnehmen, dass die *Driftgeschwindigkeit* $\langle \vec{v} \rangle = \vec{v}_D$ *proportional zum angelegten elektrischen Feld ist.* Wie können wir uns diese nicht ganz selbstverständliche Tatsache erklären?

Betrachten wir eine große Zahl von Ladungen im thermischen Gleichgewicht, z.B. Elektronen in einem Plasma. Die Elektronen, die eine beträchtliche thermische Geschwindigkeit haben, erfahren Stöße untereinander und mit Ionen. Die mittlere Zeit zwischen solchen Stößen sei τ. Ohne ein elektrisches Feld ist die mittlere Geschwindigkeit $\langle \vec{v} \rangle$ der Elektronen null. (Dies trifft natürlich nicht für den mittleren Betrag der Geschwindigkeit $\sqrt{\langle v^2 \rangle}$ zu). Sobald man jedoch ein elektrisches Feld anlegt, erfährt jedes Elektron mit der Ladung $q = -e$ zwischen zwei Stößen eine Beschleunigung in Richtung der Kraft $q\vec{E}$:

Im hier beschriebenen sog. „Drude-Modell" betrachten wir den Stromtransport durch ein ideales Gas freier Elektronen

$$\frac{\mathrm{d}\vec{v}}{\mathrm{d}t} = \frac{q \cdot \vec{E}}{m} \quad \text{daraus folgt:} \quad \vec{v} = \frac{q \cdot \vec{E}}{m} \cdot t + \vec{v}_0. \tag{5.13}$$

Um daraus $\vec{v}_D = \langle \vec{v} \rangle$ zu erhalten, müssen wir für einen gegebenen Zeitpunkt über die Geschwindigkeiten aller Elektronen mitteln. Dies bedeutet, dass wir in (5.13) den Mittelwert bilden müssen über die Zeit t, die für jedes einzelne Elektron seit dem letzten Stoß vergangen ist. Diese Zeit ist aber genau die Stoßzeit τ. Da $\langle \vec{v}_0 \rangle$ null ist, erhalten wir:

$$\boxed{\vec{v}_D = \frac{q \cdot \vec{E}}{m} \cdot \tau} \tag{5.14}$$

Die Driftgeschwindigkeit ist also proportional zum elektrischen Feld. Das Verhältnis von Driftgeschwindigkeit zu elektrischer Feldstärke v_D/E wird *Beweglichkeit* μ genannt und ist nach (5.14):

Beweglichkeit der Ladungsträger

$$\boxed{\mu = \frac{v_D}{E} = \frac{q}{m} \cdot \tau.} \tag{5.15}$$

Die Proportionalität $v_D \propto E$ gilt allerdings nur, wenn wir die Abhängigkeit der Stoßzeit τ von der elektrischen Feldstärke vernachlässigen können, d.h. wenn die thermische Geschwindigkeit $\sqrt{\langle v^2 \rangle}$ sehr viel größer als v_D ist. Nach (5.14) darf also die elektrische Feldstärke nicht zu groß werden. Sehr hohe Feldstärken können auch noch zu ganz anderen Komplikationen führen, wenn die kinetische Energie zwischen den Stößen so groß wird, dass bei den Stößen neutrale Atome ionisiert werden. In diesem Fall steigt die Ladungsträgerkonzentration mit dem Feld an. Das Ohmsche Gesetz verliert also seine Gültigkeit, wenn die Ladungsträgerdichte oder die Stoßzeit vom Feld abhängen.

Wir können (5.14) auch so interpretieren, dass ein Elektron, auf das die antreibende Kraft $q\vec{E}$ wirkt, eine Reibungskraft $\vec{F}_\mathrm{R} = -m \cdot \vec{v}_\mathrm{D}/\tau$ erfährt. Diese Reibungskraft ist proportional zur Geschwindigkeit, ähnlich wie die viskose Reibung in einer Flüssigkeit oder einem Gas. Das Ohmsche Gesetz weist also darauf hin, dass auf die Ladungsträger viskose Reibungskräfte wirken.

Wir wollen schließlich noch den allgemeineren Fall besprechen, dass neben den negativen Ladungsträgern $q = -e$ auch positive mit $q = e$ am Strom beteiligt sind. Das Feld erteilt den positiven bzw. negativen Ladungsträgern Driftgeschwindigkeiten in entgegengesetzten Richtungen:

$$\vec{v}_\mathrm{D}^{+} = \mu^{+} \cdot \vec{E} = \frac{e}{m^{+}} \cdot \tau^{+} \cdot \vec{E},$$
$$\vec{v}_\mathrm{D}^{-} = \mu^{-} \cdot \vec{E} = \frac{e}{m^{-}} \cdot \tau^{-} \cdot \vec{E}.$$

Daraus ergibt sich mit (5.12) für die Stromdichte

$$\vec{j} = n^{+} e \, \vec{v}_\mathrm{D}^{+} - n^{-} e \, \vec{v}_\mathrm{D}^{-} = n^{+} e \, \mu^{+} \, \vec{E} - n^{-} e \, \mu^{-} \, \vec{E} \tag{5.16}$$

und wegen (5.11) $\vec{j} = \sigma_0 \vec{E}$ für das Leitvermögen

$$\boxed{\sigma_0 = e \left(n^{+} \mu^{+} - n^{-} \mu^{-} \right) = e^2 \left(n^{+} \frac{\tau^{+}}{m^{+}} + n^{-} \frac{\tau^{-}}{m^{-}} \right).} \tag{5.17}$$

5.4   Elektronenleitung in festen Körpern

Reine Metalle sind die besten Elektrizitätsleiter, die wir kennen. Die Leitung erfolgt durch bewegliche Elektronen, die von den an Gitterplätzen fest gebundenen Ionen abgegeben werden. Zum Beispiel in Natrium-Metall führt die Abgabe von einem Elektron pro Atom zu einer Dichte von freien Elektronen, die außerordentlich hoch ist, nämlich $2{,}5 \cdot 10^{28}$ Elektronen/m^3. Dass Ionenwanderung nicht am Strom beteiligt ist, erkennt man daran, dass an den Enden des Leiters keine chemisch identifizierbare Materialbewegung oder Abscheidung nachweisbar ist. Daher ist die Ionenbeweglichkeit null. Nur die Elektronenbeweglichkeit bestimmt das Leitvermögen, und man kann daher aus dem Leitvermögen die Beweglichkeit der Elektronen und daraus ihre Stoßzeit τ^{-} ermitteln:

Elektronendichte in Metallen

$$\tau^{-} = \frac{\sigma_0 \cdot m^{-}}{n^{-} \cdot e^2}.$$

Bei Zimmertemperatur ergibt sich hieraus für Natrium eine Stoßzeit von etwa $3 \cdot 10^{-14}$ s. Aus der mittleren Geschwindigkeit der Elektronen, die etwa 10^6 m/s beträgt, kann eine mittlere freie Weglänge von $300 \cdot 10^{-10}$ m abgeleitet werden, was etwa 100 Gitterabständen im Na-Kristall entspricht. Wie Bild 5.2 zeigt, nimmt die Leitfähigkeit der Metalle $\sigma_0 = e^2 \cdot n^- \cdot \tau^- / m^-$ mit sinkender Temperatur zu, obwohl n^- konstant bleibt. Die Erklärung liegt darin, dass in *reinen* Metallen, wegen der kleinen Schwingungsamplituden der Gitteratome, beim Abkühlen die Stoßzeit und die mittlere freie Weglänge der Elektronen zunehmen. Bei 4 K beträgt Letztere z.B. in reinem Gallium sogar 1 cm. Wegen dieser Temperaturabhängigkeit eignen sich Metallwiderstände (und vor allem auch Halbleiterwiderstände) sehr gut zur Temperaturmessung. Bringt man allerdings Fremdatome in das Metall, wie es z.B. bei einer *Legierung* der Fall ist, so werden die Elektronen bei allen Temperaturen an diesen Fremdatomen gestreut, und die Stoßzeit wird als die Leitfähigkeit fast temperaturunabhängig. (Anwendung: Drähte aus Legierungen dienen daher zur Herstellung von temperaturunabhängigen Präzisonswiderständen.)

Stoßzeit der Elektronen

In Metallen ist die Leitfähigkeit sehr groß, sinkt aber beim Erwärmen. In Halbleitern ist die Leitfähigkeit in der Regel viel kleiner, steigt aber beim Heizen.

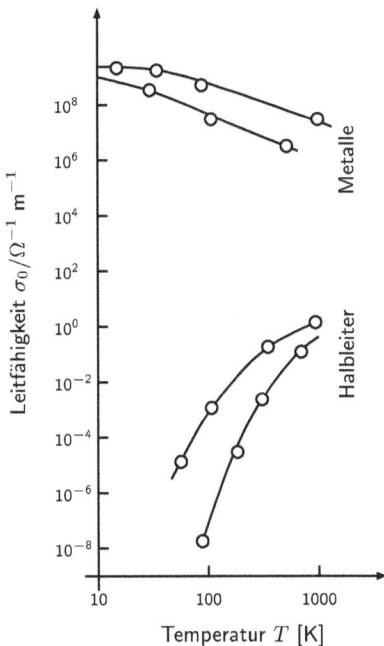

Bild 5.2: Die Leitfähigkeit einiger Metalle und Halbleiter in Abhängigkeit von der Temperatur (doppelt logarithmischer Maßstab).

Die meisten Metalle gehorchen dem Ohmschen Gesetz mit großer Genauigkeit. Daraus ist zu folgern, dass die bei den normalerweise angewendeten Feldern erreichbaren Driftgeschwindigkeiten noch viel kleiner sind als die mittlere Geschwindigkeit der Elektronen im Metall.

Übungsaufgabe:

Schätzen Sie aus den obigen Daten für Na-Metall die Driftgeschwindigkeit bei einer Stromdichte von 1 A/mm^2 ab!

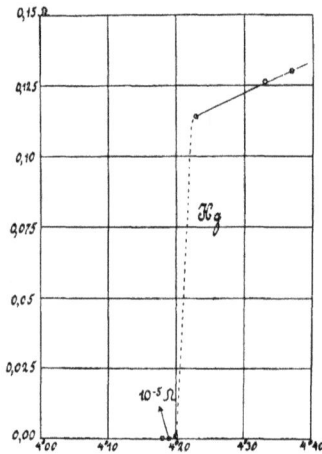

Bild 5.3: Widerstand (in Ohm) einer Quecksilberprobe in Abhängigkeit von der Temperatur (x-Achse) in der Umgebung der Sprungtemperatur für Supraleitung. Dieses Diagramm von H. KAMERLINGH-ONNES aus dem Jahre 1911 stellt die Entdeckung der Supraleitung dar.
Nach: W. Buckel, Supraleitung, VCH-Verlag, Weinheim (1990)

Der elektrische Widerstand im supraleitenden Zustand ist nach allen Beobachtungen unmessbar klein, d.h. er ist null

In einer großen Zahl von Metallen und Metall-Legierungen bricht bei hinreichend tiefer Temperatur der elektrische Widerstand plötzlich ganz zusammen. Diese Erscheinung der *Supraleitung* wurde 1911 von dem holländischen Physiker KAMERLINGH-ONNES zum ersten Mal an einer mit Quecksilber gefüllten Kapillare bei 4,2 K beobachtet. Bild 5.3 zeigt sein damaliges Messprotokoll: Der Widerstand nahm an der Übergangstemperatur um mindestens vier Größenordnungen ab. Spätere genauere Experimente zeigten, dass der Widerstand wirklich ganz verschwindet. Inzwischen sind viele weitere supraleitende metallische Legierungen entdeckt worden, teils mit tieferen und teils mit höheren Übergangstemperaturen, ohne dass man bis heute klar voraussagen kann, welches Metall supraleitend sein sollte und welches nicht. Die bisher gefundenen supraleitenden Elemente (Stand 1990) sind in Tabelle 5.2 in alphabetischer Reihenfolge aufgeführt.

Tabelle 5.2: Die Sprungtemperatur (in K) der supraleitenden Elemente (entnommen aus: W. Buckel, Supraleitung, Wiley-VCH, Weinheim, 4. Auflage, 1990, S. 107)

Al	1,19	Hg	4,15	Nb	9,2	Re	1,7	Tc	7,8	V	5,3
Be	0,026	In	3,4	Np	0,075	Rh	0,0003	Th	1,37	W	0,012
Cd	0,55	Ir	0,14	Os	0,65	Ru	0,5	Ti	0,39	Zn	0,9
Ga	1,09	La	4,8	Pa	1,3	Sn	3,72	Tl	2,39	Zr	0,55
Hf	0,13	Mo	0,92	Pb	7,2	Ta	4,39	U	0,2		

Besondere technische Bedeutung haben u.a. die in Tabelle 5.3 aufgeführten *Legierungen*, weil Drähte aus diesen Legierungen bei Temperaturen des flüssigen Heliums auch in sehr starken Magnetfeldern und bei hohen Strömen noch supraleitend bleiben. Man kann daher mit supraleitenden Spulen sehr hohe Magnetfelder auch in großen Volumina und ohne ohmsche Verluste herstellen.

Beispiele für großräumige supraleitende Magnete in Kernspin-Tomographen und Blasenkammern zum Teilchennachweis

Tabelle 5.3: Die Sprungtemperatur (in K) einiger supraleitender metallischer Legierungen von besonderer technischer Bedeutung (Quelle: siehe Tabelle 5.2).

V_3Ga	14,5	V_3Si	17,1	Nb_3Sn	18,0	Nb_3Ge	23,2

Damit war der technische Einsatz der Supraleitung nur in flüssigem Helium oder flüssigem Wasserstoff möglich. Umso größer war die Überraschung, als im Jahre 1986 J.G. BEDNORZ und K.A. MÜLLER vom IBM-Forschungslaboratorium Zürich in der Zeitschrift für Physik über eine deutlich höhere Sprungtemperatur (etwa 30 K) in einer Kupferoxid-haltigen Keramik berichteten. Ihre Entdeckung, die mit dem Nobelpreis ausgezeichnet wurde, eröffnete ganz unerwartete Perspektiven. Schon 1987 fand man in einer Verbindung die neben Cu-Oxid auch Y und Ba enthielt, Übergangs-Temperaturen oberhalb von 80 K, d.h. oberhalb der Siedetemperatur des flüssigen Stickstoffs. . Die Suche nach einem besseren Verständnis der Supraleitung und nach Supraleitern mit noch höheren Sprungtemperaturen ist ein aktives Forschungsgebiet.

Tabelle 5.4: Die Sprungtemperatur (in K) von einigen der neuen Kupferoxid-Supraleiter. Für die gleiche Substanz (z.B. Y–Ba–Cu–O) ändert sich die Sprungtemperatur stark mit dem Sauerstoffgehalt.

$La_{1,85}Ba_{0,15}CuO_4$	36
$YBa_2Cu_3O_{6,5}$	46
$YBa_2Cu_3O_{6,75}$	60
$YBa_2Cu_3O_{7,0}$	95
$Bi_2Sr_2CaCu_2O_8$	110
$Tl_2Ca_2Ba_2Cu_3O_x$	120

Je nach der kristallinen Qualität der supraleitenden Oxidschichten bleibt die Supraleitung (bei He-Temperaturen) erhalten auch in sehr hohen Magnetfeldern (über 10 T) und bis zu Stromdichten von 10^7 A/cm². Vor einiger Zeit sind im supraleitenden Zustand sogar kritische Stromdichten von 10^9 A/cm² beobachtet worden.[2] Im letzten Fall erreicht die Driftgeschwindigkeit der Ladungsträger im Supraleiter fast die Schallgeschwindigkeit.

Aber auch auf dem Gebiet der organischen „Kunststoffe" oder polymeren Festkörper gibt es eine neue interessante Entwicklung, galten sie doch noch vor 15 Jahren durchweg als besonders gute Isolatoren. Im Jahre 1977 wurde jedoch entdeckt, dass z.B. festes Polyazetylen, das aus Kohlenwasserstoffketten mit alternierenden Doppel- und Einfachbindungen besteht, sein elektrisches Leitvermögen dramatisch um 7 Größenordnungen erhöht, *wenn man es nur mit einigen Prozent von Jod oder Bor dotiert.* Nach dem Dotieren erreicht z.B. gestrecktes orientiertes Polyazetylen bei Zimmertemperatur etwa das gleiche Leitvermögen wie hochreines Kupfer. Heute sind auch neben Polyazetylen noch eine Reihe von anderen metallisch leitenden Kunststoffen bekannt geworden, die sich gegenüber den klassischen Metallen u.a. durch ihre wesentlich geringere Dichte auszeichnen (siehe Literaturangaben am Kapitelende).

Im Gegensatz zu den Metallen *sinkt* bei den Halbleitern (siehe Bild 5.2) das Leitvermögen mit *sinkender Temperatur*, so dass sie bei tiefen Temperaturen als gute Isolatoren betrachtet werden können. Die Ursache hierfür liegt in der mit der Temperatur rasch fallenden Ladungsträgerdichte n, die bei Metallen nahezu konstant bleibt. Die halbleitenden Elemente Ge und Si, sowie die halbleitenden Verbindungen aus Elementen der III. und V. Spalte des periodischen Systems (z.B. InSb oder GaAs) bilden die wohl wichtigsten Materialien für die moderne Nachrichtentechnik. Auch in den Halbleitern lässt sich das Leitvermögen durch Dotieren mit Fremdatomen um viele Größenordnungen bis hin zu metallischen Werten erhöhen.

5.5   Ionenleitung in Elektrolytlösungen

Reines, destilliertes Wasser besitzt eine sehr geringe Leitfähigkeit. Löst man dagegen ein Salz (z.B. NaCl) darin auf oder schüttet man Säure hinzu, so steigt die Leitfähigkeit stark an. Sie ist für kleine Salzkonzentrationen proportional zur Konzentration des gelösten Salzes, wie in Bild 5.4 dargestellt ist. Erst bei sehr hohen Konzentrationen (z.B. bei 5 Gewichtsprozent gelöstem NaCl in Wasser) steigt die Leitfähigkeit etwas weniger als linear mit der Konzentration an. Das maximale Leitvermögen der NaCl-Lösung beträgt $30\,\Omega^{-1}\mathrm{m}^{-1}$, was zwar noch etwa 6 Größenordnungen unter dem Leitvermögen von Kupfer liegt, aber das Leitvermögen von destilliertem Wasser um viele Zehnerpotenzen übertrifft.

---

[2]Siehe z.B.: H. Jiang et al., Observation of Ultrahigh Critical Current Densities in High-T_C Superconducting Bridge Constrictions, *Phys. Rev. Lett.* **66** 1785 (1991)

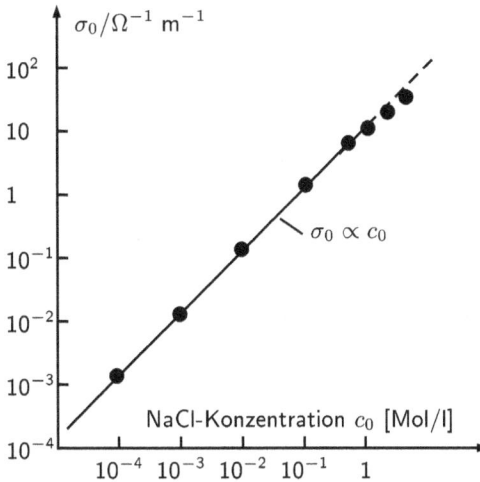

Bild 5.4: Spezifische elektrische Leitfähigkeit einer NaCl-Lösung in Abhängigkeit von der Konzentration des gelösten Salzes bei 40°C.

Es gibt viele experimentelle Hinweise darauf[3], dass der Ladungstransport in einem Elektrolyten immer mit einem Materialtransport verbunden ist. So findet man beim Stromdurchgang durch einen Elektrolyten eine räumliche Trennung der positiv und negativ geladenen Ionen des gelösten Salzes: Die positiven Ionen (Kationen) wandern zur Kathode, die negativen Anionen zur Anode, was man oft an dem Niederschlag auf der entsprechenden Elektrode erkennt.

Diese Beobachtungen legen den Schluss nahe, dass die elektrostatische Bindung zwischen den Ionen eines Moleküls (z.B. eines Na^+Cl^--Moleküls) bei der Lösung in Wasser aufgebrochen wird, so dass das positive Ion (z.B. Na^+) und das negative (z.B. Cl^-) im elektrischen Feld in entgegengesetzten Richtungen wandern können. Das Zustandekommen dieser *Dissoziation* hängt, wie Bild 5.5 zeigt, eng mit dem großen Dipolmoment der Wassermoleküle zusammen. Trennt man das Na^+-Ion (schwarz) vom Cl^- ohne *Orientierungspolarisation der umgebenden Wasserdipole* (Bild 5.5b), so muss eine erhebliche Arbeit gegen die elektrostatische Anziehungskraft zwischen beiden Ionen geleistet werden. Diese Dissoziationsarbeit verringert sich jedoch erheblich, weil durch die in Bild 5.5c angedeutete Orientierung der Wasserdipole ein wesentlicher Energiebetrag wieder frei wird. Aus diesem Grunde ist die gesamte Dissoziationsenergie eines Na^+Cl^--Moleküls in Wasser viel kleiner als im Vakuum.

Die hohe DK von Wasser erleichtert die Dissoziation von Molekülen in Wasser

Zu dem gleichen Resultat kommt man mit dem folgenden Modell, nach welchem Wasser als dielektrisches Kontinuum (mit einer DK von $\varepsilon = 80$)

---

[3]Siehe z.B. R.W. Pohl *Elektrizitätslehre*, Springer, Berlin (1967), S. 188.

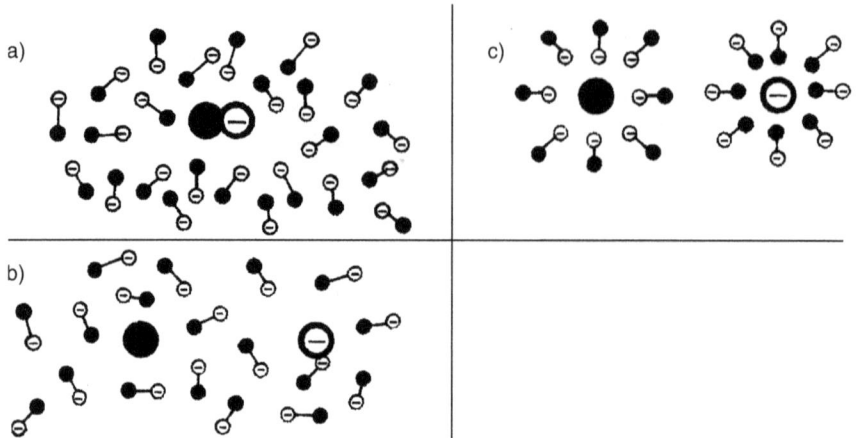

Bild 5.5: Dissoziation eines NaCl-Moleküls in Wasser: Die Abtrennarbeit verringert sich infolge der Ausrichtung der umgebenden Wasserdipole. Der Vorgang läuft also nicht wie in Bild b, sondern wie in Bild c ab.

betrachtet wird. Das Coulombsche Gesetz lautet im Dielektrikum nach (4.16):

$$F = \frac{1}{\varepsilon} \cdot \frac{1}{4\pi\varepsilon_0} \cdot \frac{e^2}{r^2}.$$

Wegen der hohen DK beträgt die Arbeit, die man aufwenden muss, um im Wasser das Kation (Na^+) vom Anion (Cl^-) zu trennen, nur

$$W = \frac{1}{\varepsilon} \cdot \frac{1}{4\pi\varepsilon_0} \cdot \frac{e^2}{r_0} \approx 10^{-20}\,\text{J},$$

wobei hier $r_0 \approx 2 \cdot 10^{-10}$ m der Ionendurchmesser ist. Die Arbeit ist damit von der gleichen Größenordnung wie die thermische kinetische Energie $(3/2) \cdot k_B T \approx 6 \cdot 10^{-21}$ J der Ionen bei Raumtemperatur. So wird verständlich, warum nur in einem Lösungsmittel mit so großer Dielektrizitätskonstante schon die thermische Bewegungsenergie der Ionen ausreicht, um eine Dissoziation herbeizuführen.

Eine Ladung von 96485 C scheidet genau 1 Mol eines einwertigen Elementes ab

Die an den Elektroden beim Stromdurchgang durch den Elektrolyten abgeschiedene Menge eines Elements wächst proportional mit der transportierten Ladung. Bei einer Ladungsmenge von 96485 C wird unabhängig von der Art des Elements genau 1 Mol einer einwertigen Substanz bzw. der p-te Teil eines Mols einer p-wertigen Substanz abgeschieden. Dies ist das sog. _Faradaysche Gesetz der Elektrolyse_. Da 1 Mol einer Substanz genau N_A Atome bzw. Moleküle enthält ($N_A = 6{,}02 \cdot 10^{23}$ nennt man nach Physik I

Avogadro-Konstante), ist die pro abgeschiedenem Atom (p-wertig) aufgewendete Ladungsmenge

$$\boxed{q = \frac{96485\,\text{C}}{N_\text{A}/p} = p \cdot \frac{96485\,\text{C}}{N_\text{A}} = p \cdot e} \qquad \textbf{Faradaysches Gesetz} \qquad (5.18)$$

gerade ein ganzzahliges Vielfaches der Elementarladung. Diese Beobachtungen, die auf MICHAEL FARADAY (1791–1867) zurückgehen, zeigen, dass jedes Ion eine seiner chemischen Wertigkeit p entsprechende Zahl von Elementarladungen trägt. Das Faradaysche Gesetz verbindet zwei wichtige atomare Größen miteinander, die Avogadro-Konstante und die Elementarladung, und bietet damit eine Möglichkeit zur Bestimmung der Avogadro-Konstante.

Elektrolytische Leiter gehorchen dem Ohmschen Gesetz, wobei die Leitfähigkeit nach (5.17)

$$\sigma_0 = p \cdot e \cdot n \cdot \left(\mu^+ - \mu^- \right) \qquad (5.19)$$

bestimmt wird, da in einem neutralen Elektrolyten mit zwei Ionensorten $p^+ \cdot n^+ = p^- \cdot n^- = p \cdot n$ gilt. Da ferner nach der Definition in (5.15) μ^+ positiv und μ^- negativ ist, addieren sich die Beiträge der positiven und negativen Ionen zur Leitfähigkeit. Durch Leitfähigkeitsmessungen erhält man also lediglich Auskunft über die Summe der Beweglichkeiten von positiven und negativen Ladungsträgern. Wenn eine Ionenart eine Farbe hat, wie z.B. das MnO_4^--Ion, so lässt sich sehr einfach die Wanderungsgeschwindigkeit dieses Ions allein optisch sichtbar verfolgen. Durch diese und andere Beobachtungen erhält man die Beweglichkeiten auch für einzelne Ionen und findet für sehr viele anorganische Ionen, wie z.B. Li^+, Na^+, K^+, Ag^+, J^-, Br^-, Cl^-, NO_3^- oder MnO_4^-, bei 18°C und in sehr verdünnten Lösungen erstaunlich ähnliche Werte von etwa $|\mu| = 5 \cdot 10^{-8}$ m²/Vs. Das heißt, für 10^4 V/m beträgt die Driftgeschwindigkeit $v_\text{D} \approx 0{,}5$ mm/s. Nur die Bestandteile des Wassers selbst, das Proton H^+ und das OH^--Ion zeigen eine um 9- bzw. 4-mal höhere Beweglichkeit.

Frage:

Um welchen Faktor etwa ist die Ionen-Beweglichkeit in einem Elektrolyten geringer als die Elektronen-Beweglichkeit in einem Metall?

Wie wir bereits erwähnt haben, weist die Gültigkeit des Ohmschen Gesetzes darauf hin, dass auf die Ladungsträger viskose Reibungskräfte wirken. Wir wollen diesen Gedanken für den Fall eines Elektrolyten weiter ausführen. Dazu betrachten wir ein Ion mit der Ladung q als eine Kugel mit dem

Radius r_0, welche sich infolge der elektrischen Kraft $q\vec{E}$ mit konstanter Geschwindigkeit v durch eine viskose Flüssigkeit bewegt. Dabei ist die viskose Reibungskraft $\vec{F}_R = -6\pi\eta r_0\vec{v}$ mit der Viskosität η (siehe Physik I) im Gleichgewicht mit der elektrischen Kraft, d.h.:

$$6\pi \cdot \eta \cdot r_0 \cdot v = q \cdot E.$$

Hieraus ergibt sich für die Beweglichkeit:

$$\mu = \frac{v}{E} = \frac{q}{6\pi \cdot \eta \cdot r_0}. \tag{5.20}$$

Die so bestimmte Beweglichkeit stimmt zahlenmäßig erstaunlich gut mit den beobachteten Werten überein, wenn r_0 einige 10^{-10} m beträgt. Auch die experimentell gefundene Zunahme der Beweglichkeit mit der Temperatur lässt sich nach diesem einfachen Modell durch die Abnahme der Viskosität mit steigender Temperatur gut erklären. (Nur die hohen Beweglichkeiten der Komponenten des Wassers selbst, H^+ und OH^-, lassen sich mit diesem stark vereinfachten Modell weniger gut verstehen.)

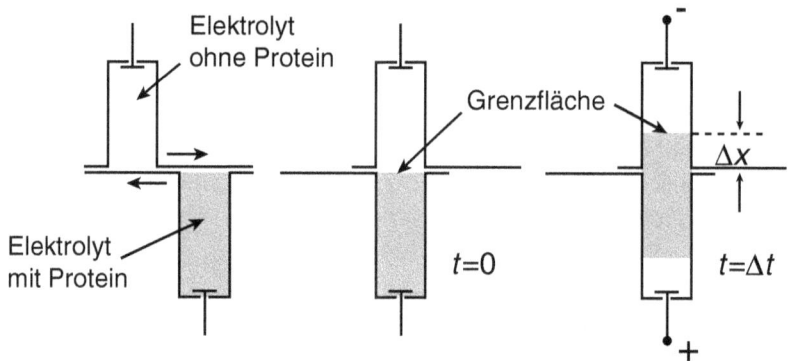

Bild 5.6: Prinzip der Elektrophorese (nach TISELIUS).

Biologische Makromoleküle können oft durch ihre charakteristische elektrophoretische Beweglichkeit von anderen unterschieden werden

Auch Makromoleküle enthalten an ihrer Oberfläche fast immer dissoziierte Ionen, so dass sie in wässeriger Lösung eine oft hohe elektrische Ladung tragen und im elektrischen Feld eine charakteristische Wanderungsgeschwindigkeit zeigen, welche nicht nur von der Ladung, sondern auch von der Größe und Form des Makromoleküls abhängt. Bild 5.6 zeigt das Prinzip eines *elektrophoretischen Apparates*, in dem man erst eine scharfe Grenzfläche zwischen einer makromolekularen Lösung (z.B. Proteinlösung) und einem geeigneten Elektrolyten herstellt und dann die Geschwindigkeit misst, mit der sich diese Grenzfläche im angelegten Feld verschiebt. Es gibt verschiedene Verfahren, um die Grenzfläche sichtbar zu machen, und die

Messung ihrer elektrophoretischen Geschwindigkeit ($\Delta x / \Delta t$) gibt Auskunft über die Art des Proteins.

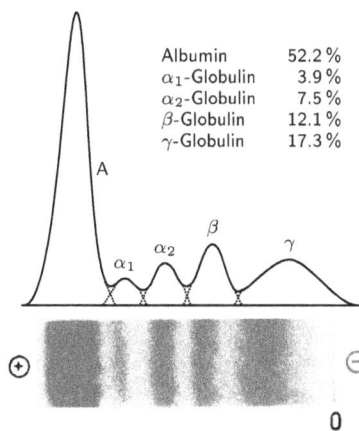

Albumin	52.2 %
α_1-Globulin	3.9 %
α_2-Globulin	7.5 %
β-Globulin	12.1 %
γ-Globulin	17.3 %

Bild 5.7: Elektrophorogramm eines menschlichen Blutserums: unten der angefärbte Papierstreifen, darüber die ausgewertete Photometerkurve mit Bezeichnung der im Serum enthaltenen Proteine.
Bildnachweis: Peter Karlson, Kurzes Lehrbuch der Biochemie, Thieme-Verlag, Stuttgart (1970).

In der Praxis führt man die elektrophoretische Analyse von Makromolekülen heute meist einfacher durch: Man legt das Feld an einen länglichen Streifen, oft aus befeuchtetem Papier, an und bringt die zu untersuchende Proteinlösung als dünnen Strich (gestrichelt in Bild 5.7) an der Stelle 0 auf. Dann wird das elektrische Feld eingeschaltet, und die verschiedenen Proteine (Serumproteine in der Abbildung) lassen sich aufgrund ihrer verschiedenen Beweglichkeit nach dem Anfärben räumlich leicht voneinander trennen und damit erkennen. Da Proteine sowohl basische wie saure Endgruppen enthalten, deren Dissoziationsgrad in entgegengesetzter Weise stark vom pH-Wert des Lösungsmittels abhängt, ist die Ladung eines Proteinmoleküls und damit seine elektrophoretische Beweglichkeit auch sehr vom pH-Wert abhängig. Dies ist in Bild 5.8 schematisch dargestellt. Wie man sieht, ändert sich sogar ihr Vorzeichen bei einem charakteristischen pH-Wert. Die Elektrophorese ist heute ein wichtiges Hilfsmittel für klinische Untersuchungen und die biologische Forschung.

Bisher hatten wir uns hauptsächlich mit den sog. schwachen Elektrolyten geringer Ionenkonzentration beschäftigt. Bei höherer Konzentration der Ladungsträger bildet sich um jedes positive Ion eine Wolke negativer Ladungsträger (und umgekehrt), welche das Feld der positiven Ionen nach außen mehr oder weniger abschirmt, wie wir bereits weiter oben in Abschnitt 3.13 gesehen haben. Die *Debyesche Abschirmlänge* oder der Durchmesser der abschirmenden Ladungswolke beträgt nach (3.41)

$$D \approx \frac{3}{\sqrt{c_0}} \; [10^{-10} \, \text{m}] \tag{5.21}$$

$\mu = v_D/E$

pH

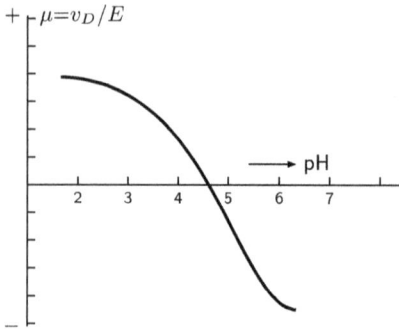

Bild 5.8: Die Beweglichkeit eines Protein-Moleküls in Abhängigkeit vom pH-Wert.

Schwache und starke Elektrolyte: Unterschiedliche Abschirmung

bei einer Ionenkonzentration von c_0 Mol/l. Zum Beispiel für eine $(n/10)$-molare Lösung ($c_0 = 0{,}1$) beträgt D etwa 1 nm. Infolge dieser Abschirmung einer Ladung durch andere nimmt die Leitfähigkeit starker Elektrolyte nicht mehr genau linear mit der Ionenkonzentration zu, sondern zeigt bei hohen Ionenkonzentrationen kleinere Zuwächse, wie das in Bild 5.4 für NaCl-Konzentrationen um 1 Mol/l schon sichtbar wird.

Das elektrische Leitvermögen starker Elektrolyte wird von den Theorien von DEBYE, HÜCKEL und ONSAGER gut beschrieben. Näheres hierzu findet man in den Lehrbüchern der physikalische Chemie[4].

5.6 Die elektrische Leistung eines Stromes in einem Widerstand

Wenn sich ein Ladungsträger in einem elektrischen Feld bewegt und dabei insgesamt eine Potentialdifferenz oder Spannung U durchquert (Bild 5.9), so hat dabei das elektrische Feld an der Ladung q die Arbeit $q \cdot U$ geleistet. Wenn ein Strom I durch einen Widerstand fließt, dann laufen insgesamt $I = dq/dt$ Ladungen pro Sekunde durch dieselbe Potentialdifferenz, so dass das elektrische Feld pro Sekunde die Arbeit

$$\boxed{\frac{dW}{dt} = P = U \cdot I} \qquad \textbf{Elektrische Leistung} \qquad (5.22)$$

an den Ladungsträgern leistet. Für die in einem *Ohmschen Widerstand* abgegebene elektrische Leistung P gilt nach dem Ohmschen Gesetz insbe-

---

[4]Siehe z.B. J. Eggert, *Lehrbuch der physikalischen Chemie*, Hirzel-Verlag, Stuttgart (1960).

sondere:

$$P = U \cdot I = I^2 \cdot R = \frac{U^2}{R} \qquad\qquad (5.23)$$

Diese den Ladungsträgern pro Zeiteinheit zugeführte Energie verlieren sie wieder durch Stöße mit ihrer Umgebung, so dass sich durch einen Strom im Allgemeinen die ungeordnete kinetische Energie und damit die Temperatur im Widerstandsmedium erhöht. (5.23) ist allgemein gültig, unabhängig von der Art des Widerstands, ob es sich nun um einen metallischen oder einen elektrolytischen Leiter handelt, sofern er nur dem Ohmschen Gesetz $U/I = R$ gehorcht.

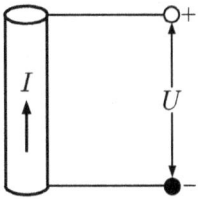

Bild 5.9: Potentialdifferenz U längs eines stromdurchflossenen Leiterstückes.

5.7 Elektromotorische Kraft

Wir wollen jetzt einen geschlossenen Stromkreis betrachten, in dem ein stetiger geschlossener Stromfluss aufrechterhalten wird. Das ist nach dem gerade Erwähnten nur möglich, wenn eine Energiequelle die Leistung $P = I^2 \cdot R$, die in dem Widerstand des Stromkreises verzehrt wird, aufbringt.

Betrachten wir als erstes einfaches Beispiel eine *Vakuumröhre* (siehe Bild 5.10), die aus einer geheizten Kathode zur Elektronenemission und einer darüber angeordneten Anode besteht.

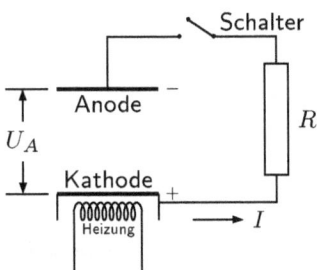

Bild 5.10: Vakuumröhre als elektromotorische Kraft: Bei geöffnetem Schalter baut sich eine Anlaufspannung U zwischen Anode und Kathode auf, die bei geschlossenem Schalter einen Strom I im Widerstand R hervorruft.

Durch einen Schalter können Kathode und Anode über einen äußeren Widerstand R verbunden werden. Zunächst wollen wir uns fragen, auf welches

Potential sich die Anode relativ zur Kathode auflädt, wenn der Schalter geöffnet ist und die Kathode Elektronen mit der kinetischen Energie $k_B T$ zur Anode hin emittiert. Nun, die ersten Elektronen treffen ohne Schwierigkeiten auf der Anode auf und laden diese damit auf eine negative Spannung relativ zur Kathode auf. Mit der Ankunft weiterer Elektronen wächst diese „Anlaufspannung" U_A, bis sie schließlich im Gleichgewichtszustand so groß wird, dass die Elektronen beim Anlaufen ihre gesamte kinetische Energie $E_{kin} \approx k_B T$ verlieren: $E_{kin} = e \cdot U_A$.

Anlaufspannung in einer Gleichrichterröhre

Frage:

Wie groß ist etwa U_A für eine Kathodentemperatur von 2000 K?

Wenn wir jetzt mit dem Schalter noch den hochohmigen Widerstand R einschalten, ist der Stromkreis geschlossen, und es fließt ein kleiner Strom $I = U_A/R$. Dieser Strom wird getrieben von der sog. *Elektromotorischen Kraft* U_A, kurz EMK genannt, welche auch die Energie aufbringt, die im Widerstand verbraucht wird. Die hier beschriebene Stromquelle oder „Batterie" bezieht ihre Energie von der Heizung der Kathode. Es wird also thermische Energie in elektrische umgewandelt.

1956 kam V.C. WILSON auf die Idee, genau dieses Prinzip zur technischen Umwandlung von Wärme in elektrische Energie zu nutzen. Betrachten wir diesen *thermoionischen Energiewandler* etwas näher: Er besteht aus zwei parallelen Elektroden, einer heißen Kathode und einer gekühlten Anode. Stellt man die Kathodentemperatur auf etwa $2000°$ C ein, während die Anode sehr viel kälter bleibt, so lädt sich die Anode relativ zur Kathode negativ auf, und man kann dieses Plattenpaar als Stromquelle verwenden. Um störende Feldverzerrungen durch zu hohe Elektronenkonzentration zwischen den Platten möglichst zu verhindern, setzt man noch etwas Cäsiumdampf zu, der an der Kathode leicht ionisiert. So kompensieren die Cs^+-Ionen die negative Raumladung weitgehend, und man kann höhere Stromstärken entnehmen. Die der Kathode zugeführte Wärme lässt sich mit den modernen thermionischen Konvertern bis zu 20% in elektrische Energie umwandeln, der Rest geht durch Wärmestrahlung verloren. Da diese Wandler einfach im Aufbau und schon bei kleinen Leistungen wirtschaftlich sind, werden sie u.a. in der Raumfahrt zur Elektrizitätserzeugung aus der Sonnenstrahlung herangezogen. Fokussiert man z.B. die Sonnenstrahlung mit einem Parabolspiegel von etwa $1 m^2$ Spiegelfläche auf die Kathode, so kann man dem thermionischen Wandler eine elektrische Dauerleistung von ca. 110 W entnehmen.

Thermoionischer Energiewandler

Als zweites Beispiel für eine Stromquelle betrachten wir ein *galvanisches Element*, welches aus zwei verschiedenen Metallelektroden besteht, die in eine elektrolytische Lösung eingetaucht sind. Dazu wollen wir uns zunächst fragen, was geschieht, wenn wir ein Metallstück in eine wässrige Lösung

Galvanische Elemente

tauchen. Wie wir in Abschnitt 5.5 bei der elektrolytischen Dissoziation gesehen haben, ist der Lösungsvorgang für Ionen infolge der Polarisation der umgebenden Wassermoleküle energetisch günstiger als der von Atomen, und deshalb gehen positive Metallionen in Lösung. Die Elektronen des Metalls lösen sich jedoch kaum im Wasser, da für sie der Energiegewinn durch die Ausrichtung der umgebenden Wasserdipole wesentlich kleiner ist. Das Metall lädt sich deshalb negativ relativ zur Lösung auf und zwar bis auf ein so hohes Potential ϕ, dass keine weiteren Ionen mehr in Lösung gehen können. Dieses Potential unterscheidet sich von Metall zu Metall. Die Größe von ϕ lässt sich allerdings nur schwer messen, und man begnügt sich deshalb mit der einfacheren Messung der Differenzen $\Delta\phi$ zwischen den einzelnen Metallen, die in der sog. *elektrochemischen Spannungsreihe* angeordnet werden (siehe Bild 5.11). Dabei wird der Nullpunkt willkürlich festgelegt bei dem Potential einer sogenannten *Wasserstoff Normal-Elektrode*, einer mit Wasserstoff umgebenen Platin-Elektrode.

Frage:

Warum lässt sich der Absolutwert des Potentials ϕ nur schwer messen?

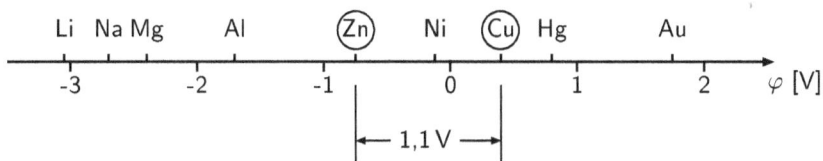

Bild 5.11: Elektrochemische Spannungsreihe.

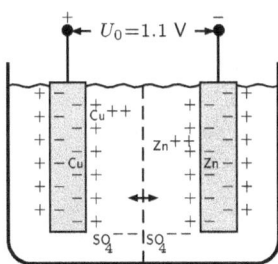

Bild 5.12: Daniell-Element: Eine Kupfer-Elektrode taucht in eine $CuSO_4$-Lösung, eine Zink-Elektrode in eine $ZnSO_4$-Lösung. Eine poröse Trennwand verhindert die Durchmischung beider Lösungen.

Taucht man z.B. ein Cu-Blech bzw. ein Zn-Blech in eine verdünnte $CuSO_4$- bzw. $ZnSO_4$-Lösung, die durch eine poröse, nur die SO_4^{--}-Ionen durchlassende Wand getrennt sind (siehe Bild 5.12), so lädt sich das Zn-Blech um 1,1 V gegenüber der Cu-Elektrode auf. Nach dem Erreichen dieser Aufladung gehen keine weiteren Zn^{++} oder Cu^{++}-Ionen mehr in Lösung. Wenn wir jetzt mit einem hochohmigen Widerstand die beiden Elektroden überbrücken, fließt über den Widerstand ein kleiner Strom: Negative Ladungen fließen über die äußere Verbindung von der Zink- zur Kupfer-Elektrode, wobei an der Zink-Elektrode wieder mehr Zn^{++}-Ionen in Lösung gehen und an der Kupfer-Elektrode Cu^{++}-Ionen metallisch niedergeschlagen werden. Dabei wird pro Sekunde die „chemische" Energie

$$I \cdot (\phi_{Zn} - \phi_{Cu})$$

frei, welche im äußeren Widerstand in Wärme umgewandelt wird.

Der Bleiakkumulator

Die große Zahl von üblichen chemischen Elementen oder Batterien wird in der physikalischen Chemie eingehend beschrieben, so dass wir uns hier auf den *Bleiakkumulator* als letztes Beispiel beschränken wollen. Er besteht aus zwei Bleiplatten, die in eine verdünnte H_2SO_4-Lösung tauchen. Dabei überziehen sich beide mit einer dünnen $PbSO_4$-Schicht. In diesem Zustand ist die Spannung zwischen den beiden identischen Platten null. Nun laden wir die Zelle, indem wir zwischen den beiden Elektroden eine Spannung von etwa 2,4 V anlegen. An den Elektroden laufen dabei folgende chemische Reaktionen ab:

Anode: $PbSO_4 + 2\,H_2O \quad \rightarrow \quad PbO_2 + SO_4^{2-} + 4\,H^+ + 2\,e^-$
Kathode: $PbSO_4 + 2\,e^- \quad \rightarrow \quad Pb + SO_4^{2-}$

An der Anode bildet sich rotbraunes Bleiperoxid und an der Kathode metallisches Blei, die ein galvanisches Element mit einer EMK von 2,0 V darstellen. Beim Entladen laufen die chemischen Vorgänge gerade in umgekehrter Richtung ab, und damit kehrt sich auch die Richtung des Stromes um. Dabei gehen die Elektroden wieder in den ursprünglichen Zustand über, der Ladeprozess kann von neuem beginnen.

Frage:

Warum kann man den Ladezustand des Akkumulators durch eine Dichtemessung des Elektrolyten kontrollieren? Wie groß ist etwa der Wirkungsgrad, d.h. das Verhältnis von abgegebener zu aufgenommener Energie, des Blei-Akkus unter der Annahme, dass die abgegebene Ladungsmenge gleich der von außen aufgenommenen ist.

5.8 Austrittsarbeit, Kontaktspannung und Thermospannung

Bekanntlich bedarf es hoher Temperaturen, um ein Metall zur Glühemission von Elektronen zu bringen. Um ein Elektron aus dem Metallverband abzulösen, muss nämlich eine *Austrittsarbeit* Φ gegen die Kräfte geleistet werden, welche das Elektron an das Metall binden. Da das Innere des Metalls *Die Austrittsarbeit* feldfrei ist, wirken diese Kräfte nur unmittelbar an der Metalloberfläche. Sie werden hervorgerufen durch eine Ladungsdoppelschicht an der Oberfläche.

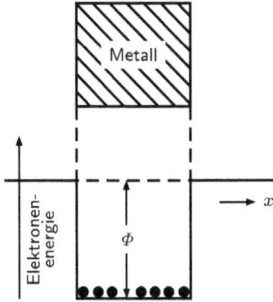

Bild 5.13: Die Energie eines Elektrons innerhalb und außerhalb eines Metalls: Das Elektron ist durch die Austrittsarbeit $-\Phi$ an das Metall gebunden.

Frage:

Wie kann man sich das Zustandekommen dieser Doppelschicht erklären?

Den resultierenden Verlauf der Elektronenenergie zeigt Bild 5.13. Die Austrittsarbeit liegt bei allen Metallen in derselben Größenordnung. So beträgt sie bei Kalium 1,9 eV, bei Wolfram dagegen 4,6 eV. Dazwischen lassen sich alle Metalle nach wachsender Austrittsarbeit wie folgt anordnen:

K, Na, Al, Zn, Pb, Sn, Sb, Bi, Fe, Cu und W

Als Kathodenmaterial zur Glühemission benutzt man am vorteilhaftesten Stoffe mit kleiner Austrittsarbeit, um schon bei geringer Temperatur der *Der* Kathode einen hohen Emissionsstrom zu erzielen. Als eine Methode zur *photoelektrische* Messung der Austrittsarbeit sei der *photoelektrische Effekt* erwähnt: Durch *Effekt wird in sehr* den Einfall von Licht auf eine (kalte) Metalloberfläche können nämlich auch *vielen* Elektronen emittiert werden. Elektronen können jedoch durch Photonen nur *Lichtmessgeräten* dann emittiert werden, wenn die Photonenenergie $h\nu$ die Austrittsarbeit Φ *genutzt* übertrifft. Hierauf wollen wir später ausführlich zurückkommen.

Was passiert nun, wenn wir zwei verschiedene Metalle mit unterschiedlichen Austrittsarbeiten zur Berührung bringen? So zeigt beispielsweise Bild 5.14 ein Stück Kalium und Wolfram vor und nach der Berührung. Vor der Berührung ist der Außenraum feldfrei, denn die Elektronen des Kaliums können nicht in die tiefere Potentialmulde des Wolframs gelangen, und so bleibt jedes der beiden Metalle elektrisch neutral. Nach der Berührung *Kontakt-* dagegen können die Leitungselektronen vom Kalium leicht ins Wolfram *spannungen* übertreten, und dabei lädt sich schließlich die Wolframprobe genau so stark negativ relativ zu Kalium auf, bis die Elektronen in beiden Metallen die gleiche Energie besitzen, wie rechts unten in Bild 5.14 dargestellt ist. Nach diesem Ladungsaustausch, an dem im Beispiel von Bild 5.14 nur etwa der 10^9te Teil aller Leitungselektronen beteiligt ist, erreicht das Potential im Wolfram einen um die Differenz der Austrittsarbeiten $\Phi_W - \Phi_K = 2{,}7\,\text{eV}$ höheren Wert als im Kalium.

> *Diesen Potentialunterschied zwischen den beiden sich berührenden Metallen nennt man* Kontaktspannung.

Als Folge davon entsteht im Außenraum ein elektrisches Feld.

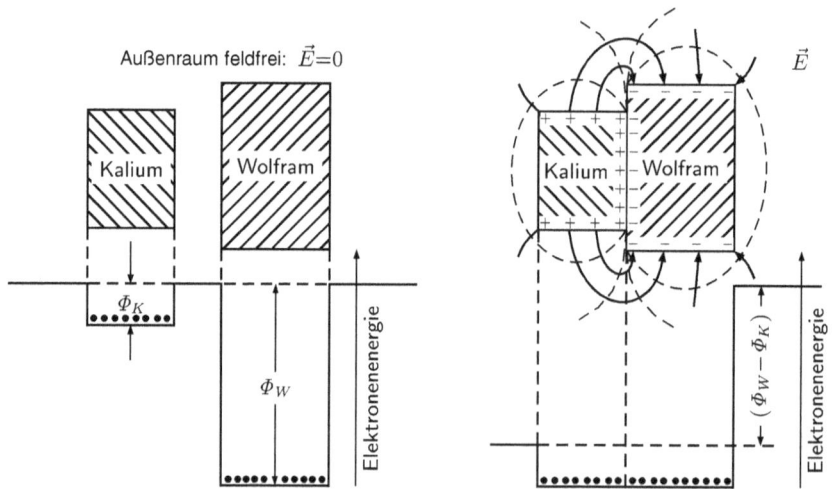

Bild 5.14: Die Energie eines Elektrons innerhalb und außerhalb zweier Metalle mit unterschiedlichen Austrittsarbeiten:
a) Beide Metalle sind voneinander getrennt.
b) Beide Metalle berühren sich.
Bei Berührung lädt sich W negativ gegen K auf. Dabei entsteht ein Feld $\vec{E}$ im Außenraum. Man erkennt auch (gestrichelt) die Äquipotentialflächen. Der Potentialunterschied zwischen beiden Metallen ist die Kontaktspannung $(\phi_W - \phi_K)$.

Frage:

Warum kann man dieses elektrische Feld nicht mit einem Galvanometer nachweisen?

Ein elektrisches Feld kann auch im Außenraum nur *eines Leiters* entstehen, wenn dieser nämlich nicht überall die gleiche Temperatur besitzt. Betrachten wir z.B. das Leiterstück in Bild 5.15, das rechts auf einer höheren Temperatur gehalten wird als links. Da die Elektronen am heißeren Ende eine höhere mittlere kinetische Energie haben als am kälteren, erhöht sich wie bei einem idealen Gas die Dichte der Elektronen auf der kälteren Seite, wodurch sie sich gegenüber der wärmeren negativ auflädt. So entsteht zwischen den beiden Enden eine Potentialdifferenz dϕ, die verhindert, dass weitere Elektronen nach links wandern. Dies ist die sog. *thermoelektrische Spannung*.

Thermoelektrische Spannungen nur eines Leiter

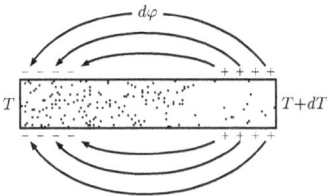

Bild 5.15: Zum Auftreten einer Thermospannung in nur einem Leiterstück aufgrund eines Temperaturgradienten.

Eine einfache Abschätzung für dϕ können wir gewinnen, wenn wir annehmen, dass sich die Elektronen im Leiterstück wie Atome in einem idealen Gas verhalten. Dann gilt:

$$e \cdot d\phi \approx k_B \cdot dT$$

Die thermoelektrische Spannung sollte danach in der Größenordnung von

$$\frac{d\phi}{dT} \approx \frac{k_B}{e} \approx 100 \frac{\mu V}{\text{Grad}}$$

liegen. In realen Leitern weicht die gemessene Thermospannung allerdings oft um eine Größenordnung von diesem Wert ab, da einerseits das Modell eines idealen Gases für die Elektronen eines Metalls eine zu grobe Näherung darstellt, und andererseits in Halbleitern auch die Wechselwirkung zwischen Elektronen und Gitterschwingungen berücksichtigt werden muss.

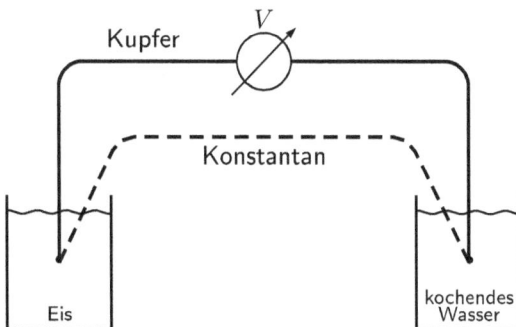

Bild 5.16: Ein Kupfer-Konstantan-Thermoelement.

In einem geschlossenen Kupferring, der an einer Stelle erwärmt wird, heben sich die Thermospannungen gerade auf, und es tritt deshalb keine EMK auf.

Thermospannung in geschlossenen Stromkreisen

Da jedoch die Thermospannungen von Metall zu Metall variieren, entsteht in einem geschlossenen Leiterkreis, der aus zwei *verschiedenen Leitern* zusammengefügt ist, eine EMK und somit ein Strom, wenn beide Leiter, genauer die Übergänge zwischen beiden, eine unterschiedliche Temperatur besitzen.

Thermoelemente So zeigt Bild 5.16 einen geschlossenen Stromkreis, der aus einem Konstantandraht und einem Kupferdraht (einschließlich Kupferspule im Voltmeter) mit zwei Kontakten zwischen beiden Drähten besteht. Dabei wird die eine Lötstelle durch Eiswasser auf 0°C, die andere durch kochendes Wasser auf 100°C gehalten. Am Voltmeter liest man eine integrale Thermospannung von 4,3 mV ab. Auf diese Weise lassen sich die Thermokräfte verschiedener Metallkombinationen bestimmen. Als Beispiel sind die mittleren Thermokräfte (oder sog. thermoelektrische Koeffizienten) für einige bekannte Thermoelemente zwischen 0°C und 100°C in Tabelle 5.5 angeführt.

Tabelle 5.5: Thermokräfte für einige Thermoelemente zwischen 0 °C und 100 °C.

Platin-Platin/10%-Rhodium	6 μV/Grad
Kupfer-Konstantan	43 μV/Grad
Eisen-Konstantan	53 μV/Grad
Wismut-Antimon	105 μV/Grad

Thermoelemente finden vielseitige Anwendung zur elektrischen Temperaturmessung oder zur Erzeugung elektrischer Energie aus Wärme.

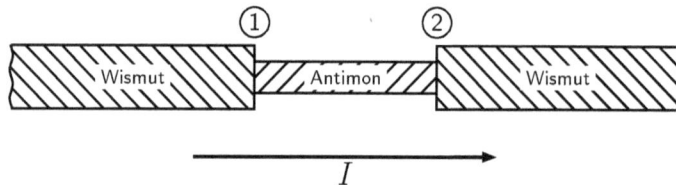

Bild 5.17: Peltier-Effekt: Bei Stromfluss durch einen Wismut-Antimon-Übergang wird der Bi/Sb-Übergang (1) erwärmt, der Sb/Bi-Übergang (2) dagegen abgekühlt.

Peltier-Effekt Zu dem gerade beschriebenen thermoelektrischen Effekt existiert noch eine interessante Umkehrung, der sog. *Peltier-Effekt*. Die Frage ist nämlich, was passiert, wenn ein elektrischer Strom I durch eine Berührungsstelle zweier verschiedener Leiter fließt, wie Bild 5.17 für ein Wismut-Antimon-Element zeigt. So, wie eine Wasserströmung z.B. in einer Zentralheizung eine bestimmte Wärmemenge mit sich führt, ist auch mit dem Strom der Leitungselektronen ein bestimmter, für den Leiter charakteristischer Wärmetransport verbunden. Da aber die spezifische Wärme pro Leitungselektron von Stoff zu Stoff variiert (im Gegensatz zum Modell eines idealen

Gases), ist die durch den Strom I mitgeführte Wärmemenge beispielsweise in Wismut höher als in Antimon, so dass sich in Bild 5.17 Lötstelle 1 erwärmt und Lötstelle 2 abkühlt. Daher lässt sich der Peltier-Effekt – insbesondere zwischen Halbleitern – technisch zur Kühlung verwenden.

5.9 Stromkreise und Stromverzweigungen (Kirchhoffsche Regeln)

Der einfachste Stromkreis besteht aus einer EMK, z.B. einer Batterie mit der Spannung U_ϵ, mit einem oder mehreren Widerständen, wie in Bild 5.18 dargestellt ist. Üblicherweise definiert man die Stromrichtung als positiv, in der eine positive Ladung sich bewegen würde, also von der positiven zur negativen Klemme der Batterie (*technische Stromrichtung*). Die Bewegung der Elektronen in Metallen erfolgt demnach entgegen der so definierten Stromrichtung. Nun betrachten wir das Linienintegral der elektrischen Feldstärke entlang der stromdurchflossenen Verbindung über die Widerstände R_1 und R_2 und über die EMK. Da nach (2.12) das Linienintegral der elektrischen Feldstärke entlang einer geschlossenen Kurve verschwindet, gilt für den Stromkreis in Bild 5.18

Technische und physikalische Stromrichtung

$$U_1 + U_2 - U_\epsilon = 0,$$

wobei U_1 und U_2 die Potentialdifferenzen über die Widerstände R_1 und R_2 sind und U_ϵ die Potentialdifferenz über die Batterie ist. Wir sehen also:

Kirchhoffsche Gesetze

In einem geschlossenen Stromkreis ist die Summe der Spannungen über alle Schaltelemente null:

$$\boxed{\sum_n U_n = 0}$$ **Kirchhoffsche Schleifenregel**   (5.24)

Hierbei sind die Batteriespannungen negativ zu zählen.

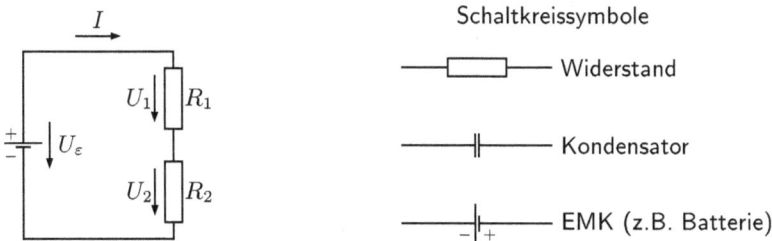

Bild 5.18: Ein einfacher elektrischer Stromkreis.

Als Nächstes wollen wir eine Stromverzweigung betrachten. Auf Grund der Ladungserhaltung gilt für stationäre Ströme (siehe Bild 5.19) $I_1 = I_2 + I_3$ oder allgemeiner ausgedrückt:

$$\boxed{\sum_n I_n = 0}$$ **Kirchhoffsche Knotenregel**   (5.25)

Dabei werden willkürlich die herausfließenden Ströme negativ gezählt. Die Kirchhoffsche Knotenregel besagt also:

Die Summe aller Ströme, die in einen Knoten hinein- bzw. heraus-fließen, ist null.

Frage:

Wie könnte man dieses Gesetz auch auf nichtstationäre Ströme verallgemeinern?

Allein mit Hilfe dieser beiden Kirchhoffschen Regeln lassen sich beliebig komplizierte Schaltungen von Widerständen und Batterien analysieren, wie anhand einiger Übungsbeispiele gezeigt sei.

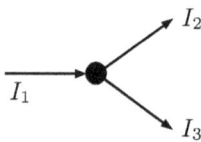

Bild 5.19: Zur Kirchhoffschen Knotenregel.

Beispiel 1:

Wie groß muss in Bild 5.20 der Widerstand R gewählt werden, damit beim Umschalten von 1 auf 2 keine Stromänderung auftritt? Versuchen Sie die Richtigkeit der in den beiden Schaltungen angegebenen Antworten zu beweisen.

Beispiel 2:

Gegeben sind in der Schaltung Bild 5.21 die beiden Batteriespannungen U_1 und U_2, sowie die drei Widerstände R_1, R_2 und R_3. Wie groß sind die Ströme I_1, I_2 und I_3, die durch die drei Widerstände fließen?

Antwort:

$$I_1 = \left[(R_2 + R_3) \cdot U_1 + R_2 \cdot U_2\right]/N$$
$$I_2 = \left(R_1 \cdot U_2 - R_3 \cdot U_1\right)/N$$
$$I_3 = \left[(R_1 + R_2) \cdot U_2 + R_2 \cdot U_1\right]/N$$
$$N = R_1 \cdot R_2 + R_2 \cdot R_3 + R_1 \cdot R_3$$

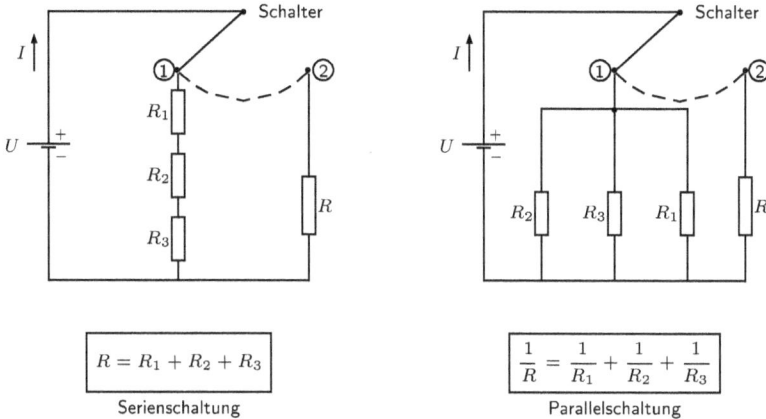

$$R = R_1 + R_2 + R_3$$

Serienschaltung

$$\frac{1}{R} = \frac{1}{R_1} + \frac{1}{R_2} + \frac{1}{R_3}$$

Parallelschaltung

Bild 5.20: Serien- und Parallelschaltung von Ohmschen Widerständen.

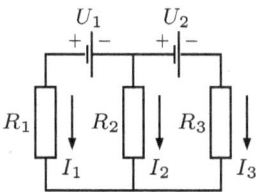

Bild 5.21: Beispiel eines komplizierteren Stromkreises: Die Stromrichtungen sind willkürlich festgelegt.

Beispiel 3:

Gegeben ist die in Bild 5.22 gezeigte Schaltung einer sog. *Wheatstoneschen Brücke*, wie sie zur Widerstandsmessung verwendet wird. Welche Beziehung muss zwischen den Widerständen R_1, R_2, R_3 und R_4 bestehen, so dass der Galvanometerstrom I_0 verschwindet und damit die Brücke abgeglichen ist?

Antwort:

$$\frac{R_1}{R_2} = \frac{R_3}{R_4}.$$

Welche Beziehung muss zwischen den Widerständen über die Abgleichbedingung hinaus bestehen, um einen gegebenen Widerstand $R_1 = 100\,\Omega$ mit möglichst großer Genauigkeit messen zu können, so dass also schon kleine Verletzungen der Abgleichbedingung zu einem großen Galvanometerstrom führen?

Antwort:

$$R_1 \approx R_3 \approx 100\,\Omega, R_2 \approx R_4 \ll 100\,\Omega.$$

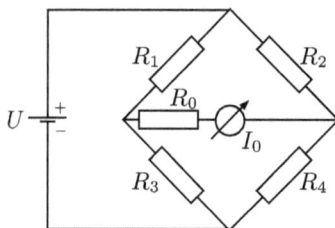

Bild 5.22: Wheatstonesche Brückenschaltung.

Die *Wheatstonesche Brücke* wird näher diskutiert z.B. in Kohlrausch, Praktische Physik, Bd. 2, Teubner-Verlag, Stuttgart (1968).

Literaturhinweise zu Kapitel 5

Berkeley Physik Kurs, Vieweg-Verlag (1991)

Feynman, R.P.: Vorlesungen über Physik, Oldenbourg, München/Wien (2007)

Bergmann, L./Schäfer, Cl.: Lehrbuch der Experimentalphysik, Band 2, herausgegeben von H. Gobrecht, Walter de Gruyter, Berlin (1999)
        Kap. 3, stationäre elektrische Ströme, Thermoelektrizität,
        Peltier- und Thomson-Effekt,
        Kap. 7, Elektrolyse

Buckel, W.: Supraleitung, Wiley-VCH, 6. Auflage, Weinheim (2006)

Wolsky, A. M., Giese, R. F. and Daniels, E.J.: The New Superconductors: Prospect for Applications, *Scientific American*, Febr. 1989, p. 45

Bernier, P.: Advances in synthetic metals, 20 years of progress in science and technology, Elsevier (1999)

Skotheim, T., Ed.: Handbook of Conducting Polymers, Marcel Dekker Publ., New York (1998)

Zur elektrischen Leitung in Metallen, Supraleitern und Halbleitern siehe auch:

Kittel, Ch., Einführung in die Festkörperphysik, Oldenbourg, 14. Auflage, München/Wien (2006)

6 Das magnetische Feld

Ein Magnetfeld $\vec{B}$ macht sich, wie wir in Abschnitt 1.2 kennengelernt haben, dadurch bemerkbar, dass auf eine bewegte Ladung q die *Lorentz-Kraft* $\vec{F}$ wirkt, die senkrecht zur Geschwindigkeit $\vec{v}$ und zum Magnetfeld $\vec{B}$ gerichtet ist:

$$\boxed{\vec{F} = q \cdot (\vec{v} \times \vec{B})} \qquad \textbf{Lorentz-Kraft} \tag{6.1}$$

Die Größe und Richtung des Magnetfeldes kann also an jeder Stelle des Raumes durch die Messung der Lorentz-Kraft für ein bekanntes q und $\vec{v}$ experimentell bestimmt werden. Das magnetische Feld B wird in Einheiten von Tesla (T)[1] gemessen. Nach (6.1) und (1.2) gilt:

$$1\,\mathrm{T} = 1\,\frac{\mathrm{N}}{\mathrm{A}\cdot\mathrm{m}} = 1\,\frac{\mathrm{V}\cdot\mathrm{s}}{\mathrm{m}^2}.$$

Ohne hier auf die Einzelheiten der Messmethoden einzugehen, wollen wir lieber gleich schildern, welchen Verlauf des magnetischen Feldes man in der Nähe von stromdurchflossenen Leitern oder in der Umgebung eines Permanentmagneten findet. Der Verlauf der magnetischen Feldstärke[2] B im Abstand r von einem stromdurchflossenen Draht der Stromstärke I wurde schon durch Bild 1.15 bzw. durch (1.9)

$$B = \frac{\mu_0}{2\pi} \cdot \frac{I}{r}$$

---

[1] N. TESLA(1856–1943)

[2] In vielen Lehrbüchern wird die Größe $\vec{H} = \vec{B}/\mu_0$ als die magnetische Feldstärke definiert, die Größe B dagegen als die magnetische Flussdichte oder – aus Gründen, die wir in Kapitel 8 kennenlernen werden – auch als *magnetische Induktion* bezeichnet. Die magnetische Feldstärke $\vec{H}$ wird dann gemessen in der Einheit 1 A/m, früher auch in der Einheit 1 Oersted (Oe) mit $1\,\mathrm{Oe} = 1000/(4\pi)\,\mathrm{A/m} = 79{,}59\,\mathrm{A/m}$. Wir wollen diese verschiedenen Definitionen der magnetischen Feldstärke im Weiteren nicht verwenden, da man alle anderen magnetischen Feldgrößen aus dem einen magnetischem Feld $\vec{B}$ ableiten kann und die Verwendung von nur $\vec{B}$ eine in unseren Augen besonders einfache Darstellung erlaubt.

dargestellt, wobei für $\mu_0 = 4\pi \cdot 10^{-7} \, \text{N/A}^2$ gilt. Die Feldstärkevektoren liegen tangential zu den konzentrischen Kreisen in Bild 1.15 und sind so gerichtet, dass $\vec{r}$, $\vec{B}$ und $\vec{I}$ ein Rechtssystem bilden. (Der vektorielle Strom $\vec{I}$ ist in diesem einfachen Fall parallel zum geradlinigen Leiter.) Wir können (1.9) daher auch allgemeiner schreiben:

$$\boxed{\vec{B} = \frac{\mu_0}{2\pi} \cdot \frac{(\vec{I} \times \vec{r})}{r^2}}$$

Magnetfeld eines stromdurchflossenen, geradlinigen Leiters

(6.2)

Magnetische Feldlinien sind immer ringförmig geschlossen

Die magnetischen Feldlinien sind – ähnlich den Geschwindigkeitsvektoren einer Wirbelbewegung – ringförmig geschlossen. Im Gegensatz zu den elektrischen Feldlinien besitzen sie daher weder Anfang noch Ende. Alle Versuche, „magnetische Ladungen" zu finden, aus denen magnetische Feldlinien „hervorquellen", sind bisher ergebnislos verlaufen. Wir halten daher fest:

Magnetische Felder sind quellenfreie Wirbelfelder.

Auch für magnetische Felder gilt das Superpositionsprinzip

Der gemessene Verlauf des Magnetfelds in der Nähe von zwei parallelen stromdurchflossenen Drähten ist in Bild 6.1 dargestellt und demonstriert das auch für magnetische Felder gültige Superpositionsprinzip: Die von beiden Drähten erzeugten Felder addieren sich überall vektoriell. So kommt es zur Schwächung des Feldes zwischen beiden Drähten bei paralleler Stromrichtung (Bild 6.1a) und zur Feldverstärkung bei antiparalleler Richtung der Ströme in den zwei Leitern (Bild 6.1b).

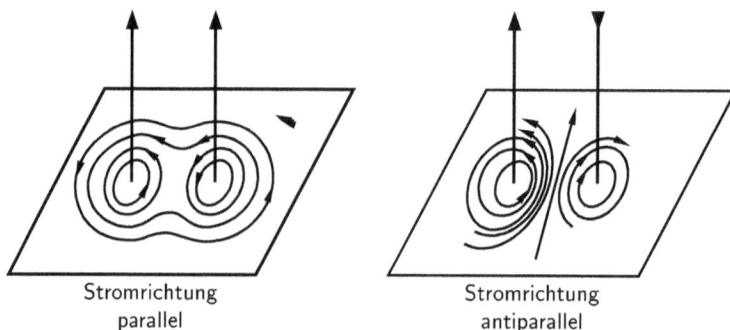

Stromrichtung parallel

Stromrichtung antiparallel

Bild 6.1: Magnetische Feldlinien in der Umgebung zweier stromdurchflossener Leiter: a) Stromrichtung parallel, b) Stromrichtung antiparallel.

Frage:

Wie sieht der Verlauf der magnetischen Feldlinien in Bild 6.1a in der Umgebung des Mittelpunktes der Verbindungsgeraden zwischen beiden Leitern aus?

Bild 6.2a schließlich zeigt das resultierende Feld einer stromdurchflossenen Spule, das wir später berechnen werden. Zum Vergleich ist in Bild 6.2b auch der Verlauf des Magnetfeldes in der Umgebung eines genauso großen Stabmagneten eingezeichnet: Es ist vollkommen identisch mit dem Außenfeld der Spule. Dies ist ein deutlicher Hinweis darauf, dass das magnetische Feld um einen Stabmagneten von ähnlichen Kreisströmen herrührt, wie sie in einer Spule existieren, dass also zwischen dem Magnetfeld von Strömen und von Dauermagneten kein grundsätzlicher Unterschied besteht. Über die Natur der Kreisströme in magnetischen Materialien werden wir ausführlich in Kapitel 9 diskutieren. Hier sei zunächst gefragt: Welches sind nach diesen und ähnlichen Beobachtungen die Eigenschaften eines Magnetfeldes im Vakuum?

Ähnlichkeit zwischen stromdurchflossener Spule und Stabmagnet

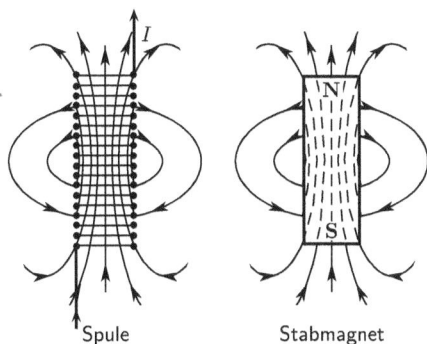

Bild 6.2: Eine stromdurchflossene Spule (a) und ein Stabmagnet (b) zeigen qualitativ das gleiche magnetische Feld.

6.1 Das Ampèresche Gesetz

Ähnlich wie beim elektrischen Feld, wollen wir zur quantitativen Beschreibung der Eigenschaften des magnetischen Feldes die Größe des Flusses und der Zirkulation eines Magnetfeldes, das von einem stationären Strom erzeugt wird, betrachten. Den Fluss Φ des magnetischen Feldes durch eine Fläche A wollen wir analog zu dem des elektrischen Feldes definieren (siehe Abschnitt 2.6):

$$\boxed{\Phi = \int_A \vec{B} \cdot d\vec{A}} \qquad \textbf{Magnetischer Fluss} \qquad (6.3)$$

Er ist, wie wir in Kapitel 8 sehen werden, eine wichtige Größe zur Beschreibung der physikalischen Erscheinungen in zeitlich veränderlichen Magnetfeldern und wird deshalb auch in einer eigenen Einheit angegeben,

Einheit des magnetischen Flusses: 1 Weber

die 1 Weber (Wb) genannt wird:

$$1\,\text{Wb} = 1\,\text{V}\cdot\text{s} = 1\,\text{T}\cdot\text{m}^2.$$

Aus der Tatsache, dass die magnetischen Feldlinien stets ringförmig geschlossen sind, folgt, dass der Fluss des Magnetfeldes aus einer geschlossenen Fläche A heraus stets null sein muss: Magnetfelder sind quellenfrei.
Für das Magnetfeld gilt mit anderen Worten immer:

*Magnetfelder sind
quellenfrei: Es gibt
keine magnetischen
Ladungen
(Monopole)*

$$\boxed{\oint_A \vec{B}\cdot d\vec{A} = 0} \qquad \textbf{Quellenfreiheit des Magnetfeldes} \qquad (6.4)$$

Als Nächstes betrachten wir die Zirkulation des Magnetfeldes, die definiert
ist als das Linienintegral $\oint \vec{B}\cdot d\vec{s}$ über einen geschlossenen Integrationsweg.
Wie groß ist beispielsweise die Zirkulation des Magnetfeldes um einen
geraden, stromführenden Draht?

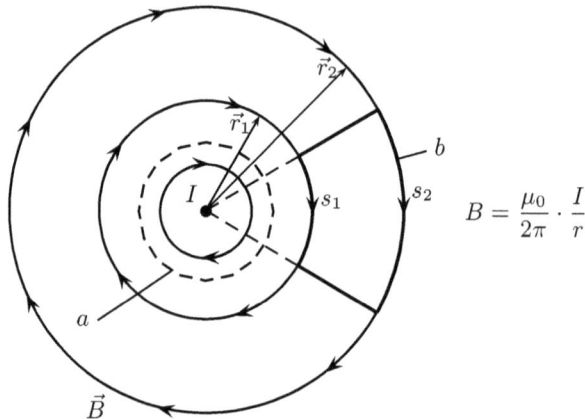

$$B = \frac{\mu_0}{2\pi}\cdot\frac{I}{r}$$

Bild 6.3: Zur Berechnung der Zirkulation des Magnetfeldes um einen stromdurchflossenen
Draht: Kurve a - konzentrischer Kreis um die Drahtachse, Kurve b - Sektor eines Kreisringes.

Der Verlauf der magnetischen Feldlinien in einer Ebene senkrecht zur Drahtachse ist in Bild 6.3 eingezeichnet. Wählen wir zunächst als Integrationsweg
einen konzentrischen Kreis um die Drahtachse (Kurve a in Bild 6.3). Als
Zirkulation ergibt sich mit

$$\oint_C \vec{B}\cdot d\vec{s} = \frac{\mu_0}{2\pi}\cdot\frac{I}{r}\cdot 2\pi r = \mu_0\cdot I \qquad (6.5)$$

ein Wert, der unabhängig ist vom Radius des kreisförmigen Integrationsweges, der den Strom I einschließt. Wie groß ist aber das Linienintegral

$\oint \vec{B} \cdot \mathrm{d}\vec{s}$, wenn der geschlossene Integrationsweg keinen Strom einschließt, wie z.B. der in Bild 6.3 mit b bezeichnete Integrationsweg? In diesem Fall verschwindet offenbar die Zirkulation des magnetischen Feldes

$$\oint_C \vec{B} \cdot \mathrm{d}\vec{s} = \frac{\mu_0}{2\pi} \cdot I \cdot \left(\frac{s_2}{r_2} - \frac{s_1}{r_1} \right) = 0,$$

da aus geometrischen Gründen für die Kreisbögen s_1 und s_2 gilt: $s_1/r_1 = s_2/r_2$.

Frage:

Versuchen Sie zu beweisen, dass das Integral $\oint \vec{B} \cdot \mathrm{d}\vec{s}$ auf jedem *beliebigen* Integrationsweg, der den Strom I einschließt, den Wert $\mu_0 \cdot I$ hat, und den Wert null, wenn der beliebige Integrationsweg den stromführenden Draht nicht umschließt.

Dieses Resultat lässt sich auch auf beliebige Integrationswege verallgemeinern:

Das Linienintegral $\oint \vec{B} \cdot d\vec{s}$ über einen beliebigen, geschlossenen Integrationsweg C ist gleich μ_0 mal dem vom Integrationsweg eingeschlossenen Strom I:

$$\boxed{\oint_C \vec{B} \cdot \mathrm{d}\vec{s} = \mu_0 \cdot I} \qquad \textbf{Ampèresches Gesetz} \qquad (6.6)$$

Dieses wichtige *Ampèresche Gesetz* ist in seiner Gültigkeit keineswegs beschränkt auf den zur Herleitung gewählten besonders einfachen Fall des geraden stromführenden Leiters. Mit Hilfe des Superpositionsprinzips können wird das Gesetz auch auf beliebig viele, beliebig orientierte stromdurchflossene Leiter anwenden. Aber auch ein großer Erfahrungsschatz zeigt überzeugend, dass dieses Gesetz generell für beliebige Stromverteilungen Gültigkeit besitzt.

Unsere Beziehung (6.6) kann noch verallgemeinert werden, wenn man den Strom I durch die Fläche A durch die Stromdichte $\vec{j}$ ersetzt:

$$I = \int_A \vec{j} \cdot \mathrm{d}\vec{A}.$$

Damit ergibt sich für das Ampèresche Gesetz die folgende alternative Form:

$$\boxed{\oint_C \vec{B} \cdot \mathrm{d}\vec{s} = \mu_0 \cdot \int_A \vec{j} \cdot \mathrm{d}\vec{A}} \qquad \textbf{Ampèresches Gesetz} \qquad (6.7)$$

Das Ampèresche Gesetz ist von großer praktischer Bedeutung zur Berechnung des von Strömen erzeugten Magnetfeldes, wie an Hand der folgenden einfachen Beispiele demonstriert sei.

Das Magnetfeld eines stromdurchflossenen Drahtes Im Innern des Drahtes ergibt die Anwendung des Ampèreschen Gesetzes, wenn man $B(r)$ über den Kreis 1 im Innern des Drahtes integriert (siehe Bild 6.4),

$$B(r) \cdot 2\pi r = \mu_0 \cdot I_0 \cdot \frac{r^2}{a^2},$$

wobei wir angenommen haben, dass die Stromdichte über den ganzen, kreisförmigen Drahtquerschnitt mit dem Radius a konstant ist. Daraus folgt für das Magnetfeld *im Inneren des Drahtes*:

$$\boxed{B(r) = \frac{\mu_0 \cdot I_0}{2\pi a^2} \cdot r \quad \text{für } r \leq a} \tag{6.8}$$

Die Feldstärke verschwindet also in der Mitte des Drahtes $(r = 0)$ und nimmt nach außen hin $(r \leq a)$ linear mit r zu.

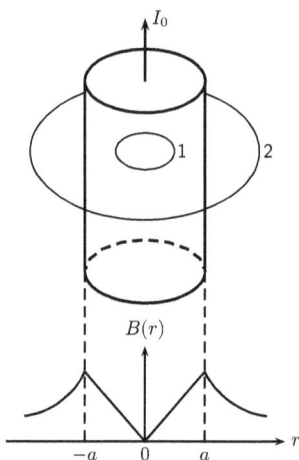

Bild 6.4: Das Magnetfeld innerhalb und außerhalb eines stromdurchflossenen Drahtes mit kreisförmigem Querschnitt und konstanter Stromdichte.

Im Außenraum ergibt die Integration entlang der Kreisbahn 2

$$B(r) \cdot 2\pi r = \mu_0 \cdot I_0$$

oder:

$$\boxed{B(r) = \frac{\mu_0 \cdot I_0}{2\pi r} \quad \text{für} \quad r > a} \tag{6.9}$$

Dieses Ergebnis stimmt erwartungsgemäß mit (6.2) überein. Der Gesamt-
verlauf des Magnetfeldes, das die Drahtachse umkreist, ist in Bild 6.4 unten
eingezeichnet.

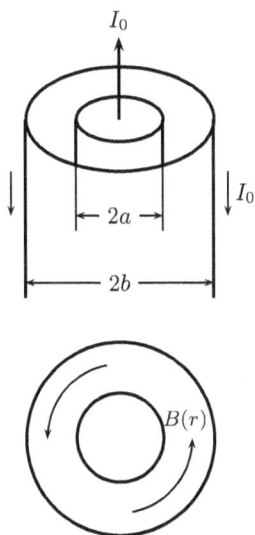

Bild 6.5: Zur Berechnung des Magnetfeldes innerhalb eines
stromdurchflossenen Koaxialkabels.

Das Koaxialkabel Elektrotechnisch besonders wichtig ist eine konzentrische Anordnung von zwei metallischen Zylindern, in denen der gleiche
Strom I in entgegengesetzten Richtungen fließt (siehe Bild 6.5). Die Anwendung des Ampèreschen Gesetzes ergibt in diesem Fall ein Feld

$$B(r) = \frac{\mu_0 \cdot I_0}{2\pi r} \tag{6.10}$$

zwischen beiden Zylindern, also für $b \geq r \geq a$. Der Außenraum bleibt
dagegen völlig feldfrei.

Frage:

Wie groß ist das magnetische Feld im Innen- bzw. Außenzylinder unter der Annahme, dass die Stromdichte konstant ist?

Wenn der Abstand zwischen Innen- und Außenleiter eines Koaxialkabels
hinreichend klein ist ($b - a \ll a$), wie in Bild 6.6 dargestellt ist, kann man
einen Ausschnitt der Breite l auffassen als eine Bandleitung, die aus zwei
parallelen, ebenen Platten der Breite l besteht und in denen zwei Ströme
$I_x = I_0 \cdot l/(2\pi r)$ in entgegengesetzten Richtungen fließen. Nach (6.10)

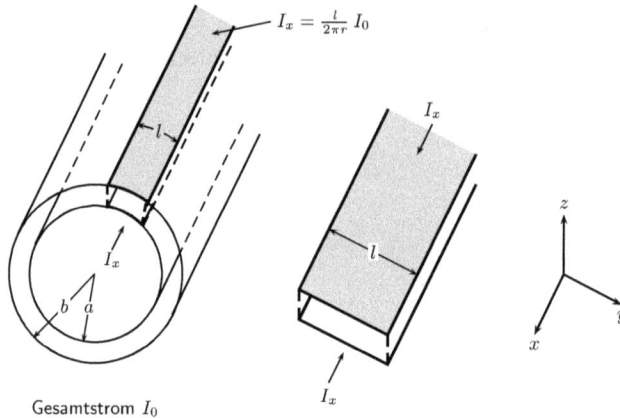

Bild 6.6: Zur Berechnung des Magnetfeldes zwischen zwei stromdurchflossenen, parallelen ebenen Platten.

erzeugen diese beiden Ströme zwischen den Platten ein Magnetfeld

$$B_y = \mu_0 \cdot \frac{I_0}{2\pi r} = \mu_0 \cdot \frac{I_x}{l}, \tag{6.11}$$

welches unabhängig vom Plattenabstand und parallel zu den Platten gerichtet ist.

Das Magnetfeld einer langen Spule Die magnetischen Feldlinien einer stromdurchflossenen Spule haben wir schon in Bild 6.2 gezeigt.

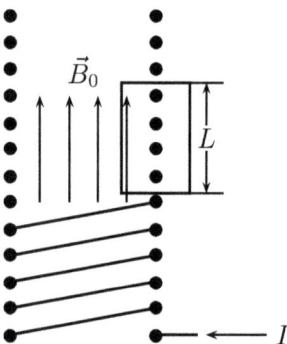

Bild 6.7: Zur Anwendung des Ampèreschen Gesetzes auf eine sehr lange Spule: Als Integrationsweg wird ein Rechteck gewählt, das nur N Windungen einschließt.

Wenn die Spule sehr viel länger als ihr Durchmesser ist, ist das Magnetfeld im Außenraum vernachlässigbar klein gegenüber der Feldstärke B_0 im Innern. B_0 ist parallel zur Spulenachse orientiert, und daher ergibt das Linienintegral entlang des in Bild 6.7 eingezeichneten Weges

$$B_0 \cdot L - B_{\text{außen}} \cdot L = B_0 \cdot L = \mu_0 \cdot N \cdot I,$$

wenn N Windungen vom Integrationsweg umschlossen werden. Somit finden wir für die Feldstärke im Innern einer langen Spule

$$\boxed{B_0 = \mu_0 \cdot n \cdot I}, \tag{6.12}$$

Das Magnetfeld im Inneren einer langen Spule ist homogen

wobei $n = N/L$ die Windungszahl pro Längeneinheit ist. Da der Integrationsweg im Innern beliebig seitlich verschoben werden kann, ohne dass sich dadurch am Resultat etwas ändert, *ist das Feld im Innern homogen.*

Frage:

Wie groß sind etwa die mit handelsüblichen Spulen erreichbaren Magnetfelder?

Sehr hohe Magnetfelder setzen einen hohen Strom durch die Spule voraus, was im Allgemeinen zu einer starken Erhitzung des metallischen Leiters der Spule führt. Wenn man in einer Kupferspule mit einem Innenvolumen von etwa $10\,\mathrm{cm}^3$ stetig ein Feld von $30\,\mathrm{T}$ aufrechterhalten will, so muss beispielsweise eine elektrische Heizleistung von $1{,}5\,\mathrm{MW}$ durch Kühlung abgeführt werden, um das Schmelzen der Spule zu verhindern. Mit wassergekühlten Hochfeldspulen hat man bisher Magnetfelder von etwa $25\,\mathrm{T}$ erreicht.

Fast ohne Energiebedarf kann man hohe Felder durch Verwendung von supraleitenden Drähten als Spulenmaterial herstellen. Mit supraleitenden Spulen erreicht man heutzutage Felder von $15\,\mathrm{T}$ in kleinen Volumina oder etwa $9\,\mathrm{T}$ über das ganze Volumen der Ablenkungsmagnete des im Bau befindlichen LHC (Large Hadron Collider) am CERN.

Für kurze Zeiten ist es möglich, noch höhere Felder zu erzeugen, wie z.B. $100\,\mathrm{T}$ in gepulsten Magnetspulen. Die höchste, bisher im Laboratorium erreichte magnetische Feldstärke liegt bei $1{,}4 \cdot 10^3\,\mathrm{T}$ und wurde mit Hilfe der sog. Implosionstechnik erzielt, die wir hier nur erwähnen wollen.[3]

6.2   Das Biot-Savartsche Gesetz

Das Ampèresche Gesetz ist zwar ganz allgemein gültig, aber nicht immer ist die Stromverteilung einfach und symmetrisch genug wie in den obigen Beispielen, um das Linienintegral leicht in nützlicher Weise auswerten zu können. Diese Schwierigkeit trat in analoger Weise bereits in der Elektrostatik auf: Nur die elektrischen Felder einfacher Ladungsverteilungen konnten wir durch Anwendung des Gaußschen Satzes ermitteln. Bei komplizierteren Ladungsverteilungen, z.B. bei einem elektrischen Dipol, haben wir an jedem Punkt den Feldbeitrag der verschiedenen Ladungen vektoriell addieren müssen.

---

[3]Siehe hierzu: Knoepfel, H.E., Magnetic Fields, John Wiley & Sons, New York (2000).

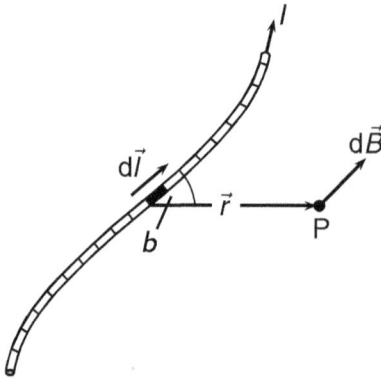

Bild 6.8: Das infinitesimale Element dl des stromdurchflossenen Leiters erzeugt im Punkt P den Beitrag dB zum magnetischen Feld.

In ähnlicher Weise kann man auch das magnetische Feld berechnen, das einen beliebig geformten, stromdurchflossenen Leiter (siehe Bild 6.8) umgibt:

> *Man teilt den stromführenden Draht in kurze Leiterelemente $d\vec{l}$ und berechnet den Feldbeitrag $d\vec{B}$ des Leiterelements an einer Stelle im Abstand $\vec{r}$ von diesem Leiterelement.*

Diese Berechnung lässt sich durchführen mit Hilfe des erstmals von J.B. BIOT und F. SAVART angegebenen Gesetzes:

$$\boxed{d\vec{B} = \frac{\mu_0 \cdot I}{4\pi r^3} \cdot \left(d\vec{l} \times \vec{r} \right)}$$ **Biot-Savartsches Gesetz**   (6.13)

Das Gesamtfeld $\vec{B}$ im Punkt P ergibt sich dann durch Addition der Beiträge $d\vec{B}$ von allen Leiterelementen. Mit Hilfe des Biot-Savartschen Gesetzes ist es möglich, das magnetische Feld beliebiger Stromverteilungen zu berechnen. Wir haben hier das Biot-Savartsche Gesetz ohne Beweis angeführt. Es lässt sich aus der Quellenfreiheit des magnetischen Feldes (6.4) und dem Ampèreschen Gesetz (6.6) herleiten.[4] Wir wollen hier nur festhalten, dass die Aufstellung des Biot-Savartschen Gesetzes keine neuen physikalischen Konzepte erfordert. Als Anwendung wollen wir im Folgenden das magnetische Feld eines Ringstroms berechnen.

Magnetfeld eines Ringstromes oder magnetischen Dipols Der qualitative Verlauf der magnetischen Feldlinien einer ringförmigen Stromschleife ist in Bild 6.9 wiedergegeben. Zur Berechnung des Feldes, die mit dem

---

[4]Der mathematische Beweisgang kann in R.P. Feynman, Vorlesungen über Physik, Bd. 2, Kap. 14.7 nachgelesen werden und soll uns hier nicht näher beschäftigen, da er (zugleich mit dem Begriff des Vektorpotentials) in der Theorievorlesung ausführlich behandelt wird.

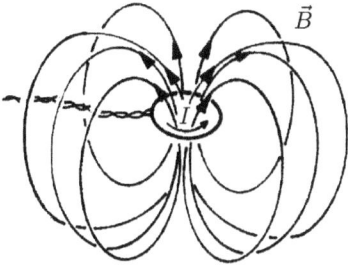

Bild 6.9: Das magnetische Feld in der Umgebung einer ringförmigen Stromschleife.

Ampèreschen Gesetz nicht leicht gelingt, wollen wir das Biot-Savartsche Gesetz heranziehen. Der Einfachheit halber wollen wir der Stromschleife eine rechteckige Form mit den Kantenlängen a und b geben, wie in Bild 6.10 skizziert ist. Zunächst wollen wir das Magnetfeld auf der z-Achse in großem Abstand von der Stromschleife ($r \gg a, b$) berechnen. Nur die z-Komponente des magnetischen Feldes ist von null verschieden. Nach dem Biot-Savartschen Gesetz ergibt sich für den Betrag des Magnetfeldes

$$\mathrm{d}B = \mu_0 \cdot \frac{I}{4\pi r^2} \cdot \mathrm{d}l \cdot \sin\beta,$$

wenn β der Winkel zwischen $\mathrm{d}\vec{l}$ und $\vec{r}$ ist. Daraus folgt nach Bild 6.10a für B_z auf der z-Achse

$$B_z(x = y = 0) = \frac{\mu_0 \cdot I}{4\pi r^2}\left(2 \cdot b \cdot \frac{a/2}{r} + 2 \cdot a \cdot \frac{b/2}{r}\right)$$
$$= \mu_0 \cdot \frac{I \cdot a \cdot b}{2\pi r^3}.$$

Das Produkt $I \cdot ab = (\text{Strom} \times \text{Fläche})$ nennt man das *magnetische Moment*

Das Magnetfeld eines magnetischen Dipols klingt in großen Abständen r wie $(1/r^3)$ ab

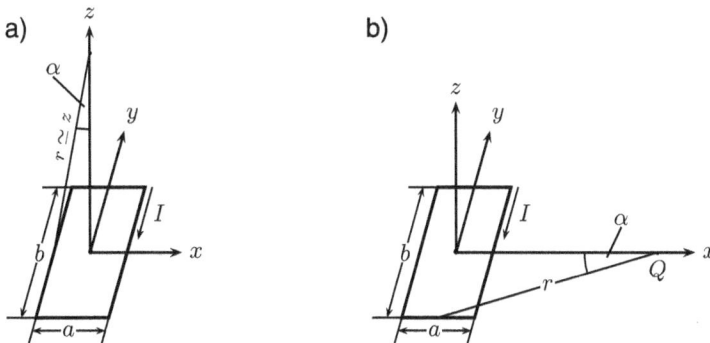

Bild 6.10: Zur Berechnung des Magnetfeldes einer rechteckigen Stromschleife in einem Punkt in großem Abstand von der Stromschleife: a) der Punkt liegt auf der z-Achse, b) der Punkt liegt auf der x-Achse.

$\vec{m}$ der Stromschleife. $\vec{m}$ wird dabei als ein Vektor aufgefasst, der senkrecht auf der Fläche ab steht und so gerichtet ist, dass man in Richtung von $\vec{m}$ sieht, wenn der Strom I in der Stromschleife im Uhrzeigersinn fließt. Damit ergibt sich für B_z an der Stelle $x = y = 0$ und für $z \gg a, b$ der Ausdruck

$$\boxed{B_z = \frac{\mu_0}{2\pi} \cdot \frac{m}{r^3}}.$$

(6.14)

Auch das Feld in der xy-Ebene, z.B. auf der x-Achse, lässt sich für große Abstände r leicht berechnen (siehe Bild 6.10b). Die Anwendung des Biot-Savartschen Gesetzes ergibt für diesen Fall für kleine Winkel α und unter Berücksichtigung, dass $r \gg a, b$, für die z-Komponente des Magnetfeldes:

$$
\begin{aligned}
B_z(z, y = 0) &= \frac{\mu_0 \cdot I}{4\pi} \left[\frac{b}{(r-a/2)^2} \frac{r-a/2}{r-a/2} - \frac{b}{(r+a/2)^2} \frac{r+a/2}{r+a/2} - 2 \cdot \frac{a}{r^2} \frac{b/2}{r} \right] \\
&= \frac{\mu_0 \cdot I}{4\pi} \left[b \cdot \frac{(r+a/2)^2 - (r-a/2)^2}{(r^2 - a^2/4)^2} - \frac{ab}{r^3} \right] \\
&= \frac{\mu_0 \cdot I}{4\pi} \left[\frac{2 \cdot r \cdot ab}{(r^2 - a^2/4)^2} - \frac{ab}{r^3} \right] = \frac{\mu_0 \cdot I}{4\pi} \cdot \frac{ab}{r^3}.
\end{aligned}
$$

Es lässt sich zeigen, dass dieses Ergebnis in großen Abständen r in der ganzen xy-Ebene gültig ist, also:

$$\boxed{B_z(z = 0) = \frac{\mu_0}{4\pi} \cdot \frac{m}{r^3}}.$$

(6.15)

Frage:

Wie könnte man beweisen, dass die Ausdrücke (6.14) und (6.15) auch für beliebige (nicht rechteckige) Stromschleifen gültig bleiben, wobei wiederum das magnetische Moment als das Produkt (Strom×Fläche) definiert wird?

Magnetische Momente treten in der Natur bei jeder kreisenden Ladungsbewegung auf. So besitzen alle *Elementarteilchen* mit endlichem Drehimpuls im allgemeinen ein charakteristisches magnetisches Moment, dessen Beobachtung Aufschluss geben kann über die Ladungsverteilung im Teilchen. Das *magnetische Moment* der Erde mit $m \approx 10^{26}$ A $\cdot$ m^2 entspricht einem äquatorialen Kreisstrom von etwa 10^{12} A. Die Ursache des terrestrischen magnetischen Momentes ist noch ungeklärt. Es nimmt um etwa 5% pro Jahrhundert ab, so dass es zu römischen Zeiten doppelt so stark war wie heute, und wir im Jahre 4000 wohl kein Erdfeld mehr besitzen werden. Geologische Funde zeigen, dass das magnetische Moment im Laufe der Erdgeschichte mehrmals seine Richtung relativ zur Drehachse der Erde umgepolt hat. Heute

Das magnetische Moment der Erde ist nicht zeitlich konstant

beträgt der Winkel zwischen beiden etwa $10°$, und der magnetische Nordpol liegt etwa bei Labrador.[5]

Das Magnetfeld der Sonne, dessen Einfluss bis zur Erde reicht und das sich im Takt der Sonnenfleckentätigkeit und durch den Sonnenwind verändert, gibt uns noch größere Rätsel auf (siehe hierzu das Literaturverzeichnis am Kapitelende).

6.3 Der relativistische Zusammenhang zwischen elektrischen und magnetischen Feldern

Bisher hatten wir die elektrischen Kräfte zwischen zwei ruhenden Ladungen nach (1.1)

$$F = \frac{1}{4\pi\varepsilon_0} \cdot \frac{q_1 \cdot q_2}{r^2} \qquad (6.16)$$

und die magnetische Kraft z.B. zwischen zwei parallelen stromdurchflossenen Drähten der Länge L nach (1.10)

Sind elektrische und magnetische Felder grundverschieden?

$$F = \frac{\mu_0}{2\pi} \cdot \frac{I^2 \cdot L}{r} \qquad (6.17)$$

als zwei grundverschiedene, ihrem Wesen nach unabhängige Kräfte aufgefasst. Zwischen den Proportionalitätskonstanten ε_0 und μ_0 existiert nach (1.12) die empirische Beziehung

$$\boxed{\frac{1}{\sqrt{\varepsilon_0\mu_0}} = c = 2{,}9979 \cdot 10^8 \, \frac{\text{m}}{\text{s}}} , \qquad (6.18)$$

wobei c die Lichtgeschwindigkeit ist. So war – kurz gesagt – in unserer bisherigen Beschreibung kein Zusammenhang zwischen den Gesetzen der Elektrostatik und des Magnetismus erkennbar.

In unseren bisherigen Betrachtungen spielte das Bezugssystem, in dem wir die Ladungen als ruhend bzw. bewegt betrachteten keine Rolle. Ändert man das Bezugssystem, *so können aus ruhenden Ladungen bewegte werden und umgekehrt*. Entsprechend sollten sich bei Änderungen des Bezugssystems elektrische Felder in magnetische transformieren und umgekehrt.

---

[5]Näheres hierüber siehe z.B. W.H. Campbell, Introduction to Geomagnetic Fields, Cambridge Univ. Press (1997).

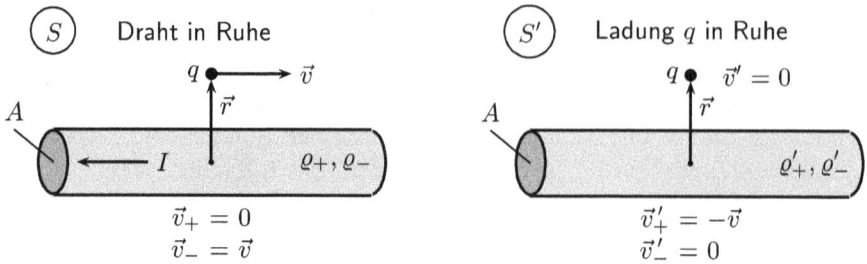

Bild 6.11:
a) Laborsystem S: Ein Teilchen mit der Ladung q bewegt sich mit der Geschwindigkeit v parallel zu einem stromdurchflossenen Leiter. Die Driftgeschwindigkeit der Elektronen im Draht sei ebenfalls v.
b) Bewegtes Bezugssystem S': Die Ladung q ist in Ruhe und die Driftgeschwindigkeit der Leitungselektronen verschwindet, während sich die positiven Ladungen mit der Geschwindigkeit $-v$ bewegen.

Es ist daher allgemeiner an jeder Stelle des Raumes ein *elektromagnetisches Feld* mit elektrischen und magnetischen Komponenten einzuführen, die sich bei Änderungen des Bezugssystems in einer Weise transformieren, mit der sich vor allem H.A. LORENTZ (1853–1928) schon vor der Aufstellung des Einsteinschen Relativitätsprinzips, das wir in Kapitel 11 ausführlich behandeln werden, beschäftigte. Wir wollen jetzt an zwei einfachen Beispielen das Transformationsverhalten von elektrischen und magnetischen Feldern bei der Änderung des Bezugssystem zur Einführung in das Relativitätsprinzip behandeln.

Stromdurchflossener Draht Wir betrachten als erstes Beispiel zunächst ein Teilchen der Ladung q, welches sich im Laborsystem S parallel zu einem stromführenden Draht mit der Geschwindigkeit v nach rechts bewegen soll, wie in Bild 6.11a dargestellt ist. Auch die Elektronen im Draht der Ladungsdichte ρ_- bewegen sich, so wollen wir annehmen, mit der gleichen Geschwindigkeit v nach rechts, so dass im Draht der Strom $I = \rho_- \cdot A \cdot v_-$ fließt und um den Draht herum ein magnetisches Feld $B = \mu_0 \cdot I/(2\pi r)$ entsteht. Auf die Ladung q, die sich in diesem Magnetfeld bewegt, wirkt daher eine radial vom Draht weg gerichtete Lorentz-Kraft

$$F = q \cdot B \cdot v = q \cdot \mu_0 \cdot \frac{I}{2\pi r} \cdot v$$

oder wegen (6.18) und mit $I = \rho \cdot A \cdot v$ erhalten wir:

$$\boxed{F = \frac{1}{2\pi \cdot \varepsilon_0} \cdot \frac{q \cdot \rho_- \cdot A}{r} \cdot \frac{v^2}{c^2}} . \qquad (6.19)$$

Nun wollen wir das gleiche Geschehen in dem Bezugssystem S' analysieren, das sich (siehe Bild 6.11b) mit der gleichen Geschwindigkeit v wie das geladene Teilchen bewegt und in dem daher das geladene Teilchen vollständig ruht. Magnetische Kräfte können folglich in diesem System nicht auf das Teilchen wirken. Welche Kräfte aber wirken in diesem mitbewegten Bezugssystem?

Ein bewegter stromdurchflossener Draht ist nicht mehr elektrisch neutral

Das Relativitätsprinzip, das besagt, dass in jedem gegeneinander mit konstanter Geschwindigkeit bewegten Bezugssystem (*Inertialsystem*) die Beschreibung der Naturgesetze sich nicht ändern soll, legt nahe, dass die Gesamtkraft auf das geladene Teilchen unabhängig sein sollte. Da das Teilchen im bewegten Bezugssystem S' ruht, kann nur eine elektrische Kraft wirksam sein.

Wir wollen daher auch die elektrischen Kräfte auf das Teilchen in beiden Bezugssystemen mit in die Diskussion einbeziehen und das elektrische Feld um den Draht in beiden Fällen ermitteln. Nach (3.14) ist das elektrische Feld um einen geladenen Draht $E = \lambda/(2\pi\varepsilon_0 r)$ bestimmt durch die elektrische Ladung $\lambda = \rho \cdot A$, die der Draht pro Längeneinheit trägt. Im Laborsystem S ist der stromdurchflossene Draht elektrisch neutral: $\rho_+ = \rho_-$. Die gesamte Ladungsdichte $\rho = \rho_+ - \rho_-$ ist damit null, und somit existiert in diesem Fall kein elektrisches Feld um den Draht.

Im bewegten Bezugssystem S' kann nur eine elektrische Kraft auftreten, wenn die positive und negative Ladungsdichte nicht mehr gleich sind wie im Ruhesystem S. Mit LORENTZ nehmen wir an, dass sich Körper, sie sich bewegen, entlang der Bewegungsrichtung verkürzen (*Fitzgerald-Lorentz-Kontraktion*). Zu dieser Annahme gelangte LORENTZ schon 1903. Ihre Deutung gelang erst EINSTEIN im Jahr 1905.

Eine beliebige, im System S ruhende Drahtlänge L erscheint demnach im bewegten System S' verkürzt auf den Wert

$$L' = L \cdot \sqrt{1 - v^2/c^2}\,. \tag{6.20}$$

Die Querschnittsfläche des Drahtes und die Ladung Q selbst bleiben konstant. Somit ändert sich die Ladungsdichte $\rho = Q/(L \cdot A)$ beim Übergang von einem Bezugssystem zum anderen, wie in der Tabelle 6.1 zur besseren Übersicht eingetragen ist.

Wie man sieht, erhöht sich im System S' die Ladungsdichte der sich bewegenden positiven Ionen ($\rho'_+ > \rho_+$), während sich die negative Ladungsdichte gegenüber der im Laborsystem verringert. *Der Draht erscheint also im bewegten System S' nicht mehr elektrisch neutral, sondern positiv geladen.*

Tabelle 6.1: Ladungsdichten des Drahtes.

im Laborsystem S	im bewegten System S'
$\rho_+ = \rho_-$	$\rho'_+ = \dfrac{\rho_+}{\sqrt{1 - v^2/c^2}}$
	$\rho'_- = \rho_- \cdot \sqrt{1 - v^2/c^2}$
$\rho = \rho_+ - \rho_- = 0$	$\rho' = \rho'_+ - \rho'_- = \rho_+ \cdot \dfrac{v^2/c^2}{\sqrt{1 - v^2/c^2}}$

Diese positive Ladungsdichte des Drahtes im bewegten System

$$\rho' = \rho'_+ - \rho'_- = \rho_+ \cdot \frac{v^2/c^2}{\sqrt{1 - v^2/c^2}}$$

führt zu einem elektrischen, radial nach außen gerichteten Feld

$$E' = \rho' \cdot \frac{A}{2\pi\varepsilon_0 r},$$

in welchem das geladene Teilchen mit der *elektrostatischen* Kraft

$$F' = q \cdot E' = \frac{1}{2\pi\varepsilon_0} \cdot \frac{q \cdot \rho_+ \cdot A}{r} \cdot \frac{v^2}{c^2} \cdot \frac{1}{\sqrt{1 - v^2/c^2}} \tag{6.21}$$

vom Draht abgestoßen wird. Vergleicht man die magnetische Lorentz-Kraft (6.19), die im System S beobachtet wird, mit dieser im System S' auftretenden elektrischen Kraft, so sieht man, dass gilt:

$$F' = \frac{F}{\sqrt{1 - v^2/c^2}}. \tag{6.22}$$

Für kleine Geschwindigkeiten ($v/c \ll 1$) sind also beide Kräfte identisch. Wir wollen schließlich noch zeigen, dass auch für große Geschwindigkeiten v die magnetische Kraft F im System S die gleiche Impulsänderung hervorruft wie die elektrische Kraft F' im System S'. Dazu müssen wir (wiederum mit LORENTZ) annehmen, *dass im bewegten System die Zeitintervalle um den Faktor $\sqrt{1 - v^2/c^2}$ verlängert werden.*

$$dp' = F' \cdot dt' = \frac{F}{\sqrt{1 - v^2/c^2}} \cdot dt \cdot \sqrt{1 - v^2/c^2} = F \cdot dt.$$

Somit erleidet das geladene Teilchen in beiden Bezugssystemen die gleiche Impulsänderung auch bei hohen Geschwindigkeiten.

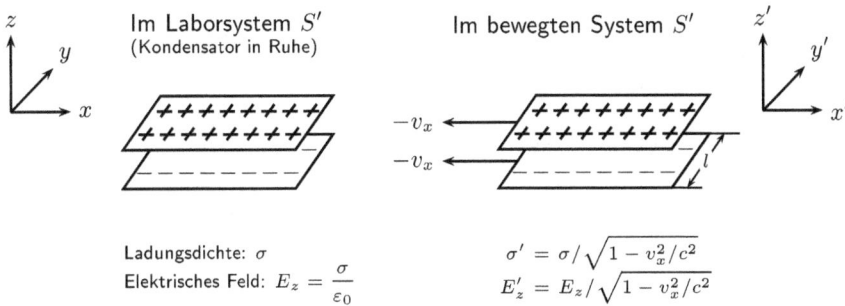

Bild 6.12: a) Laborsystem S: Kondensator in Ruhe. b) Bewegtes Bezugssystem S': die Kondensatorplatten bewegen sich mit der Geschwindigkeit v_x senkrecht zum elektrischen Feld des Kondensators.

Wir haben an diesem speziellen Beispiel gezeigt, dass beim Übergang von einem Bezugssystem zum anderen magnetische Lorentz-Kräfte in elektrostatische Coulomb-Kräfte transformiert werden können und umgekehrt.

Die zunächst empirische Relation (6.19)

$$\mu_0 \cdot \varepsilon_0 = \frac{1}{c^2}$$

ergibt sich dabei, wie in Kapitel 11 gezeigt wird, zwangsläufig aus der Anwendung der speziellen Relativitätstheorie auf elektrische oder magnetische Vorgänge. Elektrische und magnetische Kräfte sind somit Wirkungen ein und desselben Phänomens, die als die elektromagnetische Wechselwirkung bezeichnet wird.

Bewegter Plattenkondensator Wir wollen als zweites Beispiel die Transformationseigenschaften eines Plattenkondensators mit der Flächenladungsdichte $\sigma = Q/A$ beim Übergang vom System S in das System S' nun näher betrachten. S sei wieder das Laborsystem (Bild 6.12a), in dem der Kondensator ruht, und S' ein Bezugssystem, das sich relativ zu S mit der Geschwindigkeit v_x in Bild 6.12b nach rechts bewegt.

Im Laborsystem S befindet sich der Kondensator in Ruhe, und die Ladungsdichte σ erzeugt nach (3.5) zwischen den Kondensatorplatten ein elektrisches Feld $E_z = \sigma/\varepsilon_0$. Andere Felder existieren nicht.

Im System S' dagegen bewegen sich die geladenen Platten mit der Geschwindigkeit $-v_x$ nach links. Daher verkürzen sich die Abmessungen der Platten in der x-Richtung wegen der oben erwähnten Längenkontraktion um den Faktor $\sqrt{1 - v_x^2/c^2}$. Entsprechend erhöht sich die Flächenladungsdichte

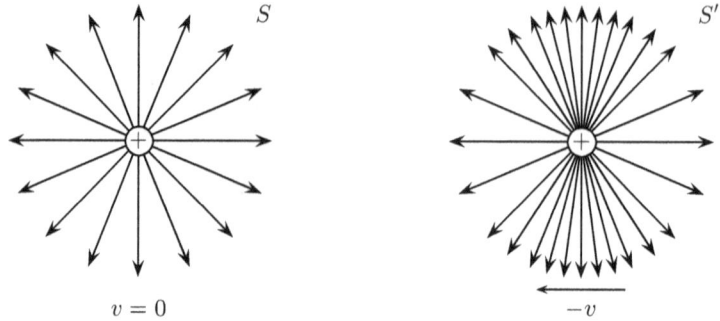

Bild 6.13: Elektrische Feldlinien in der Umgebung einer Punktladung:
a) Laborsystem S: die Punktladung ist in Ruhe.
b) Bezugssystem S': die Punktladung bewegt sich mit konstanter Geschwindigkeit, die elektrische Feldstärke senkrecht zur Bewegungsrichtung nimmt zu.

der Platte auf den Wert

$$\sigma' = \frac{\sigma}{\sqrt{1 - v_x^2/c^2}} \, . \tag{6.23}$$

Auch das elektrische Feld E'_z ist folglich im System S' größer als in S, nämlich:

$$E'_z = \frac{\sigma'}{\varepsilon_0} = \frac{E_z}{\sqrt{1 - v_x^2/c^2}} \, . \tag{6.24}$$

Ein Elektron „sieht" beim Durchfliegen eines Plattenkondensators auch ein magnetisches Feld

Bewegt man den Kondensator in der z-Richtung, also parallel zum elektrischen Feld, so ändert sich infolge der Längenkontraktion nur der Plattenabstand, nicht dagegen die Ladungsdichte, und folglich auch nicht das elektrische Feld. Die Feldverstärkung tritt folglich immer nur für die zur Bewegungsrichtung senkrechte Komponente des elektrischen Feldes auf, unabhängig davon, wie das elektrische Feld erzeugt wird. Bild 6.13 zeigt beispielsweise die Änderung des elektrischen Feldlinienbildes einer bewegten Punktladung im Vergleich zu einer ruhenden.

Doch nun zurück zu unserem bewegten Kondensator in Bild 6.12. Bisher haben wir uns nur um das elektrische Feld gekümmert. Es ist aber leicht einzusehen, dass im System S' die bewegten Kondensatorplatten auch einen Strom

$$I_x = \sigma' \cdot l \cdot v_x$$

darstellen, der in der oberen, positiv geladenen Platte nach links fließt und in der unteren negativen nach rechts. Durch diese beiden Ströme wird zwischen den Platten auch ein magnetisches Feld B'_y erzeugt, das nach (6.11)

$$B'_y = \mu_0 \frac{I_x}{l} = \mu_0 \cdot \sigma' \cdot v_x \tag{6.25}$$

beträgt. Wir erhalten daraus mit $\mu_0 = 1/(\varepsilon_0 \cdot c^2)$ und

$$\sigma' = \frac{\sigma}{\sqrt{1 - v_x^2/c^2}} = \frac{\varepsilon_0 E_z}{\sqrt{1 - v_x^2/c^2}}$$

$$\boxed{B'_y = \frac{E_z}{\sqrt{1 - v_x^2/c^2}} \cdot \frac{v_x}{c^2}}. \tag{6.26}$$

Für kleine Geschwindigkeiten $v_x \ll c$ erhalten wir einfacher:

$$\boxed{B'_y = E_z \cdot \frac{v_x}{c^2}} \tag{6.27}$$

Wir fassen zusammen:

> *Ein Beobachter, der sich mit einer Geschwindigkeit v_x senkrecht zu den Feldlinien eines rein elektrostatischen Feldes E_z bewegt, „sieht" auch ein magnetisches Feld.*

Dies sei an zwei konkreten Fällen erläutert.

Elektron im Plattenkondensator Wir schießen ein Elektron mit der Geschwindigkeit v_x durch das elektrische Feld eines Plattenkondensators E_z. Im Laborsystem existiert dabei kein Magnetfeld. Trotzdem wirkt auf das magnetische Dipolmoment des Elektrons dabei ein magnetisches Feld:

$$B'_y = E_z \cdot \frac{v_x}{c^2}$$

Frage:

In einer Fernsehbildröhre durchfliegen Elektronen mit einer Geschwindigkeit von 10^7 m/s ein elektrisches Feld von 1000 V/cm im Ablenkkondensator. Wie groß ist das auf jedes Elektron wirkende Magnetfeld?

Elektron im Atom Auch ein Elektron, welches auf Grund seines Bahndrehimpulses den positiv geladenen Atomkern umkreist, bewegt sich mit seiner Umlaufgeschwindigkeit v bei einer kreisförmigen Bahn senkrecht zu den radial gerichteten elektrischen Feldlinien, die vom Atomkern ausgehen. Daher wirkt auch auf das magnetische Moment des umlaufenden Elektrons ein Magnetfeld

$$B = E_{\mathrm{r}} \cdot \frac{v}{c^2}.$$

Dieses Magnetfeld beträgt für Elektronen mit einem Bahndrehimpuls $\hbar$ im H-Atom 0,4 T und im Cs-Atom wegen des höheren Coulombfeldes sogar 800 T. Diese hohen Magnetfelder, die im Laborsystem nicht existieren, üben starke Wirkungen auf das magnetische Moment des Elektrons aus, die schließlich zur Entdeckung des Elektronenspins führten.

Zusammenfassend haben wir in diesem Abschnitt gesehen, dass die magnetischen Lorentz-Kräfte auf elektrostatische Felder in bewegten Bezugssystemen zurückgeführt werden können, und dass umgekehrt durch Bewegung in rein elektrostatischen Feldern im bewegten System starke Magnetfelder erzeugt werden.

Im nächsten Kapitel wollen wir wieder endgültig zum Laborsystem zurückkehren und noch einige Beispiele für die magnetischen Kräfte besprechen.

Literaturhinweise zu Kapitel 6

Feynman, R.P.: Vorlesungen über Physik, Bd.II, Oldenbourg, München/ Wien (2007)
    Kap. 13, Magnetostatik,
    Kap. 14, Das Magnetfeld in Einzelfällen,
    Kap. 15, Das Vektorpotential,
    Kap. 25, Elektrodynamik in relativistischer Bezeichnungsweise,
    Kap. 26, Lorentztransformation der Felder

Buckel, W.: Supraleitung, Wiley-VCH, Weinheim, 6. Auflage (2006)
    Kap. 9.1.4: Anwendungen für supraleitende Magnete

Wolsky, A., Giese, R.F. und Daniels, E.J.: The new superconductors: Prospect for applications, *Scientific American*, Feb. 1989, p.45

Herlach, F.: Strong and Ultrastrong Magnetic Fields and their Applications, Springer (1985)

Lang, K.R.: Die Sonne, Stern unserer Erde, Springer (1996)
    Kap. 5: Ein magnetischer Stern, Sonnenflecken und magnetische Schleifen, Zyklen magnetischer Aktivität,
    Kap. 8: Die Magnethülle der Erde, Geomagnetische Stürme

Kippenhahn, R.: Der Stern von dem wir leben, Deutscher Taschenbuch Verlag (1993)

> Das Buch beschreibt sehr anschaulich das dramatische magnetische Verhalten der Sonne während der Sonnenfleckentätigkeit

Kippenhahn, R.: 100 Billions Suns, Princeton Univ. Press (1993)

> Kap. 8: Das Magnetfeld der Pulsare und Neutronensterne

Calder, N: Die launische Sonne, Dr. Böttiger Verlag (1997)

> Kap. 9: Einfluss des solaren Magnetfelds auf die Intensität der kosmischen Strahlung, auf die Bewölkung und das Klima der Erde

Unsöld, A.; Baschek, B.: Der neue Kosmos, Springer, 7. Auflage (2005)

> Kap. 20: Solare und interplanetarische Magnetfelder,
> Kap. 21: Magnetfelder in Sternen,
> Kap. 24: Galaktische Magnetfelder,
> Kap. 34: Magnetfelder der Neutronensterne und Röntgenastronomie

7 Die Bewegung von geladenen Teilchen im magnetischen Feld

In diesem Abschnitt wollen wir das zeitlich konstante magnetische Feld als vorgegeben betrachten, gleichgültig ob es sich um das Magnetfeld einer Spule, eines Hufeisenmagneten oder der Erde handelt. Wir wollen hier nur die Frage stellen: Wie bewegen sich Ladungsträger (z.B. Elektronen in Metallen oder im Vakuum) in homogenen oder inhomogenen Magnetfeldern unter dem Einfluss der Lorentz-Kraft $\vec{F} = q \cdot (\vec{v} \times \vec{B})$?

7.1 Die magnetische Kraft auf einen stromführenden Draht

Betrachten wir einen Draht der Länge l, in dem ein Strom I fließt und der senkrecht zum homogenen Magnetfeld $\vec{B}$ liegt. Die Kreuze in Bild 7.1 deuten an, dass das Magnetfeld $\vec{B}$ in die Zeichenebene zeigt.

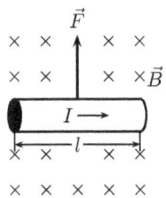

Bild 7.1: Zur Berechnung der magnetischen Kraft auf ein stromdurch-flossenes Leiterstück in einem homogenen Magnetfeld.

Die Lorentz-Kraft, welche auf dieses Leiterelement wirkt, ist

$$\vec{F} = n \cdot A \cdot l \cdot q \cdot \left(\vec{v}_{\mathrm{D}} \times \vec{B} \right). \tag{7.1}$$

In diesem Ausdruck ist n die Zahl der Ladungsträger mit der Ladung q pro Volumeneinheit und $\vec{v}_{\mathrm{D}}$ ihre *Driftgeschwindigkeit*. Mit dem vektoriellen

Strom $\vec{I} = n \cdot A \cdot q \cdot \vec{v}_D$ ergibt sich für die Kraft auf den Draht:

$$\boxed{\vec{F} = \left(\vec{I} \times \vec{B}\right) \cdot l} \tag{7.2}$$

Wenn – wie in Bild 7.1 – der Strom senkrecht zum Magnetfeld fließt, ist der Betrag dieser magnetischen Kraft einfach $F = I \cdot B \cdot l$. Diese Kraft liegt fast allen elektrischen Maschinen zugrunde. Sie hängt nicht vom Vorzeichen der Ladungsträger ab, die zum Strom beitragen. Ob in Bild 7.1 positive Ladungen nach rechts oder negative nach links fließen, positive wie negative Ladungen erleiden die gleiche Lorentz-Kraft nach oben. Man kann daher durch die Messung der Kraftwirkung auf den ganzen Leiter keine Auskunft über das Vorzeichen der Ladungsträger im Metall erhalten.

7.2   Der Hall-Effekt

Wie aber wirkt sich ein Magnetfeld auf die Verteilung der Ladungsträger im Innern des Drahtes aus? Mit dieser Frage hat sich schon 1879 E.H. HALL beschäftigt und ein Verfahren erdacht, mit dem man Vorzeichen, Dichte und Driftgeschwindigkeit der Ladungsträger in leitenden Medien bestimmen kann.

Nehmen wir z.B. an, der Strom im Draht werde nur von positiven Ladungsträgern der Dichte n und der Ladung $+q$ erzeugt, die mit einer Driftgeschwindigkeit v_D nach rechts laufen, wie in Bild 7.2 etwas größer dargestellt ist: $j_x = q \cdot n \cdot v_D$. Wir wollen die x-Achse unseres Koordinatensystems parallel zur Stromrichtung legen und die y-Achse parallel zum Magnetfeld: $B = B_y$. Unter dem Einfluss der Lorentz-Kraft erfahren die positiven Ladungsträger eine Ablenkung nach oben, so dass oben ein Überschuss und unten ein Defizit von positiven Ladungen zustandekommt. Durch diese lokale Störung der Ladungsneutralität entsteht ein elektrisches Querfeld E_z im Leiter. Wie groß ist nun E_z? Da sich beim stationären Strom die Ladungen nur in der x-Richtung bewegen, ist die Gesamtkraft in der z-Richtung gleich null: Die Kraft des elektrischen Feldes E_z auf die Ladungen wird genau kompensiert durch die magnetische Lorentz-Kraft $qE_z + qv_D B_y = 0$ oder

Der Halleffekt gibt Auskunft über Größe und Vorzeichen der Driftgeschwindigkeit

$$\boxed{E_z = -v_D \cdot B_y} \qquad \textbf{Hall-Feld} \tag{7.3}$$

Aus dem Vorzeichen der Driftgeschwindigkeit ergibt sich naturgemäß bei konstantem Strom auch sofort das Vorzeichen der Ladungsträger. Durch die Messung des elektrischen Querfeldes E_z in einem bekannten Magnetfeld

B_y kann man also sowohl die Größe als auch das Vorzeichen der Driftgeschwindigkeit der Ladungsträger bestimmen unabhängig von ihrer Dichte n
und ihrer Ladung q.

Da die Stromdichte andererseits $j_x = n \cdot q \cdot v_D$ ist, kann man in (7.3) auch
die Driftgeschwindigkeit durch die ebenfalls messbare Stromdichte ersetzen
und erhält damit

$$\boxed{E_z = -\frac{j_x}{n \cdot q} \cdot B_y},\qquad(7.4)$$

d.h. eine Bestimmungsgleichung für die *Ladungsträgerdichte* n. Auf diese
Weise, d.h. durch Messung von E_z, j_x und B_y, hat man gefunden, dass in
den meisten Metallen der Strom von negativen *Leitungselektronen* getragen
wird. In Tabelle 7.1 sind die mit dem Hall-Effekt gemessenen Ladungsträgerdichten einiger Metalle angegeben. Die beobachtete Trägerdichte n
stimmt – besonders bei den Alkalimetallen – recht gut mit der Zahl der Atome pro Volumeneinheit überein, so dass in diesen Fällen etwa jedes Atom
eines seiner Elektronen zum Ladungstransport beisteuert.

*In den
Alkali-Metallen:
Zahl der
Leitungselektronen
$\cong$ Zahl der Atome*

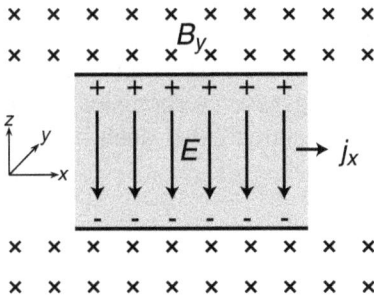

Bild 7.2: Der Hall-Effekt.

Tabelle 7.1: Ladungsträger- und Teilchendichten einiger Metalle (pro m^3).

Metall	Gemessene Trägerdichte	Zahl der Atome
Na	$2{,}5 \times 10^{28}$	$2{,}6 \times 10^{28}$
K	$1{,}5 \times 10^{28}$	$1{,}3 \times 10^{28}$
Cs	$0{,}8 \times 10^{28}$	$0{,}85 \times 10^{28}$
Cu	$11{,}0 \times 10^{28}$	$8{,}4 \times 10^{28}$
Ag	$7{,}4 \times 10^{28}$	$6{,}0 \times 10^{28}$
Au	$8{,}7 \times 10^{28}$	$5{,}9 \times 10^{28}$

Eine weitere wichtige Anwendung des Hall-Effektes liegt in der *Messung
magnetischer Felder*: Nach (7.3) steigt das Hall-Feld E_z linear mit dem zu

messenden Magnetfeld B_y an, und die Empfindlichkeit einer *Hall-Sonde* wächst mit der Driftgeschwindigkeit v_D. Für Magnetfeldmessungen dieser Art benutzt man daher am vorteilhaftesten Materialien mit hoher Ladungsträgerbeweglichkeit.

7.3   Der magnetohydrodynamische Generator (MHD-Generator)

Lässt man ein ionisiertes Plasma senkrecht durch ein Magnetfeld strömen, wie in Bild 7.3 dargestellt ist, so findet eine räumliche Ladungstrennung senkrecht zur Strömungsgeschwindigkeit v_D statt: Die obere Elektrode lädt sich gegenüber der unteren elektrisch auf. Verbindet man beide Elektroden über einen „Verbraucherwiderstand", so fließt ein Strom, und dem sog. *MHD-Generator* kann auf diese Weise elektrische Energie entnommen werden. Der MHD-Generator enthält keine beweglichen Maschinenteile, lässt daher höhere Arbeitstemperaturen zu und erreicht somit einen höheren Wirkungsgrad bei der Energieumwandlung (s. Carnotscher Wirkungsgrad, Physik I). und ist auch wegen seiner kurzen Anschaltzeit vielen Energiewandlern überlegen: Er kann in 40 Sekunden auf volle Leistung von vielen Megawatt gebracht werden. Das erste größere MHD-Kraftwerk hat seinen Betrieb 1971 in der Nähe von Moskau aufgenommen. Als Arbeitsmedium werden dort hocherhitzte ionisierte Verbrennungsgase (verbranntes Erdöl oder Erdgas mit leicht ionisierbaren Zusätzen) benutzt. Aber auch flüssige Metalle eignen sich als Arbeitsmedium.[1]

Der MHD-Generator ist gut geeignet für gepulsten Betrieb

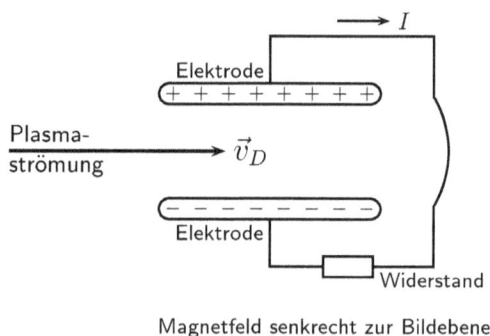

Bild 7.3: Prinzip des magnetohydrodynamischen Generators.

Das Prinzip des MHD-Generators ist leicht zu demonstrieren, indem man (siehe Bild 7.4) statt eines heißen Plasmas einfach einen Metallstreifen

---

[1] Näheres hierzu, siehe z.B. P. Komarek, MHD-Energieumwandlung, *Umschau* **71** (1971) 313 und R. Decher, Direct Energy Conversion, Oxford Univ. Press (1997).

zwischen zwei Kontakten durch ein senkrecht dazu gelegenes Magnetfeld zieht: Die Elektronen werden nach unten abgelenkt, so dass sich der untere Kontakt negativ gegenüber dem oberen auflädt. Wegen der hohen Ladungsträgerdichte des Metalls lassen sich in diesem Fall bei Überbrückung der beiden Kontakte große Ströme erzeugen.

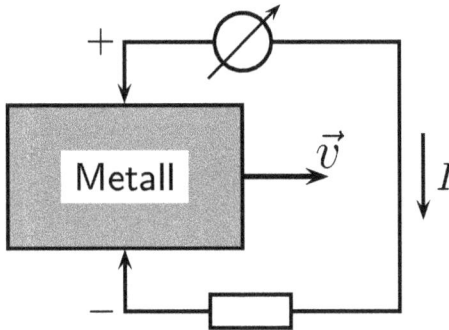

Bild 7.4: Versuch zur Demonstration des Prinzips des MHD-Generators: Ein Metall zwischen zwei Elektroden wird mit der Geschwindigkeit $\vec{v}$ senkrecht zu einem Magnetfeld bewegt. Das Magnetfeld steht senkrecht auf der Bildebene.

Frage:

Wie groß ist die Leerlaufspannung, wenn ein 1 cm breiter Kupferstreifen in einem Feld von 1 T mit einer Geschwindigkeit von 0,1 m/s nach rechts bewegt wird?

7.4 Bewegte metallische Leiter (Generatorprinzip)

Keine grundsätzlich neue Situation ergibt sich, wenn wir den Kupferdraht nicht – wie oben – entlang seiner Längsachse, sondern, wie in Bild 7.5 dargestellt ist, senkrecht dazu mit der Geschwindigkeit $\vec{v}$ bewegen. (Das Magnetfeld bleibt nach wie vor senkrecht zur Zeichenebene). In diesem ebenfalls technisch wichtigen Spezialfall wirken auf die Elektronen und positiven Ionen magnetische Kräfte, deren Summe gleich null ist, da der Draht elektrisch neutral ist. Auf den Draht als Ganzes wirkt also keine Kraft. Die beweglichen Elektronen werden jedoch innerhalb des Drahtes durch die Lorentz-Kraft zum unteren Ende gedrängt, wodurch eine EMK oder Potentialdifferenz zwischen dem unteren und oberen Ende des Drahts erzeugt wird. Im Gleichgewicht gilt wieder:

$$q \cdot E + q \cdot v \cdot B = 0 \qquad \text{daraus folgt:} \quad E = -v \cdot B.$$

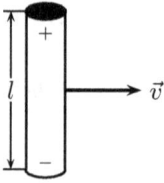

Bild 7.5: Generatorprinzip: Innerhalb eines Leiterstückes, das senkrecht zu einem Magnetfeld bewegt wird, wird eine elektrische Spannung erzeugt.

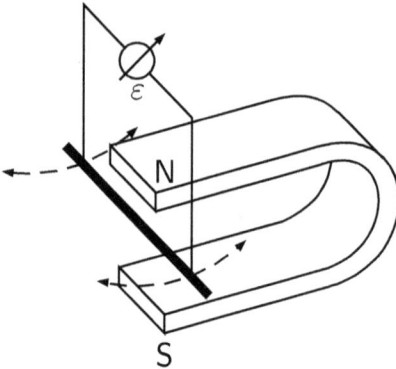

Bild 7.6: Demonstrationsversuch zum Generatorprinzip: Ein Kupferrohr schwingt im magnetischen Feld eines Hufeisenmagneten.

Die EMK ϵ innerhalb eines Leiterstückes der Länge l ist damit:

$$\epsilon = \int_0^l \vec{E}\, d\vec{r} = -v \cdot B \cdot l. \tag{7.5}$$

Dies ist das Grundprinzip aller Spannungsgeneratoren, bei denen durch die Bewegung von Leitern im statischen Magnetfeld eine Spannung erzeugt wird. Bild 7.6 zeigt an einem Demonstrationsbeispiel die Erzeugung einer EMK in einem bewegten Leiter. Letzterer besteht hier aus einem Kupferrohr, welches an zwei dünnen Drähten aufgehängt durch das Magnetfeld eines Hufeisenmagneten schwingt.

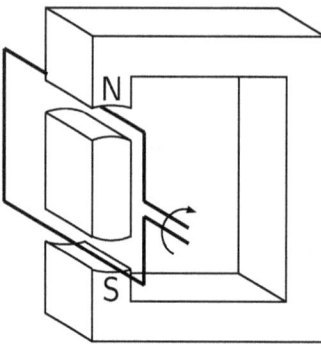

Bild 7.7: Ein einfacher Spannungsgenerator: drehbare Spule im Magnetfeld eines Permanentmagneten.

In der Technik wird das Generatorprinzip meist mit rotierenden Spulen und festen Magneten oder mit rotierenden Magneten und festen Spulen verwirklicht. Bild 7.7 zeigt eine übersichtliche Anordnung mit einer drehbaren Spule oder Windung wiederum im Feld eines festen Permanent-Magneten (Prinzip eines Fahrrad-Dynamos). Schließlich sei noch erwähnt, dass man durch Drehung einer Spule im Magnetfeld auch die Größe des Magnetfelds aus der bei der Rotation auftretenden EMK bestimmen kann.

Frage:

Wie müsste man ein solches Gerät konstruieren, um nach diesem Prinzip das Erdfeld von etwa $0,5 \cdot 10^{-4}$ T ausmessen zu können?

7.5 Kraftwirkungen auf einen magnetischen Dipol im magnetischen Feld

Nun wollen wir die Verhältnisse beim Generator in Bild 7.7 umkehren: Statt die rechteckige Spule zu drehen, um einen Stromfluss zu erzeugen, wollen wir sie festhalten, aber zugleich einen Kreisstrom I in ihr aufrechterhalten. Welche Kraft übt nun das Magnetfeld auf die stromdurchflossene Spule aus?

In Bild 7.8 ist eine Leiterschleife in der Form eines Rechtecks dargestellt, die vom Strom I durchflossen wird. Das Magnetfeld $\vec{B}$ sei dabei so gewählt, dass ein Seitenpaar des Leiterrechtecks senkrecht zu $\vec{B}$ liegt. Das Magnetfeld übt (nach (1.8)) auf diese Seiten der Länge b durch die Kräfte $F_1 = I \cdot B \cdot b$

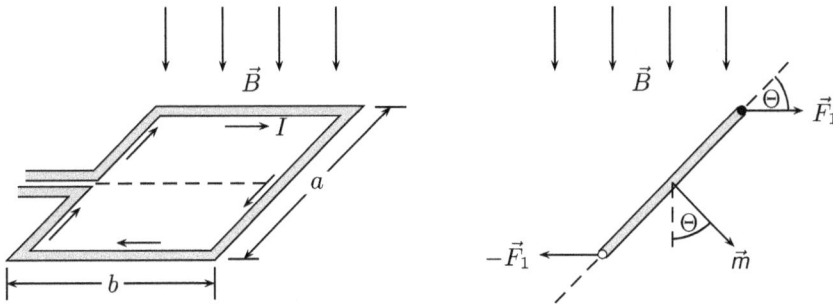

Bild 7.8: Zur Berechnung des Drehmoments auf eine rechteckige Stromschleife in einem homogenen magnetischen Feld: Die linke Bildhälfte zeigt eine perspektivische Sicht mit der gestrichelten Drehachse. In der rechten Bildhälfte liegt die Zeichenebene senkrecht zur Drehachse, sichtbar ist das Kräftepaar $\vec{F}_1$ und $-\vec{F}_1$ sowie das magnetische Moment $\vec{m}$ der Stromschleife. Da auf die beiden Leitersegmente der Länge a nur Kräfte parallel zur Drehachse wirken, können diese beiden Leiterstücke keinen Beitrag zum Drehmoment um diese Achse liefern.

und $-F_1$ (siehe Bild 7.8) ein *Drehmoment* von der Größe

$$D = F_1 \cdot a \cdot \sin \Theta = I \cdot B \cdot a \cdot b \cdot \sin \Theta \tag{7.6}$$

aus. Auf die beiden anderen Seiten wird, wie wir leicht sehen können, kein Drehmoment ausgeübt. Die Größe $I \cdot ab = (\text{Strom} \times \text{Fläche})$ haben wir bereits in Abschnitt 6.2 als das *magnetische Dipolmoment* m einer Stromschleife definiert. Somit ergibt sich für das Drehmoment der Stromschleife:

$$\boxed{\vec{M} = \vec{m} \times \vec{B}} \tag{7.7}$$

Frage:

Versuchen Sie zu zeigen, dass (7.7) auch für rechteckige Stromschleifen bei beliebiger Orientierung im Magnetfeld und ebenfalls für ebene Stromschleifen mit nicht rechteckiger Form gilt.

Ein so definierter magnetischer Dipol verhält sich also im magnetischen Feld ähnlich wie der schon in Abschnitt 2.6 beschriebene elektrische Dipol im elektrischen Feld: Auf beide wirkt ein ausrichtendes Drehmoment, und beide besitzen im Feld daher eine bestimmte potentielle Energie. Es lässt sich auch analog zu Abschnitt 4.4 zeigen[2], dass im inhomogenen Magnetfeld auf den magnetischen Dipol eine Kraft wirkt, die für den Fall, dass $\vec{m}$ parallel zu $\vec{B}$ liegt, vom Betrag

$$F = m \cdot \operatorname{grad} B$$

ist. In Tabelle 7.2 werden zusammenfassend Energie und Kraftwirkungen für einen Dipol im magnetischen bzw. elektrischen Feld miteinander verglichen. Im Folgenden seien drei wichtige Beispiele für Kraftwirkungen auf einen magnetischen Dipol aufgeführt.

Tabelle 7.2: Vergleich von magnetischem und elektrischem Dipol.

	Drehmoment im Feld	Potentielle Energie	Kraft auf Dipol im inhomogenen Feld
magnetischer Dipol	$\vec{m} \times \vec{B}$	$-(\vec{m} \cdot \vec{B})$	$(\vec{m} \cdot \vec{\nabla})\vec{B}$
elektrischer Dipol	$\vec{p} \times \vec{E}$	$-(\vec{p} \cdot \vec{E})$	$(\vec{p} \cdot \vec{\nabla})\vec{E}$

---

[2]Siehe hierzu z.B. J.B. Greene and F.G. Karioris, *Am. J. Phys.* **39** (1971) 172, Force on a Magnetic Dipole.

Motoren Schickt man durch eine drehbare Spule, die sich im Magnetfeld eines Permanentmagneten befindet (siehe z.B. Bild 7.7) einen Strom, so beginnt sie unter dem Einfluss des wirksamen Drehmoments zu rotieren. Um die Drehung aufrechtzuerhalten, muss nach jeder Drehung um $180°$ mit Hilfe eines *Kommutators* die Richtung des Stromes umgepolt werden, wenn der Motor mit Gleichstrom gespeist wird.

maximale Drehzahl von Motoren

Durch die Drehung des *Rotors* wird gleichzeitig eine EMK induziert (Generatorprinzip), welche der von außen angelegten Spannung entgegenwirkt. Wenn diese „Gegen-EMK" gleich groß geworden ist wie die von außen angelegte Spannung, hat der Motor seine höchstmögliche Drehzahl erreicht, bei der er von Ohmschen Verlusten abgesehen keine elektrische Leistung mehr aufnehmen und daher auch keine Arbeit mehr leisten kann.

Frage:
Wie hängt diese Maximaldrehzahl von U und B ab?

Drehspulgalvanometer Im Drehspulinstrument benutzt man die Anordnung von Bild 7.7 zur Messung des elektrischen Stromes. Die Drehspule im Magnetfeld des Permanentmagneten wird jetzt durch eine Feder (z.B. durch einen Torsionsfaden) elastisch an eine Ruhelage gebunden. Unter dem Einfluss eines Drehmoments M dreht sich die Spule um den Winkel $d\Theta$ aus dieser Ruhelage heraus. Für kleine Drehwinkel ist dabei $d\Theta$ proportional zu M und wegen (7.6) auch proportional zum Strom I. Der Drehwinkel $d\Theta$ nimmt also in diesem Fall linear mit dem Strom I durch die Spule zu; die Empfindlichkeit eines solchen Strommessgerätes ist nach (7.7) am größten, wenn die Ruhelage der Spule zu $\Theta = 90°$ gewählt wird.

Galvanometer mit linearer Stromanzeige

In der Praxis enthalten fast alle Drehspulinstrumente im Innern der Spule – wie in Bild 7.7 und in Bild 7.9 angedeutet – noch einen magnetisierbaren Weicheisenzylinder: Er dient zur Verkleinerung des Luftspalts und damit zur Erhöhung des effektiven Magnetfeldes, welches auf die Spule wirkt. Zugleich ergibt die *radiale* Richtung des Magnetfeldes eine Erweiterung des Winkelbereichs für die Gültigkeit der linearen Beziehung zwischen $d\Theta$ und I. Drehspulinstrumente dieser Art werden als Strommessgeräte bis herab zu Stromstärken von 10^{-12} A verwendet.

Die Präzession von Atomen und Kernen im Magnetfeld Kreisströme existieren nicht nur in geschlossenen Drahtschleifen, wie gerade diskutiert wurde, sondern auch in vielen Atomen als Folge der kreisenden *Bahnbewegung* ihrer Elektronen um den positiven Kern. So besitzen alle Atome mit einem elektronischen Bahndrehimpuls immer auch ein magnetisches Moment. Auch die Eigendrehung (Spin) vieler geladener Elementarteilchen und

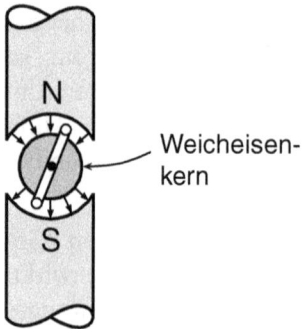

Bild 7.9: Prinzipieller Aufbau eines Drehspulgalvanometers.

Kerne führt dazu, dass diese Teilchen ein magnetisches Moment besitzen, obwohl ihr Schwerpunkt ruht.

Bringen wir nun ein Atom oder einen Kern mit einem magnetischen Moment in ein Magnetfeld, so wird ein Drehmoment entsprechend (7.7) ausgeübt. Infolge des Bahndrehimpulses des Elektrons bzw. infolge des Kernspins richten sich die Momente jedoch nicht im Feld aus, sondern führen eine Präzessionsbewegung um das angelegte magnetische Feld aus wie ein Kreisel unter dem Einfluss eines Drehmomentes (siehe Physik I).

Frage:

Elektronen- und Kernspinresonanz-Experimente

Zeigen Sie, dass für die Präzessionsfrequenz $\omega_p/2\pi$ gilt: $\omega_p = (m/L) \cdot B$. Dabei ist L der Drehimpuls. Wie groß ist etwa die Präzessionsfrequenz des Elektrons eines H-Atoms (Bohrsches Atommodell) in einem Feld von $B = 10^{-4}$ T? (Siehe hierzu z.B. Feynman, *Vorlesungen über Physik*, Band II, Kap. 34.2, 34.3.)

7.6 Bahnen freier Ladungen im Magnetfeld

Jetzt wollen wir die Bewegung eines freien, geladenen Teilchens zunächst in einem homogenen Magnetfeld betrachten. Das Teilchen bewege sich senkrecht zum Magnetfeld $\vec{B}$ mit einer Geschwindigkeit $\vec{v}$. Da die Lorentz-Kraft $\vec{F} = q \cdot (\vec{v} \times \vec{B})$ immer auf $\vec{v}$ senkrecht steht, verändert sie nicht den Betrag von $\vec{v}$, sondern führt nur zu einer seitlichen Ablenkung in einer zu $\vec{B}$ senkrechten Ebene. Die Beschleunigung ist daher zeitlich konstant. Das Teilchen bewegt sich in diesem Fall auf einer Kreisbahn (siehe Physik I), wobei die Beschleunigung durch die Lorentz-Kraft bestimmt ist:

$$\frac{F}{m} = \frac{q \cdot v \cdot B}{m} = \frac{v^2}{r}. \tag{7.8}$$

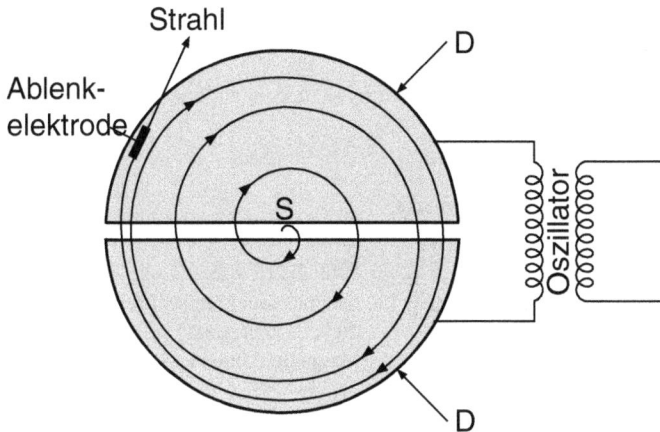

Bild 7.10: Prinzipieller Aufbau eines Zyklotrons. Das Magnetfeld steht senkrecht zur Bildebene.

Daraus ergibt sich für die Kreisfrequenz $\omega = v/r$:

$$\boxed{\omega = \frac{q}{m} \cdot B} \qquad \textbf{Zyklotronfrequenz} \qquad (7.9)$$

Die Kreisfrequenz ist interessanterweise *unabhängig vom Bahnradius*. Diese Tatsache wird im *Zyklotron* zur Beschleunigung von geladenen Teilchen benutzt, wie in Bild 7.10 schematisch dargestellt ist. *Das Zyklotron*

Das Magnetfeld steht senkrecht auf der Bild- und Bahnebene. An die beiden D-förmigen Elektroden wird eine Wechselspannung der Frequenz $\nu = q \cdot B/(2\pi m)$ angelegt. Das elektrische Feld zwischen den Elektroden wirkt auf die von der Quelle S emittierten, geladenen Teilchen im Takt ihrer Zyklotronfrequenz, so dass diese bei jedem Durchgang durch das elektrische Feld weitere Energie aufnehmen, wobei sich der Bahnradius entsprechend immer weiter vergrößert, bis die nunmehr sehr energiereichen Elektronen durch eine Ablenkelektrode als Teilchenstrahl aus dem Zyklotron ausgeblendet werden. Mit einem Zyklotron dieser Art können prinzipiell nur kinetische Energien der Teilchen erreicht werden, die noch klein sind im Vergleich mit ihrer Ruheenergie $m_0 c^2$. Für höhere Energien wird die Masse stark geschwindigkeitsabhängig und kann in (7.9) nicht mehr als konstant betrachtet werden.

Frage:

Wie würden Sie dieses einfache Zyklotron modifizieren, um auch relativistische Energien zu erreichen?

Der Umlaufsinn bzw. die Ablenkrichtung eines freien geladenen Teilchens im Magnetfeld hängt vom Vorzeichen der Ladung ab. Das Ladungsvorzei-

Magnetfeld senkrecht zur Bildebene

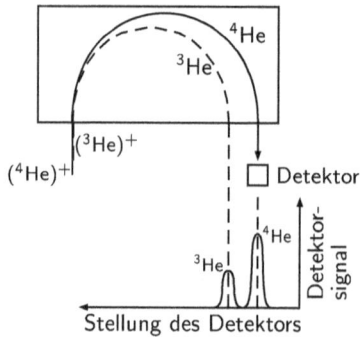

Bild 7.11: Das Prinzip eines Massenspektrometers: Ionen mit gleicher Anfangsgeschwindigkeit, aber verschiedenen Massen werden im Magnetfeld unterschiedlich abgelenkt.

Die Blasenkammer

chen noch unbekannter Elementarteilchen ist daher sofort aus dem *Blasenkammerbild* (siehe Bild 2.2) seiner Bahn im Magnetfeld ablesbar. Der Krümmungsradius der Bahn ergibt außerdem nach (7.8) den Impuls des Teilchens:

$$p = mv = rqB.$$

Massenspektrometer

Im *Massenspektrometer* wird die Ablenkung eines Ions bekannter Geschwindigkeit im Magnetfeld zur Bestimmung seiner Masse benützt. Bild 7.11 zeigt schematisch den Nachweis von ^3He und ^4He im einfallenden Ionenstrahl. Das leichtere Ion erleidet im Magnetfeld, das senkrecht zur Bildebene liegt, die stärkere Ablenkung. Da mit Hilfe des Massenspektrometers sehr kleine Massenunterschiede ($\Delta m/m < 10^{-5}$) und sehr geringe Ionenkonzentrationen nachgewiesen werden können, ist dieses Gerät ein unentbehrliches Hilfsmittel der Forschung geworden. Ein Beispiel hierfür, die historische Altersbestimmung mit Hilfe des radioaktiven Zerfalls, haben wir bereits in Physik I kennengelernt.

Als Nächstes wollen wir ein Teilchen betrachten, welches sich nicht genau senkrecht zum homogenen Magnetfeld bewegt. Es besitzt also Geschwindigkeitskomponenten $v_\perp$ und $v_\parallel$ senkrecht und parallel zum Magnetfeld $\vec{B}$. Da die Lorentz-Kraft $\vec{F} = q(\vec{v} \times \vec{B})$ definitionsgemäß keine Komponente parallel zum Feld $\vec{B}$ besitzt, erfährt auch die Geschwindigkeitskomponente $v_\parallel$ keinerlei Änderung im magnetischen Feld. Die Lorentz-Kraft wirkt nur auf die Geschwindigkeitskomponente $v_\perp$:

$$F = q \cdot v_\perp \cdot B = \frac{m \cdot v_\perp^2}{r} \tag{7.10}$$

$$\frac{v_\perp}{r} = \omega = \frac{q}{m} \cdot B. \tag{7.11}$$

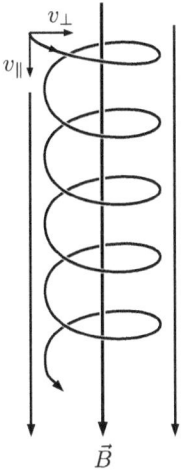

Bild 7.12: Bahn eines geladenen Teilchens dessen Anfangsgeschwindigkeit nicht senkrecht zu $\vec{B}$ liegt, in einem homogenen Magnetfeld.

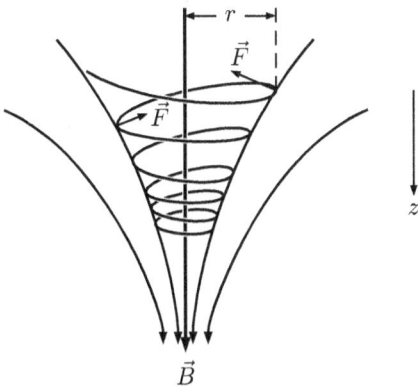

Bild 7.13: Bahn eines geladenen Teilchens in einem inhomogenen Feld: Die Lorentz-Kraft hat eine Komponente entgegen der Bewegungsrichtung, die eine Reflexion des Teilchens in die z-Richtung verursacht.

Das Teilchen bewegt sich somit parallel zum Magnetfeld mit konstanter Geschwindigkeit vorwärts, umkreist aber dabei die Feldrichtung mit der Zyklotronfrequenz. Es bewegt sich also auf einer *schraubenförmigen* Bahn wie in Bild 7.12 angedeutet ist.

Wie sieht aber die Bahn eines geladenen Teilchens aus, welches sich in einem räumlich *inhomogenen* Magnetfeld bewegt? Bild 7.13 zeigt als Beispiel die Bahn eines Teilchens in einem Magnetfeld, welches mit wachsendem z ansteigt. In diesem Fall hat die Lorentz-Kraft $\vec{F} = q(\vec{v} \times \vec{B})$, wie man aus Bild 7.13 ersieht, eine Komponente in der $(-z)$-Richtung: Das Fortschreiten des Teilchens in der $(+z)$-Richtung (d.h. in der Richtung wachsender Magnetfelder) wird also gebremst, und anschließend kreist das Teilchen wieder in die $(-z)$-Richtung zurück (in der Abbildung nicht gezeigt):

„Spiegelung" von Teilchen im inhomogenen Magnetfeld

    Das geladene Teilchen erfährt also im inhomogenen Magnetfeld eine Reflexion.

Wir wollen versuchen, etwas mehr über diese scheinbar komplizierte Bewegung auszusagen: Auch in diesem Fall eines inhomogenen Feldes wirkt die Lorentz-Kraft *immer senkrecht* zu $\vec{v}$, und so bleibt auch hier der *Betrag der Gesamtgeschwindigkeit unverändert*. Da aber, wie wir gerade demonstriert hatten, die z-Komponente mit der Zeit abnimmt, muss offenbar die dazu senkrechte Komponente $v_\perp$ zunehmen. Wie groß ist diese Zunahme? Diese Frage lässt sich leicht beantworten, wenn man bedenkt, dass in dem hier betrachteten Fall der Drehimpuls um die vertikale Symmetrieachse erhalten bleibt, da die Lorentz-Kraft immer auf die zentrale Drehachse hin gerichtet ist:

$$m \cdot v_\perp \cdot r = m \cdot \omega \cdot r^2 = \text{const.} \tag{7.12}$$

Da die Zyklotronfrequenz nach (7.9) proportional zum lokalen Feld $\vec{B}$ ist, ergibt sich

$$\boxed{B \cdot r^2 = \text{const}} \tag{7.13}$$

d.h. zu allen Zeiten bleibt der von der Teilchenbahn umkreiste Magnetfluss gleich groß, wie in Bild 7.13 angedeutet ist.

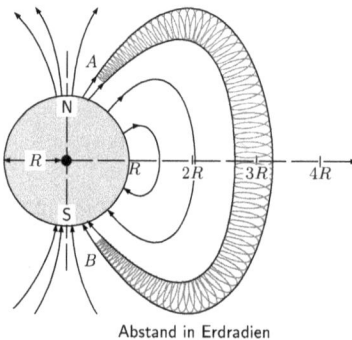

Abstand in Erdradien

Bild 7.14: Geladene Teilchen (meist Elektronen und Protonen) können vom Magnetfeld der Erde so eingefangen werden, dass sie sich auf einer Spirale längs einer Feldlinie bewegen und zwischen zwei polnahen Spiegelpunkten A und B hin- und herlaufen. Die ganze Spiralbewegung treibt für Elektronen von Ost nach West um die Erde und für Protonen umgekehrt.

7.7 Bahnen geladener Teilchen im Magnetfeld der Erde

Bild 7.14 zeigt die Bahn eines Elektrons (oder Protons), welches zwischen den Punkten A und B hin- und herreflektiert wird und auf diese Weise für lange Zeiten vom Erdfeld eingefangen werden kann. In der Zeit von 1958 bis 1962 hat man diesen Einfangmechanismus mit künstlich injizierten Elektronen besonders deutlich demonstrieren können: Atombombenexplosionen

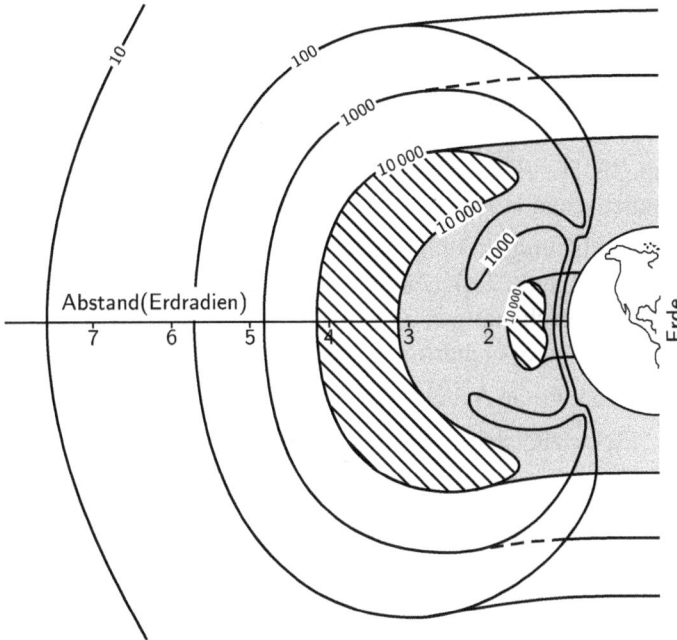

Bild 7.15: Van-Allen-Strahlungsgürtel: Sie umgeben die Erde in zwei ringförmigen Zonen
(schraffiert) in Abständen von etwa 3000 km bzw. 15000 km von der Erdoberfläche. Der innere Strahlungsgürtel besteht aus eingefangenen hochenergetischen Protonen ($E > 100\,\text{keV}$)
und Elektronen ($E > 40\,\text{keV}$), der äußere vor allem aus niederenergetischen Elektronen.

in großer Höhe in der Nähe der Stelle A (siehe Bild 7.14) erhöhten plötzlich
die Dichte der Protonen und Elektronen in der Region A. Nach etwa einer
Sekunde tauchten diese Protonen im Punkt B über der Südhalbkugel auf.
Die künstlich injizierten Protonen und Elektronen pendeln für sehr lange
Zeiten von Norden nach Süden und zurück. So beträgt die Verweildauer
von Elektronen, die etwa in einer Höhe von 10000 km über dem Äquator
in einem Strahlungsgürtel pendeln, 1 bis 2 Jahre. Die Dichteverteilung der
normalerweise im Magnetfeld der Erde eingefangenen Ladungsträger (Protonen und Elektronen) ist in Bild 7.15 wiedergegeben. Die Linien gleicher
Zählraten sind eingezeichnet und zeigen die Existenz von zwei Strah- *Van-Allen-*
lungsgürteln (schraffiert) mit besonders hoher Ladungsträgerdichte. Diese *Strahlungsgürtel*
Strahlungsgürtel werden nach ihrem Entdecker *Van-Allen-Gürtel* genannt. *der Erde*

Literaturhinweise zu Kapitel 7

Feynman, R., Vorlesungen über Physik, Band II, Oldenbourg, München/ Wien (2007)
>
> Kap. 29: Die Bewegung von Ladungen in elektrischen und magnetischen Feldern

Daniel, H., Beschleuniger, Teubner, Stuttgart (1974),
>
> Aus dem Inhalt: Teilchen in elektromagnetischen Feldern, Potentialbeschleuniger, Zyklotron, Betatron, Synchrotron, Speicherringe, Linearbeschleuniger

Wiedemann, H., Particle Accelerator Physics, Springer (1999), 2 Bände

Pohl, R.W., Elektrizitätslehre, Springer, Berlin (1995),
>
> Kap. 19, Kanalstrahlen und Massenspektrographen

Schröder, E., Massenspektrometrie, Springer (2002)

Walt, M., Introduction to Geomagnetically Trapped Radiation, Cambridge Univ. Press (2006)

Baumjohann, W. und Treumann, R.A., Basic Space Plasma Physics, Imperial College Press, London (1997)
>
> Einführung in die Physik der Van-Allen-Gürtel

Ratcliffe, J.A., Sonne, Erde, Radio, Die Erforschung der Ionosphäre, Fischer, Frankfurt (1974)

Brekke, A., Physics of the Upper Polar Atmosphere, Wiley (1997)

Gombosi, T.I., Physics of the Space Environment, Cambridge Univ. Press (1998)

8 Induktionserscheinungen

Bisher haben wir recht ausführlich die Erzeugung magnetischer Felder durch elektrische Ströme kennengelernt. In diesem Kapitel wollen wir uns mit der umgekehrten Frage beschäftigen: Kann man nicht auch aus Magnetfeldern Ströme und Elektrizität gewinnen? Genau diese Frage stellte sich etwa 1820 M. FARADAY, einer der besten Experimentatoren seiner Zeit.

Bemerkung:

M. FARADAY wurde 1791 als Sohn eines Schmiedes in Yorkshire geboren, begann mit 14 Jahren eine Lehrzeit als Buchbinder, wurde später Vorlesungsassistent und hatte hierbei erstmalig Gelegenheit zu eigenen Experimenten. 1821 erfand er den ersten Elektromotor. Die Hoffnung, so schreibt er 1831, aus einem gewöhnlichen Magnetfeld Elektrizität zu gewinnen, habe ihn zu immer neuen Versuchen angeregt, die schließlich erfolgreich waren.

„Nothing is too strange to be true!"
M. FARADAY

> FARADAYs *Versuche haben klar demonstriert, dass ein zeitlich sich ändernder magnetischer Fluss z.B. durch eine Spule, eine elektrische Spannung in der Spule hervorruft.*

8.1 Das Faradaysche Induktionsgesetz

Die Entdeckung FARADAYs wollen wir an einigen anschaulichen Beispielen erläutern. Bild 8.1 zeigt zunächst als Spule eine einfache Drahtschleife, die sich im Magnetfeld eines Stabmagneten befindet und die an einen Spannungsmesser angeschlossen ist. An den beiden Drahtenden tritt erfahrungsgemäß keine Spannung auf, wenn der Fluss des magnetischen Feldes durch die Drahtschleife sich nicht ändert.

Sobald sich der Magnetfluss Φ durch die Querschnittsfläche der Drahtschleife ändert, tritt nach der Entdeckung Faradays an den beiden Drahtenden eine messbare EMK ϵ auf von der Größe:

$$\boxed{\epsilon = -\frac{d\Phi}{dt}} \qquad \text{\textbf{Faradaysches Induktionsgesetz}} \qquad (8.1)$$

Die zeitliche Änderung des Magnetflusses durch die Spule kann dabei auf verschiedene Arten hervorgebracht werden: z.B. durch Annäherung oder Entfernen des Stabmagneten von der Drahtschleife oder durch Drehen der Drahtschleife um 90°, so dass der Magnetfluss durch sie verschwindet. In all diesen Fällen zeigt das Spannungsmessgerät eine Spannung an, die gleich $-d\Phi/dt$ ist, unabhängig von der Art der Bewegung. Man nennt die auftretende Spannung, da sie durch eine magnetische Flussänderung induziert wird, kurz *induzierte Spannung* U_{ind}.

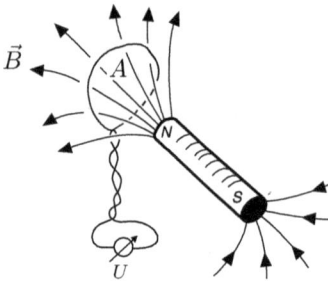

Bild 8.1: Eine Drahtschleife, die die Fläche A umschließt, im magnetischen Feld eines Stabmagneten.

8.2   Die Lenzsche Regel

Nach dem Ohmschen Gesetz führt die induzierte Spannung auch zu einem Strom

$$I = \frac{U}{R} = -\frac{d\Phi/dt}{R}, \qquad (8.2)$$

wenn R der gesamte Widerstand der Stromschleife ist. Bild 8.2 zeigt z.B. einen ringförmig geschlossenen Leiter, der sich in einem Magnetfeld befindet. In welcher Richtung fließt nun in der Ringschleife der induzierte Strom, wenn sich der Stabmagnet von der Drahtschleife entfernt bzw. wenn er sich nähert?

Lenzsche Regel und die Energieerhaltung

Die beste Antwort hierauf gibt uns das *Prinzip der Energieerhaltung*. Solange in dem Drahtring mit dem Ohmschen Widerstand R ein induzierter Strom I fließt, muss hierzu unabhängig von der Stromrichtung eine Leistung $P = I^2 \cdot R$ aufgebracht werden, da sich der Draht erwärmt. Woher kommt diese Energie? Nun, die kinetische Energie des sich bewegenden Stabmagneten muss sich offenbar beim Induktionsvorgang um den Betrag verringern, der in der Stromschleife als Wärme frei wird. Das durch den Induktionsstrom in der Drahtschleife selbst erzeugte Magnetfeld muss also die Bewegung des Stabmagneten abbremsen, gleichgültig, ob er sich entfernt oder nähert. Entfernt sich beispielsweise der Stabmagnet von der Stromschleife (siehe

Bild 8.2a), so kreist der Induktionsstrom in einer solchen Richtung, dass das magnetische Moment der Drahtschleife zu dem des Stabmagneten parallel liegt, so dass sich also beide anziehen und dadurch die Bewegung des Stabmagneten abgebremst wird.

Nähert sich umgekehrt der Magnet der Drahtschleife, so fließt der Induktionsstrom in der umgekehrten Richtung: Drahtschleife und Stabmagnet stoßen sich ab, wie in Bild 8.2b dargestellt ist. Wir können diesen Sachverhalt folgendermaßen ausdrücken:

Der induzierte Strom hat immer eine solche Richtung, dass er der   *Lenzsche Regel*
Flussänderung, die ihn hervorruft, entgegenwirkt.

Dies ist die *Lenzsche Regel.*

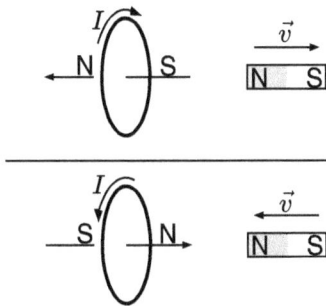

Bild 8.2: Zur Richtung des Induktionsstromes in einer Drahtschleife:
a) Der Magnet wird von der Drahtschleife wegbewegt: Der Induktionsstrom ist so gerichtet, dass sich Drahtschleife und Magnetfeld anziehen.
b) Der Magnet wird zur Drahtschleife hin bewegt: Der Induktionsstrom fließt nun in die andere Richtung, so dass auf den Magneten eine abstoßende Kraft wirkt.

8.3   Beispiele zum Induktionsgesetz

Eine gut leitende Drahtschleife „versucht" also, mit Hilfe des Induktionsstromes den magnetischen Fluss durch ihren Querschnitt konstant zu halten. Das gelingt desto besser, je höher das Leitvermögen des Leiters ist. Wenn wir beispielsweise den gut leitenden Ring (oder auch eine gut leitende Platte), der sich in Bild 8.3 zwischen den Polen eines Magneten befindet, nach rechts aus dem Magnetfeld ziehen wollen, so bleibt infolge des induzierten Stromes der magnetische Fluss durch den Ring (bzw. die Platte) nahezu konstant, d.h. *die magnetischen Feldlinien werden von einem guten Leiter, der sich bewegt, (teilweise) mitgenommen.*

Diese Mitnahme der magnetischen Feldlinien durch ein leitendes, bewegtes Medium trifft auch zu für die Feldlinien des erdmagnetischen Feldes. Sie haben nämlich nicht den Verlauf von Bild 8.4a, wie man ihn von einem magnetischen Dipol erwarten würde, sondern werden durch den relativ gut leitenden Plasmastrom, der von der Sonne ausgehend die Erde trifft,

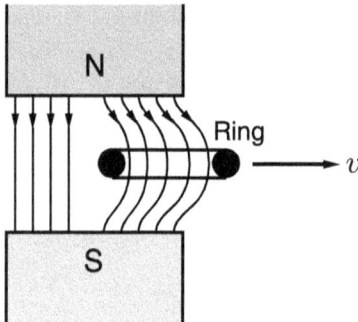

Bild 8.3: Beim Herausziehen eines gut leitenden Ringes aus einem Feld wird gerade ein so großer Strom induziert, dass der magnetische Fluss im Ring konstant bleibt.

besonders in großen Abständen von der Erde stark mitgenommen, wie in Bild 8.4b dargestellt ist. Die Feldlinien des erdmagnetischen Feldes „wehen" im Sonnenwind wie lange Haare bei einer Brise. Wir wollen dies nur als qualitatives Beispiel für die Mitnahme der Feldlinien durch bewegte Leiter anführen.[1]

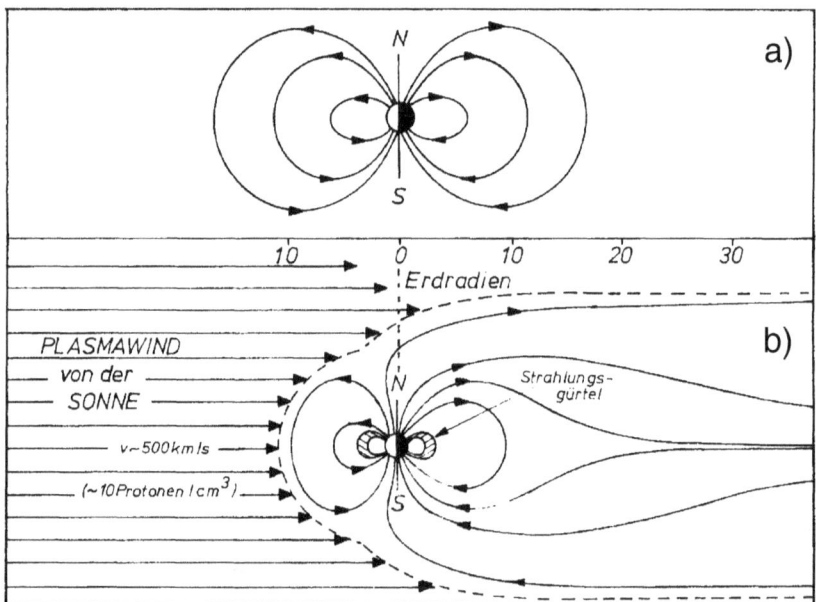

Bild 8.4: a) Das geomagnetische Feld ohne Plasmawind. b) Das geomagnetische Feld mit Plasmawind: Das Erdfeld hat nur bis etwa 4 Erdradien reinen Dipolcharakter, in größerem Abstand wird es auf der der Sonne zugewandten Seite zusammengepresst, auf der Nachtseite jedoch weit über die Mondbahn hinaus auseinandergezogen.

---

[1]Eine genaue Beschreibung des gemessenen und berechneten geomagnetischen Feldes und seiner Veränderung durch den Sonnenwind findet sich z.B. bei Campbell, W.H.: *Introduction to geomagnetic fields*, Cambrige Univ. Press (2003).

Frage:

Warum kann der Sonnenwind nicht auch das Magnetfeld schon in 10000 m Höhe ebenso drastisch verändern wie in größeren Höhen von etwa 10–20 Erdradien?

Diese Mitnahme der magnetischen Feldlinien durch bewegte Leiter wird auch benutzt zur kurzzeitigen Erzeugung höchster Magnetfelder mit Hilfe der sog. *Implosionstechnik* (siehe Bild 8.5). Man erzeugt zunächst durch einen gepulsten, starken Strom I im Innern des äußeren Kupferzylinders ein starkes magnetisches Anfangsfeld von ca. 5 T. Anschließend wird mit Hilfe der Dynamitringladung der Radius des äußeren Kupferzylinders stark reduziert. Bei der dabei auftretenden „Feldkompression" lassen sich kurzzeitig Felder von etwa 1400 T erreichen.[2]

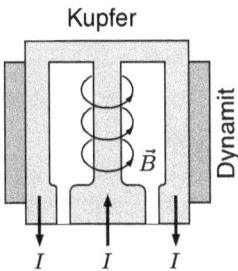

Bild 8.5: Versuchsanordnung zur Erzeugung hoher gepulster Magnetfelder: Der äußere Kupferring wird durch eine konzentrische Implosion mit großer Geschwindigkeit verengt, wobei der eingeschlossene Primärfluss komprimiert wird.

Ein weiteres Beispiel für die Mitnahme eines Feldes durch einen Leiter oder – hier umgekehrt – eines Leiters durch ein Feld ist der *Drehstrommotor:* Bild 8.6 zeigt drei gekreuzte Paare von magnetischen Spulen. Jedes der in der Abbildung gezeigten drei Spulenpaare wird – wie angedeutet – mit Wechselströmen passend gewählter Phasenlage gespeist, so dass im Zentrum *ein sich drehendes magnetisches Feld* entsteht. Bringt man nun ins Zentrum einen elektrisch gut leitenden Rotor (schwarz in der Skizze), so bringen die auf dem Rotor induzierten Ströme ihn zur Rotation, und zwar mit der gleichen Frequenz, mit der sich das Feld dreht. Das Feld nimmt also – sehr

Das sich drehende magnetische Feld und der Drehstrommotor

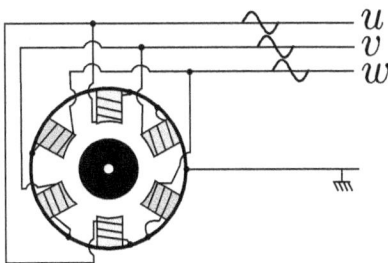

Bild 8.6: Prinzip eines Drehstrom-Motors.

[2]Näheres hierzu, siehe z.B. Titov, V.M., *Megagauss Fields and Pulsed Power Systems*, Nova Science Publisher (1990), Herlach, F., *High Field Magnetism*, North Holland (1989).

ähnlich wie in den obigen Beispielen – den leitenden Rotor mit. Der Rotor dieses Drehstrommotors dreht sich folglich mit der Netzfrequenz, d.h. mit 50 Hz, obwohl er keine leitende Verbindung mit der Außenwelt besitzt.

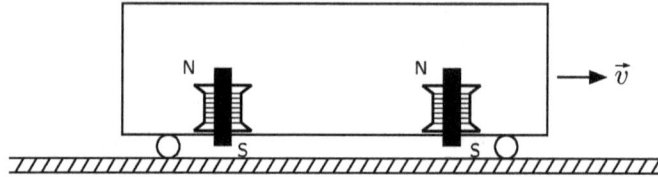

Bild 8.7: Prinzip eines Typs von Magnetschwebebahnen. Ein anderes Prinzip ist im Transrapid (s.u.) realisiert

Schließlich wollen wir als ein weiteres technisches Anwendungsbeispiel der Lenzschen Regel die folgende Übungsfrage stellen: Warum hebt sich der Triebwagen in Bild 8.7, der nicht auf Schienen, sondern auf elektrisch gut leitenden Metallplatten fährt, bei rascher Fahrt vom Boden ab, sobald die beiden hinreichend starken Elektromagnete im Triebwagen eingeschaltet werden? Die magnetische Aufhängung von schnellen Verkehrsmitteln mit diesem (oder anderen) Verfahren wird seit etwa 1970 intensiv untersucht. Die beiden Bilder 8.8a und 8.8b zeigen Querschnitt und Aussehen der Transrapid-Bahn,[3] die seit 2004 die Stadt Shanghai mit ihrem Flughafen im 20-Minuten-Takt verbindet.

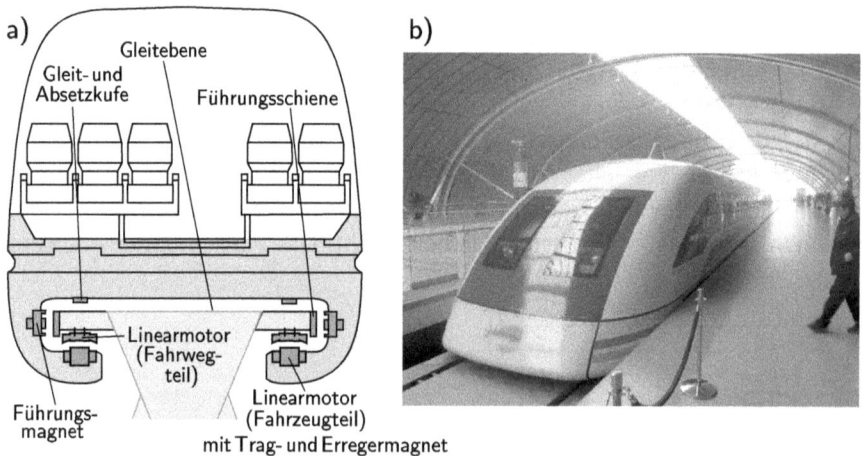

Bild 8.8: (a) Querschnitt durch einen Transrapid-Wagen (schematisch). Man erkennt die Trage-, Führungs- und Antriebsmagnete. (b) Der Transrapid verbindet Shanghai mit seinem 30 km entfernten Flughafen. Fahrgeschwindigkeit: 430 km/h; Fahrzeit: 8 min.

---

[3]Näheres zur technischen Anwendung: www.Transrapid.de

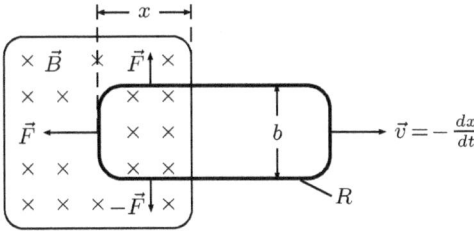

Bild 8.9: Zur Berechnung der Kraft auf eine rechteckige Drahtschleife, die mit der Geschwindigkeit $\vec{v}$ aus dem zeitlich konstanten Magnetfeld $\vec{B}$ gezogen wird.

Wir wollen nun zu der Drahtschleife von Bild 8.3 zurückkehren. Sie ist in Bild 8.9 mit den magnetischen Feldlinien senkrecht zur Papierebene noch einmal gezeichnet. Wir wollen jetzt fragen: Welche Kraft $\vec{F}$ muss man aufwenden, um die Drahtschleife mit der Geschwindigkeit $\vec{v}$ aus dem Magnetfeld $\vec{B}$ herauszuziehen? Das hängt, wie wir sehen werden, vom Widerstand R der Drahtschleife ab. Für $R = 0$ tritt nämlich durch den großen Induktionsstrom die völlige, in Bild 8.3 gezeichnete Mitnahme des Feldes und daher eine sehr große rücktreibende Kraft auf. Umgekehrt verschwindet für $R \to \infty$ der Induktionsstrom vollkommen und damit auch jede magnetische Kraft. Hier sei ein so großer Widerstand angenommen, dass die Feldmitnahme vernachlässigbar ist und das Feld nur im schraffierten Bereich den endlichen Wert B hat. Zunächst berechnen wir den Induktionsstrom I nach (8.2):

$$I = \frac{U}{R} = \frac{\mathrm{d}\Phi/\mathrm{d}t}{R} = \frac{B \cdot b \cdot v}{R}, \tag{8.3}$$

wobei $\mathrm{d}\Phi = -B \cdot b \cdot \mathrm{d}x$ ist. Die dabei durch den Strom I im Widerstand R dissipierte Leistung wird durch die gegen die Lorentz-Kraft $\vec{F} = (\vec{I} \times \vec{B})$ verrichtete mechanische Arbeitsleistung $F \cdot v$ aufgebracht:

$$F \cdot v = I^2 \cdot R = \left[\frac{B \cdot b \cdot v}{R}\right]^2 \cdot R,$$

so dass sich für die Größe der nach links gerichteten Bremskraft ergibt:

$$F = \frac{B^2 \cdot b^2}{R} \cdot v. \tag{8.4}$$

Die Bewegung der leitenden Drahtschleife erfährt also eine der Geschwindigkeit proportionale Bremskraft. Die Bremskraft steigt mit dem Magnetfeld $\vec{B}$, der Ausdehnung des Leiters b und dem inversen Widerstand R^{-1} an. Die Wirkung dieser Reibungskraft (auch *Wirbelstromdämpfung* genannt) lässt sich gut demonstrieren: Wenn man nämlich versucht, eine Aluminiumscheibe zwischen den Polen eines starken Hufeisenmagneten durchschwingen zu

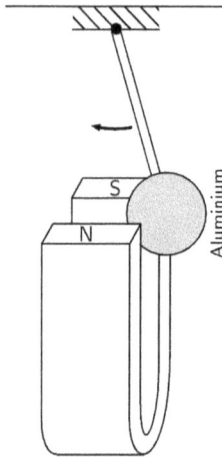

Bild 8.10: Wirbelstromdämpfung eines Pendels mit einer Aluminiumscheibe als Pendelkörper.

lassen (siehe Bild 8.10), bleibt sie zwischen den Polen infolge der elektromagnetischen Bremskraft fast „kleben", obwohl keine Berührung zwischen Alu-Scheibe und Magnet auftritt und Aluminium bekanntlich auch nicht ferromagnetisch ist. Erst beim Wegziehen des Magneten schwingt die Scheibe fast ungedämpft hin und her. Dieses Prinzip der *Wirbelstrombremse* findet in der Technik vielfältige Anwendung.

Wirbelstrombremsen werden z.B. in Reisebussen als Zusatzbremse verwendet

Frage:

Zeigen Sie anhand des in Bild 8.9 dargestellten Beispiels, dass man bei einem statischen Magnetfeld die Lorentz-Kraft aus dem Induktionsgesetz ableiten kann.[4]

Das Prinzip des Betatrons wurde 1922 von R. WIDEROE *und* J. SLEPIAN *gefunden*

Wir wollen die Reihe der Anwendungsbeispiele für das Induktionsgesetz abschließen mit dem *Betatron*, mit dessen Hilfe Elektronen bis auf etwa $300\,\mathrm{MeV}$ beschleunigt werden können und das in Bild 8.11 dargestellt ist. In ein evakuiertes, ringförmiges Rohr werden Elektronen tangential

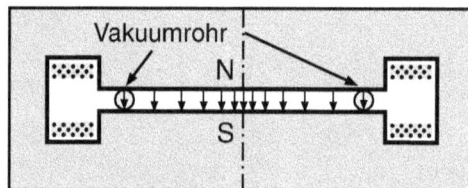

Bild 8.11: Prinzipieller Aufbau eines Betatrons: Die Elektronen im Vakuumrohr werden aufgrund des zeitlich sich ändernden zylindersymmetrischen Magnetfeldes induktiv beschleunigt. Der Durchmesser des evakuierten Rohres, in dem die Elektronen laufen, ist $2\,r_0$.

---

[4]Siehe hierzu auch, M.E. Davison, *Am. J. Phys.* **41** (1973) 713: A Simple Proof that the Lorentz Force Law Implied Faraday's Law of Induction when $\vec{B}$ is Time Independent.

eingeschossen. Durch ein senkrecht zum Ring stehendes Magnetfeld werden sie auf eine Kreisbahn abgelenkt. Wächst dieses zylindersymmetrische Feld zeitlich an, so wirkt aufgrund des Induktionsgesetzes auf die Elektronen ein kreisförmiges elektrisches Feld $\vec{E}$ der Größe

$$U_{\text{ind}} = \oint \vec{E}\,\mathrm{d}\vec{s} = 2\pi r_0 \cdot E = -\frac{\mathrm{d}\Phi}{\mathrm{d}t}, \tag{8.5}$$

wobei Φ der Fluss des magnetischen Feldes durch die Fläche innerhalb der Kreisbahn vom Radius r_0 ist. Dieses induzierte elektrische Feld führt zu einer zeitlichen Änderung des Elektronenimpulses entlang der Kreisbahn:

$$\frac{\mathrm{d}\vec{p}}{\mathrm{d}t} = -e \cdot \vec{E}. \tag{8.6}$$

Da die Elektronen während der Beschleunigung auf dem Sollkreis mit dem Radius r_0 gehalten werden sollen, muss eine Bedingung zwischen Φ und B_0, dem Magnetfeld am Ort des Sollkreises, eingehalten werden, die wir uns nun überlegen wollen. Für ein Elektron auf einer Kreisbahn besteht Gleichgewicht zwischen Lorentz-Kraft und Zentrifugalkraft, also

$$e \cdot v \cdot B_0 = m \cdot v^2 / r_0 = p \cdot v / r_0.$$

Daraus erhalten wir für die zeitliche Änderung des Impulses:

$$\frac{\mathrm{d}p}{\mathrm{d}t} = e \cdot r_0 \cdot \frac{\mathrm{d}B_0}{\mathrm{d}t}.$$

Zusammen mit (8.5) und (8.6) erhalten wir:

$$e \cdot r_0 \cdot \frac{\mathrm{d}B_0}{\mathrm{d}t} = e \cdot \frac{1}{2\pi r_0} \cdot \frac{\mathrm{d}\Phi}{\mathrm{d}t} \quad \text{oder} \quad \frac{\mathrm{d}B_0}{\mathrm{d}t} = \frac{1}{2} \cdot \frac{1}{r_0^2 \pi} \cdot \frac{\mathrm{d}\Phi}{\mathrm{d}t}. \tag{8.7}$$

Führen wir ein mittleres Feld $\overline{B} = \Phi / (r_0^2 \cdot \pi)$ ein, so folgt:

$$\boxed{B_0 = \frac{1}{2} \cdot \overline{B}.} \tag{8.8}$$

Dies ist die sog. *Wideroesche Bedingung* für die radiale Abhängigkeit *Das Betatron* des Magnetfeldes, die z.B. ein homogenes Feld ausschließt. In der Praxis wird das zeitlich veränderliche Magnetfeld durch einen mit Wechselstrom betriebenen Elektromagneten realisiert, dessen Polschuhe so geformt sind, dass die Wideroesche Bedingung erfüllt wird.

Fragen:

1. Zum Betatron: Bei hohen kinetischen Energien (z.B. um 100 kV) nimmt die Masse der Elektronen (wie wir in Kapitel 11 genauer begründen werden) deutlich zu. Wie muss qualitativ die Wideroesche Bedingung verändert werden, damit auch die so schnellen aber schwereren Elektronen im Betatron beschleunigt werden können?

Die
Kernspinresonanz

2. Nachweis der Elektronenspin- und Kerspinresonanz: Wir hatten in Physik I bereits beschrieben, dass alle Teilchen mit einem Drehimpuls (Atome, Kerne und Elementarteilchen), die auch ein magnetisches Moment besitzen, in einem äußeren Magnetfeld eine Präzessionsbewegung durchführen können, in Analogie zur Bewegung eines Kinderkreisels im Schwerefeld der Erde. Wir wollen eine Probe mit vielen Protonen in ein magnetisches Gleichfeld halten. Wie würden Sie mit äußeren Spulen die Präzession der Protonen im Gleichfeld anregen und nachweisen? Wie müssten diese Erregungs- und Nachweisspulen relativ zum magnetischen Gleichfeld orientiert sein?

8.4   Die Selbstinduktion

Bei zwei benachbarten Spulen durchdringt der von einer Spule durch den Strom I_1 erzeugte magnetische Fluss im Allgemeinen auch teilweise die Querschnittsfläche der zweiten Spule. Wenn sich daher der Strom I_1 zeitlich ändert, entsteht durch die Flussänderung durch die zweite Spule dort nach dem Faradayschen Induktionsgesetz (8.1) eine Spannung

$$U_2 = L_{12}\frac{\mathrm{d}I_1}{\mathrm{d}t}\,.$$

Die Proportionalitätskonstante L_{12}, die nur von der relativen Geometrie beider Spulen abhängt, heißt *Gegeninduktivität*.

Frage:

Transformatoren

Diese magnetische Kopplung zwischen zwei benachbarten Spulen wird besonders viel in *Transformatoren* zur Änderung von Wechselspannungen genutzt. Fast alle Transformatoren enthalten zur Bündelung der magnetischen Feldlinien meist noch einen beide Spulen durchsetzenden laminierten Eisenkern. Die Wirkung des Eisenkerns wird im nächsten Kapitel deutlich werden. Warum sollte der Eisenkern laminiert sein? Zeigen Sie, dass das Verhältnis der Primär- zur Sekundärspannung im Transformator durch das Verhältnis der Windungszahlen N_1 und N_2 bestimmt ist: $(U_1/U_2) = (N_1/N_2)$.

Nach der bisherigen Diskussion könnte der Eindruck entstehen, dass die Faradaysche Induktionsspannung gemäß (8.1) in einer Drahtschleife nur dann auftritt, wenn der sich zeitlich ändernde magnetische Fluss Φ von außen erzeugt wird. Diese Einschränkung ist jedoch unnötig. In diesem Abschnitt

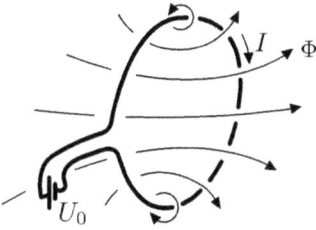

Bild 8.12: Magnetischer Fluss Φ durch eine strom-durchflossene Drahtschleife.

wollen wir zeigen, dass das Faradaysche Induktionsgesetz vielmehr auch auf den in Bild 8.12 dargestellten Fall angewendet werden muss, in dem die *Drahtschleife den magnetischen Fluss Φ selbst erzeugt.*

Da das von einem Strom erzeugte Magnetfeld und bei konstantem Quer-schnitt auch der Fluss Φ nach (6.6) und (6.13) immer linear vom erzeugenden Strom abhängen, tritt nach dem Faradayschen Induktionsgesetz in der in Bild 8.12 gezeigten Stromschleife immer dann eine induzierte Spannung auf, wenn sich der magnetische Fluss Φ, d.h. wenn sich der Strom I, der den Fluss erzeugt, ändert. Da also $\Phi \propto I$ gilt, können wir schreiben:

$$\boxed{U_{\text{ind}} = -\frac{d\Phi}{dt} = -L \cdot \frac{dI}{dt}} \qquad \textbf{Selbstinduktion} \qquad (8.9)$$

Das negative Vorzeichen in (8.9) drückt aus, dass U_{ind} immer *einer Stromänderung entgegenwirkt.* Die Proportionalitätskonstante L heißt *Selbstinduktivität* oder auch kurz *Induktivität*[5]. Ihr genauer Wert hängt nur von der Geometrie der Stromschleife ab. So besitzt z.B. eine Spule eine an-dere Induktivität als eine kreisförmige Stromschleife. Die Induktivität wird in Einheiten von Henry (H) gemessen. Nach (8.9) gilt:

Einheiten der Induktivität

$$1\,\text{H} = 1\,\frac{\text{V} \cdot \text{s}}{\text{A}} = 1\,\frac{\text{Wb}}{\text{A}}.$$

Das Auftreten einer selbstinduzierten Spannung nach (8.9) lässt sich am einfachsten erkennen, wenn man den Strom durch eine Spule ein- oder

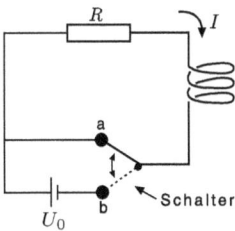

Bild 8.13: Schaltbild zur Beobachtung des Ein- und Ausschalt-verhaltens einer Spule.

---

[5]Wenn wir in Zukunft nur kurz von Induktivität einer Spule sprechen, ist immer die Selbstinduktivität gemeint.

ausschalten will (siehe Bild 8.13),denn beim Ein- oder Ausschalten ist naturgemäß dI/dt und daher die induzierte Spannung besonders groß. Betrachten
wir zunächst den Einschaltvorgang unmittelbar nachdem der Schalter von
Position a nach Position b bewegt wurde. Ohne die Selbstinduktion L der
Spule würde der Strom nach dem Ohmschen Gesetz sofort auf den Wert
$I_0 = U_0/R$ steigen. Infolge der Selbstinduktion entsteht in der Spule jedoch
eine Spannung, die nach der Lenzschen Regel so gerichtet ist, dass der Aufbau des Magnetflusses dadurch erschwert wird: Sie *vermindert* also die am
Widerstand R liegende Spannung von U_0 auf $U_0 - L \cdot dI/dt$. Die zeitliche
Zunahme des Stroms dI/dt kann U_0/L nicht übertreffen und bleibt daher
endlich. Der Strom steigt also unmittelbar nach dem Einschalten nicht sofort auf den stationären Wert I_0, sondern benötigt dazu eine Zeit, die umso
länger wird, je größer die Selbstinduktion der Spule ist (siehe Bild 8.14).
Beim Ausschaltvorgang wollen wir den zeitlichen Verlauf des Stromes genau ausrechnen. Unmittelbar nach dem Ausschalten (Schalter von b nach a
bewegt) ist nach der Kirchhoffschen Schleifenregel im vorliegenden Fall:

$$+L \cdot \frac{dI}{dt} + R \cdot I = 0. \tag{8.10}$$

Durch Integration über die Zeit

$$\int_{I_0}^{I} \frac{dI'}{I'} = -\int_{0}^{t} \frac{R}{L}\,dt' \qquad \rightsquigarrow \qquad \ln\left(\frac{I}{I_0}\right) = -\frac{R}{L} \cdot t$$

ergibt sich der zeitliche Verlauf des Stromes nach dem Ausschalten ($t = 0$):

$$\boxed{I = I_0 \exp -\frac{t}{(L/R)}} \tag{8.11}$$

Der Strom fällt also nicht plötzlich auf den Wert null, sondern sinkt expo-
nentiell ab und erreicht nach der Zeit L/R den e-ten Teil. Die Größe L/R
wird auch als *Zeitkonstante* bezeichnet.

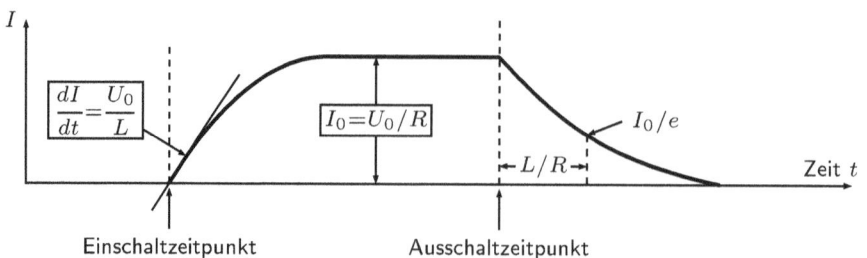

Bild 8.14: Der Einschalt- und Ausschaltstrom einer Spule als Funktion der Zeit.

Frage:

Zeigen Sie, dass für den Einschaltvorgang analog gilt: $I = I_0 \cdot [1 - \exp(-R \cdot t/L)]$.

Dieses langsame Ansteigen und Abfallen des Stromes bei Schaltvorgängen demonstriert in deutlicher Form die *Gültigkeit des Faradayschen Induktionsgesetzes auch für selbst erzeugte magnetische Felder.* Um den zeitlichen Stromverlauf genau angeben zu können, müssen wir noch die Selbstinduktivität L für unsere Leiteranordnung kennen. Daher wollen wir nun den Wert von L für zwei besonders wichtige Leiterformen berechnen.

Die Induktivität einer langen Spule Für einen gegebenen Strom I beträgt nach (6.12) das Feld im Innern einer langen Spule mit der Windungszahl N und der Länge l (siehe Bild 8.15): $B = \mu_0 \cdot I \cdot N/l$. Somit ist der Fluss durch die Querschnittsfläche jeder Windung:

$$\Phi = B \cdot A = \mu_0 \cdot \frac{A \cdot N}{l} \cdot I. \tag{8.12}$$

Die pro Windung induzierte Spannung ist $-\mathrm{d}\Phi/\mathrm{d}t$ und über die ganze Spulenlänge summiert ergibt sich deshalb:

$$U_\text{ind} = -N \cdot \frac{\mathrm{d}\Phi}{\mathrm{d}t} = -\mu_0 \cdot \frac{A \cdot N^2}{l} \cdot \frac{\mathrm{d}I}{\mathrm{d}t} = -L \cdot \frac{\mathrm{d}I}{\mathrm{d}t}.$$

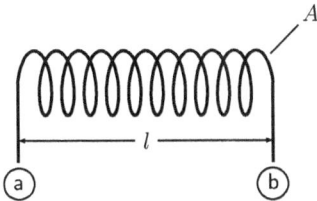

N = Windungszahl
A = Querschnittsfläche

Bild 8.15: Zur Berechnung der Selbstinduktivität einer langen Spule.

Die Selbstinduktivität (oder kurz: Induktivität) L der Spule ist also:

$$\boxed{L = \mu_0 \cdot A \cdot l \cdot \left(\frac{N}{l}\right)^2} \qquad \textbf{Induktivität einer langen Spule} \tag{8.13}$$

Sie wächst quadratisch mit der Windungszahl der Spule an, da die Flussänderung jeder Windung in jeder anderen eine Spannung induziert.

Die Induktivität eines Koaxialkabels Ein zweiter, technisch wichtiger Fall ist das in Abschnitt 6.1 besprochene Koaxialkabel, welches aus zwei koaxialen Metallzylindern besteht, in denen der Strom I antiparallel läuft (siehe Bild 8.16). Der Außenraum ist dabei frei von magnetischen Feldern. Um den Innenleiter dagegen liegt ein kreisförmig geschlossenes Magnetfeld, für das nach (6.10) gilt: $B(r) = (\mu_0/2\pi) \cdot I/r$. Der magnetische Fluss durch die schraffierte Fläche in Bild 8.16 beträgt:

$$\Phi = \int_A \vec{B}\,\mathrm{d}\vec{A} = \int_{x_0}^{x_0+x} \int_a^b \frac{\mu_0 \cdot I}{2\pi \cdot r}\,\mathrm{d}r\,\mathrm{d}x' = \frac{\mu_0 \cdot I \cdot x}{2\pi} \int_a^b \frac{\mathrm{d}r}{r} \quad (8.14)$$

$$\Phi = \frac{\mu_0 \cdot I \cdot x}{2\pi} \cdot \ln\left(\frac{b}{a}\right). \quad (8.15)$$

Für die Induktivität des Koaxialkabels ist das Verhältnis von Außen- zu Innendurchmesser entscheidend

Daraus folgt für die zeitliche Änderung des magnetischen Flusses:

$$\frac{\mathrm{d}\Phi}{\mathrm{d}t} = \frac{\mu_0 \cdot x}{2\pi} \cdot \ln\left(\frac{b}{a}\right) \cdot \frac{\mathrm{d}I}{\mathrm{d}t} = L(x) \cdot \frac{\mathrm{d}I}{\mathrm{d}t}. \quad (8.16)$$

Durch Vergleich erhalten wir für die Induktivität L eines Koaxialkabels:

$$\boxed{L = \frac{\mu_0}{2\pi} \cdot x \cdot \ln\left(\frac{b}{a}\right)} \qquad \textbf{Induktivität eines Koaxialkabels} \qquad (8.17)$$

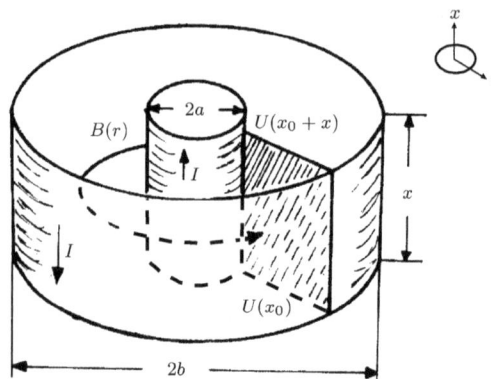

Bild 8.16: Zur Berechnung der Induktivität eines Koaxialkabels.

Frage:

Wie groß ist die Induktivität eines Koaxialkabels, wenn man den Beitrag von Innen- und Außenleiter zum magnetischen Fluss (unter der Annahme einer konstanten Stromdichte) berücksichtigt?

Die Induktivität, die pro Längeneinheit $(\mu_0/2\pi) \cdot \ln(b/a)$ beträgt, führt also dazu, dass sich bei einer zeitlichen Stromänderung (auch ohne Ohmschen Widerstand) die Spannung zwischen Innen- und Außenleiter mit der Position x nach (8.16) so ändert, dass gilt:

$$U(x_0 + x) - U(x_0) = -L(x) \cdot \frac{\mathrm{d}I}{\mathrm{d}t}. \tag{8.18}$$

8.5   Die Energie des magnetischen Feldes

Wir wollen jetzt den Einschaltvorgang von Bild 8.13 und Bild 8.14 vom energetischen Standpunkt betrachten und uns fragen, welche Arbeit die Batterie insgesamt leistet. Dabei interessiert uns weniger der schon bekannte Anteil der elektrischen Leistung $(I^2 \cdot R)$, der im Widerstand in Wärme verwandelt wird. Von besonderer Wichtigkeit ist uns hier vielmehr die Tatsache, dass bei einem zeitlich ansteigenden Strom auch eine induzierte Spannung entsteht $(U_{\mathrm{ind}} = -l \cdot \mathrm{d}I/\mathrm{d}t)$ und dass der Ladungstransport gegen diese induzierte Spannung eine zusätzliche elektrische Leistung erfordert:

$$\frac{\mathrm{d}W}{\mathrm{d}t} = -U_{\mathrm{ind}} \cdot I = L \cdot \frac{\mathrm{d}I}{\mathrm{d}t} \cdot I \tag{8.19}$$

oder

$$\mathrm{d}W = L \cdot I \cdot \mathrm{d}I. \tag{8.20}$$

Um den Strom von $I = 0$ (vor dem Einschalten) auf den stationären Endwert I_0 (siehe Bild 8.14) zu bringen, muss also insgesamt an der Spule die Arbeit W geleistet werden:

$$W = \int_{I=0}^{I_0} L \cdot I \cdot \mathrm{d}I = \frac{L}{2} \cdot I_0^2. \tag{8.21}$$

Wo aber bleibt diese Energie nach dem Einschalten? Da der Strom I_0 in der Spule ein magnetisches Feld aufgebaut hat, liegt es nahe, anzunehmen, dass die aufgewandte Energie $(L/2) \cdot I_0^2$ jetzt im magnetischen Feld steckt. Eine lange Spule, wie die in Bild 8.15 dargestellte, erzeugt ja in ihrem inneren Volumen $l \cdot A$ ein nahezu homogenes magnetisches Feld

$$B = \mu_0 \cdot \frac{N}{l} \cdot I_0, \tag{8.22}$$

wobei N/l die Zahl der Windungen pro Längeneinheit ist. Um es aufzubau-
en, muss nach (8.21) die Arbeit $W = (L/2) \cdot I_0^2$ aufgebracht werden. Dies
ergibt wegen (8.13):

$$W = \frac{\mu_0}{2} \cdot A \cdot l \cdot \left(\frac{N}{l}\right)^2 \cdot I_0^2.$$

Hieraus folgt nach (8.22):

$$W = \frac{B^2}{2\mu_0} \cdot A \cdot l.$$

Diese Energie steckt also im Volumen $A \cdot l$ des homogenen magnetischen
Feldes einer Spule. Die Energiedichte w des magnetischen Feldes ist somit:

$$\boxed{w = \frac{\text{Energie}}{\text{Volumen}} = \frac{B^2}{2 \cdot \mu_0}} \qquad \textbf{Energiedichte des} \atop \textbf{magnetischen Feldes} \qquad (8.23)$$

Ohne Beweis sei hier angeführt, dass (8.23) auch für inhomogene magneti-
sche Felder gültig ist.[6] Wir wollen diesen Gedanken, dass im magnetischen
Feld einer Spule Energie gespeichert ist, noch etwas vertiefen, indem wir
auch noch den Ausschaltvorgang für die Schaltung in Bild 8.13 betrachten:
Nach dem Umschalten von b nach a ist die Batterie sofort abgeschaltet. Dennoch fließt auch nach dem Ausschaltzeitpunkt $t = 0$ noch ein Strom (siehe
Bild 8.14), der nach (8.11) die Größe hat: $I = I_0 \cdot \exp(-R \cdot t/L)$. Dieser
Strom erzeugt im Widerstand auch weiterhin Wärme, und zwar pro Zeitein-
heit:

$$\frac{dW}{dt} = I^2 \cdot R = I_0^2 \cdot R \cdot \exp\left(-\frac{2 \cdot R \cdot t}{L}\right). \qquad (8.24)$$

Integriert man die insgesamt im Widerstand geleistete Arbeit von $t = 0$ bis
$t = \infty$

$$W = \int_0^\infty \frac{dW}{dt} \, dt = \frac{L}{2} \cdot I_0^2, \qquad (8.25)$$

so ergibt sich genau die in der Spule gespeicherte Energie. Nach dem
Ausschalten wird also das magnetische Feld der Spule langsam abgebaut,
und die dabei freiwerdende Energie dient zur Erwärmung des Widerstandes.

---

[6]Der Beweis hierzu ist z.B. skizziert in R.P. Feynman, Vorlesungen über Physik, Band
II, Kapitel 17.8, Oldenbourg, München/Wien (2007).

8.6 Der elektrische Schwingkreis

Wir wollen jetzt eine Spule bekannter Selbstinduktion mit den beiden anderen Bauelementen, die wir schon länger kennen, dem Widerstand R und einem Kondensator der Kapazität C zusammenschalten, wie in Bild 8.17 skizziert ist. Nach der Kirchhoffschen Schleifenregel muss die Summe aller Spannungen, die an der Spule, am Widerstand und am Kondensator abfallen, gleich null sein: $U_L + U_R + U_C = 0$ und hieraus folgt:

$$L \cdot \frac{dI}{dt} + R \cdot I + \frac{q}{C} = 0. \tag{8.26}$$

(Über die Wahl der Vorzeichen können wir uns am einfachsten klar werden, indem wir die Schaltung zunächst ohne Kapazität – siehe (8.10) – bzw. ohne Induktivität betrachten.) Berücksichtigen wir nun, dass $I = dq/dt$, so erhalten wir durch Differentiation von (8.26) nach der Zeit und nach Umformung schließlich:

$$\frac{d^2I}{dt^2} + \frac{R}{L} \cdot \frac{dI}{dt} + \frac{1}{LC} \cdot I = 0. \tag{8.27}$$

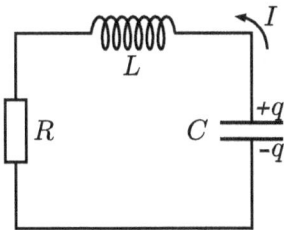

Bild 8.17: Elektrischer Schwingkreis.

Frage:

Wie kann man (8.27) mit Hilfe des Energiesatzes herleiten?

Diese Gleichung ist identisch mit der Bewegungsgleichung eines *gedämpften, harmonischen Oszillators* (siehe Physik I), und wir können daher die in Physik I gefundene Lösung auf diesen analogen Fall übertragen:

$$I(t) = I_0 \cdot \exp\left(-\beta t\right) \cdot \cos \omega_0 t \tag{8.28}$$

mit

$$\beta = \frac{R}{2L}, \tag{8.29}$$

und

$$\boxed{\omega_0^2 = \frac{1}{LC}} \quad \text{für } \beta \ll \omega_0. \tag{8.30}$$

Lädt man den Kondensator beispielsweise auf, so entlädt er sich nicht sofort auf die Ladung null, sondem der Entladungsstrom oszilliert in Form einer gedämpften Schwingung, wobei die Kondensatorladung periodisch ihr Vorzeichen wechselt. Erst nach (L/R) Sekunden sinkt die Schwingungsamplitude auf den e-ten Teil.

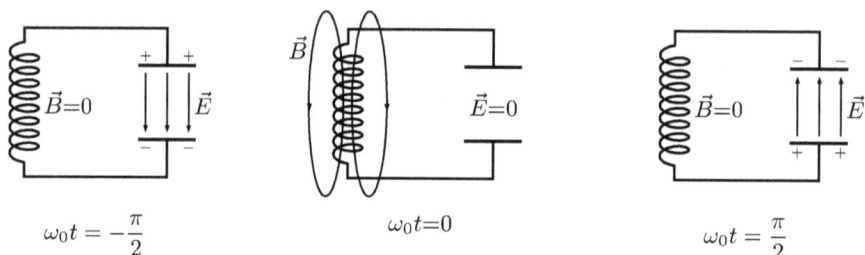

Bild 8.18: Momentaufnahmen von einem vereinfachten elektrischen Schwingkreis ohne Ohmschen Widerstand.

Frage:

Zeigen Sie, dass für ω_0 genauer gilt: $\omega_0^2 = (1/LC) - (R^2/(4L^2))$. Wie sieht die zeitliche Abhängigkeit von $I(t)$ im Falle starker Dämpfung $R^2/(4L^2) > 1/(LC)$ aus?

Periodischer Wechsel zwischen elektrischer und magnetischer Energie

So wie bei einer mechanischen Schwingung, wie zum Beispiel bei einem Pendel, periodisch kinetische in potentielle Energie verwandelt wird und umgekehrt, so findet im elektrischen Schwingkreis ein periodischer Austausch zwischen *der magnetischen Energie der Spule und der elektrischen Energie des Kondensators* statt. Dies wollen wir uns anhand eines Schwingkreises ohne Ohmschen Widerstand ($R = 0$) näher überlegen. Für den Strom I gilt nach (8.28) in diesem Fall:

$$I(t) = I_0 \cdot \cos \omega_0 t. \tag{8.31}$$

Für die Spannung U_C am Kondensator ergibt sich andererseits:

$$U_C = \frac{1}{C} \cdot \int_0^t I \, dt' = \frac{I_0}{\omega_0 \cdot C} \cdot \sin \omega_0 t. \tag{8.32}$$

Das Magnetfeld der Spule verschwindet also gerade dann, wenn das elektrische Feld im Kondensator maximal wird und umgekehrt. In Bild 8.18 sind I und U_C entsprechend (8.31) und (8.32) für eine Serie von Momentaufnahmen dieses einfachen elektrischen Schwingkreises dargestellt. Der Satz von der Energieerhaltung verlangt, dass die maximale Energie des magnetischen Feldes (dann ist $E = 0$) gleich der maximalen Energie des elektrischen Feldes ($B = 0$) ist:

$$\frac{L}{2} \cdot I_0^2 = \frac{C}{2} \cdot (U_C^2)_{\text{max}} = \frac{C}{2} \cdot \frac{I_0^2}{\omega_0^2 \cdot C^2} \quad \text{oder} \quad \omega_0^2 = \frac{1}{L \cdot C}.$$

Dies ist gerade die Bestimmungsgleichung (8.30) für die Eigenfrequenz eines ungedämpften Schwingkreises, und der Satz von der Energieerhaltung ist damit erfüllt. Die Eigenfrequenz wird also umso größer, je weiter man die Kapazität C und die Induktivität L verringert. Eine praktische obere Grenze ist ungefähr bei dem in Bild 8.19 oben in natürlicher Größe abgebildeten LC-Kreis erreicht, bei dem die Induktivität nur noch aus einer einzigen Drahtschleife besteht und der bei fast 1 GHz schwingt.

Durch Rotation des oberen Schwingkreises um die vertikale Achse erhält man eine neue Resonatorstruktur, den *Hohlraumresonator*, der bei einer sehr ähnlichen Frequenz schwingt, aber keine Streufelder im Außenraum besitzt.

Hohlraumresonator

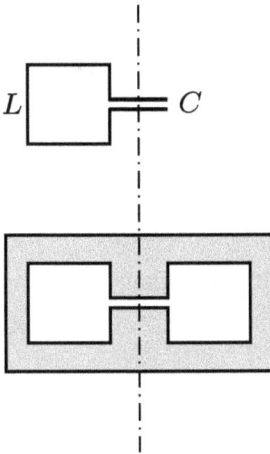

Bild 8.19: a) Offene Drahtschleife als einfachster Schwingkreis
b) Übergang vom Schwingkreis zum Hohlraumresonator durch Rotation der Drahtschleife um die vertikale Achse.

Fragen:

1. Felder im Hohlraumresonator: Zeigen Sie, wo das elektrische Wechselfeld im Hohlraumresonator konzentriert ist, und versuchen Sie, aus der Richtung der Ringströme im Hohlleiter auch die Richtung des magnetischen Wechselfeldes im Hohlraumresonator vorherzusagen. Gibt es Felder im Außenraum?

2. Parametrischer Oszillator: Wir hatten in Physik I den *mechanischen* parametrischen Oszillator beschrieben und gezeigt, dass er durch Modulation der Resonanzfrequenz ω_0 (mit der Pumpfrequenz $2\omega_0$) zur Selbstanregung gebracht werden kann. Das Gleiche gilt auch für den hier beschriebenen *elektrischen* Schwingungskreis. Zeigen Sie, wie seine in (8.1) definierte Resonanzfrequenz durch eine zeitabhängige Veränderung von C (oder von L) moduliert werden kann. Wie würden Sie ein Demonstrationsmodell für einen solchen elektrischen parametrischen Oszillator konstruieren?

8.7   Erzwungene elektrische Schwingungen

Wenn wir mit einem hinreichend trägheitslosen Messinstrument, z.B. mit einem Kathodenstrahloszillographen, die Spannung an einer Steckdose in unserer Wohnung messen, erkennen wir auf dem Bildschirm einen oszillierenden Verlauf der Spannung

$$U(t) = -U_0 \cdot \cos \omega t \tag{8.33}$$

mit einer Spitzenspannung (oder Amplitude) von $U_0 = 311\,\text{V} = \sqrt{2} \cdot 220\,\text{V}$ und einer Frequenz von $\omega/2\pi = 50\,\text{Hz}$. (Das negative Vorzeichen in (8.33) dient allein dazu, um eine vollkommene Analogie zum Fall der in Physik I behandelten mechanischen, erzwungenen Schwingungen zu erreichen.)

Was geschieht nun, wenn wir an diese Wechselspannung die in Bild 8.20 dargestellte Reihenschaltung einer Induktivität L, eines Widerstands R und einer Kapazität C anschließen? Die an L, R und C abfallenden Teilspannungen wirken der von der Steckdose aufgeprägten Spannung entgegen. Es gilt deshalb nach dem Kirchhoffschen Gesetz:

$$L \cdot \frac{dI}{dt} + R \cdot I + \frac{q}{C} = U_0 \cdot \cos \omega t. \tag{8.34}$$

Durch Differentiation nach der Zeit und unter Berücksichtigung von $I = dq/dt$ erhalten wir:

$$\boxed{\frac{d^2 I}{dt^2} + \frac{R}{L} \cdot \frac{dI}{dt} + \frac{1}{LC} \cdot I = \frac{U_0 \cdot \omega}{L} \cdot \sin \omega t} \tag{8.35}$$

Die Differentialgleichung (8.35) bestimmt den zeitlichen Verlauf des Stromes $I(t)$, der durch die Reihenschaltung fließt. Da diese Differentialgleichung identisch mit der für erzwungene mechanische Schwingungen ist (siehe Physik I), wenn wir für $1/\tau = R/L$, $\omega_0^2 = 1/(LC)$ und $\alpha_0 =$

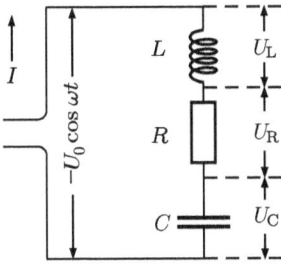

Bild 8.20: Elektrischer Schwingkreis mit einer von außen aufgeprägten Wechselspannung.

$U_0 \cdot \omega / L$ setzen, können wir auch die frühere Lösung analog verwenden:

$$\boxed{I(t) = I_0 \cdot \sin\left(\omega t + \phi\right).} \qquad (8.36)$$

Für den Phasenwinkel ϕ und die Stromamplitude I_0 liest man ebenfalls aus den entsprechenden früheren Gleichungen in Physik I ab:

Endlicher Phasenwinkel zwischen Strom und Spannung

$$\boxed{\tan \phi = \frac{-\omega/\tau}{\omega_0^2 - \omega^2}} \qquad (8.37)$$

und

$$\boxed{I_0 = \frac{U_0 \cdot \omega / L}{\sqrt{(\omega_0^2 - \omega^2)^2 + \omega^2/\tau^2}}} \qquad \textbf{Resonanzkurve} \qquad (8.38)$$

mit

$$\omega_0^2 = \frac{1}{LC} \quad \text{und} \quad \frac{1}{\tau} = \frac{R}{L}. \qquad (8.39)$$

Zwischen der Spannung (8.33) und dem Strom (8.36) besteht damit eine Phasenverschiebung. Der Strom erreicht für $\omega = \omega_0 = 1/\sqrt{LC}$ seine maximale Amplitude:

$$(I_0)_{\text{max}} = \frac{U_0 \cdot \omega_0 \cdot \tau}{L \cdot \omega_0} = \frac{U_0}{R}. \qquad (8.40)$$

Die Resonanzfrequenz beträgt daher $\omega_0/(2\pi) = 1/(2\pi\sqrt{LC})$.

Frage:

Ein Vergleich zeigt, dass sich die Resonanzkurve für die Auslenkung in einer mechanischen und die für den Strom in einer elektrischen erzwungenen Schwingung doch etwas unterscheiden. Was ist die Ursache hierfür? Sind auch die Resonanzfrequenzen sowie die Resonanzkurven für die absorbierte Leistung in beiden Fällen unterschiedlich?

Es ist noch interessant, dass die Spannung U_L an der Spule und U_C am Kondensator gegeneinander um $180°$ verschoben sind (warum?). Daher kann jede dieser beiden Teilspannungen für sich genommen die insgesamt aufgeprägte Spannung U_0 bedeutend übertreffen. So ist beispielsweise die Spannung U_L an der Spule wegen (8.36):

$$U_L = L \cdot \frac{dI}{dt} = \omega \cdot L \cdot I_0 \cdot \cos{(\omega t + \phi)} = U_L^0 \cdot \cos{(\omega t + \phi)}.$$

Sie besitzt also bei der Resonanzfrequenz eine Amplitude

$$(U_L^0)_{max} = \omega_0 \cdot L \cdot (I_0)_{max} = \frac{\omega_0 \cdot L}{R} \cdot U_0, \qquad (8.41)$$

Gütefaktor und Spannungs- überhöhung

die um den Faktor $\omega_0 \cdot L/R$ größer ist als U_0. Dies ist aber gerade der sog. *Gütefaktor* $Q = \omega_0 \cdot \tau$, den wir schon in Physik I eingeführt haben. Er erreicht bei elektrischen Schwingkreisen Werte von 10^3.

Bemerkung:

Die Gleichungen (8.27) und (8.35) können mathematisch wesentlich eleganter gelöst werden als früher oder jetzt hier versucht wurde, wenn man für den Strom eine komplexe Lösung der Form $I(t) \propto \exp(i\omega t)$ annimmt. Eine ausführliche Einführung in diese Lösungsmethode, die bei vielen Problemen der Physik sowie der Elektrotechnik verwendet wird, ist beispielsweise in R.P. Feynman, Vorlesungen über Physik, Band 2, Kapitel 22, Oldenbourg (2007) oder bei K. Länger, Mathematik Kompakt, Oldenbourg (1991) zu finden.

8.8 Wechselstromleistung

Welche elektrische Leistung gibt nun unsere Steckdose zu Hause ab, wenn man sie entweder mit einem Ohmschen Widerstand oder mit einem komplizierten Netzwerk wie das in Bild 8.20 abschließt? Betrachten wir zunächst einen einfachen Widerstand, der zwischen der Wechselspannung $-U_0 \cdot \cos \omega t$ liegt. Der Strom ergibt sich nach dem Ohmschen Gesetz zu

$$I(t) = \frac{U(t)}{R} = \frac{-U_0}{R} \cdot \cos \omega t. \qquad (8.42)$$

Sowohl die Spannung als auch der Strom durch den Widerstand sind in Bild 8.21 oben eingezeichnet. Die momentan vom Widerstand, z.B. einer Glühlampe, aufgenommene Leistung ist:

$$P(t) = U \cdot I = \frac{U_0^2}{R} \cdot \cos^2 \omega t.$$

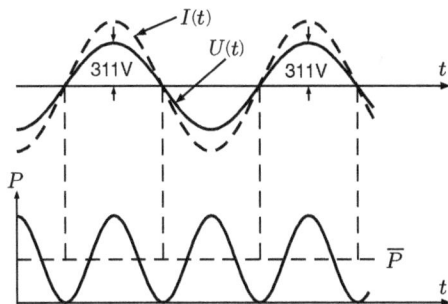

Bild 8.21: Zur Ermittlung der Wechselstromleistung $P(t)$ und der mittleren Leistung $\overline{P}$ in einem Ohmschen Widerstand.

Die Momentanleistung $P(t)$ schwankt also, wie in Bild 8.21 unten als ausgezogene Kurve angedeutet ist, periodisch mit 100 Hz zwischen einem Maximalwert U_0^2/R und null. Diesen raschen Schwankungen der Momentanleistung kann man nicht immer folgen, und im allgemeinen interessiert man sich daher auch für die mittlere Leistung $\overline{P}$ gemittelt über eine oder mehrere Perioden $T = 2\pi/\omega$. Die mittlere Leistung ist gestrichelt in Bild 8.21 unten eingezeichnet und berechnet sich wie folgt:

$$\overline{P} = \frac{1}{T} \cdot \int_0^T P(t)\,\mathrm{d}t = \frac{U_0^2}{R \cdot T} \cdot \int_0^T \cos^2 \omega t\,\mathrm{d}t. \tag{8.43}$$

Da $\cos^2 \omega t = (1 + \cos 2\omega t)/2$ ist, ergibt sich hieraus:

$$\overline{P} = \frac{U_0^2}{2 \cdot R} \cdot \left[\frac{1}{T} \cdot \int_0^T \mathrm{d}t + \frac{1}{T} \cdot \int_0^T \cos(2\omega t)\,\mathrm{d}t \right].$$

Da das zweite Integral in der Klammer verschwindet, bleibt nur:

$$\boxed{\overline{P} = \frac{1}{2} \cdot \frac{U_0^2}{R}}$$
Mittlere elektrische Leistung eines Ohmschen Widerstandes $\tag{8.44}$

Bemerkung:

Eine Gleichspannung von $U_0/\sqrt{2}$ würde dieselbe Leistung an die Glühlampe abgeben. Es ist daher üblich, die Wechselspannung unserer Steckdose zu Hause durch die einer Gleichspannung äquivalente sog. *effektive Spannung* $U_{\text{eff}} = U_0/\sqrt{2}$ und nicht durch die Spitzenspannung zu charakterisieren. Die effektive Spannung unserer Haushaltsversorgung beträgt bekanntlich in München $U_{\text{eff}} = 220$ V, die Spitzenspannung liegt daher um den Faktor $\sqrt{2}$ höher, also bei 311 V.

Effektiv-Werte von Strom und Spannung

Wie aber verhält es sich, wenn wir an die Steckdose nicht einen einfachen Widerstand, sondern ein kompliziertes Netzwerk anschließen, welches auch

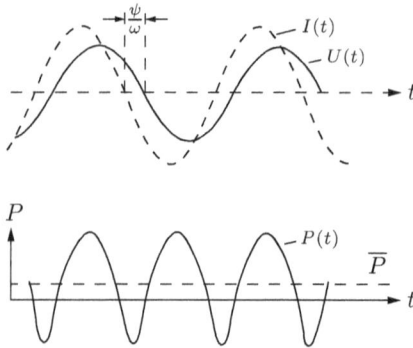

Bild 8.22: Momentane Wechselstromleistung $P(t)$ und mittlere Leistung $\overline{P}$ für ein Netzwerk aus L-, C- und R-Gliedern.

Induktivitäten und Kapazitäten enthält? In diesem Fall besteht zwischen Spannung und Strom nicht mehr das einfache Ohmsche Gesetz, sondern, wie wir gesehen haben, besteht zwischen Spannung und Strom eine Phasenverschiebung, die wir ψ nennen wollen und die in Bild 8.22 eingezeichnet ist. Spannung und Strom haben z.B. die Form:

$$U(t) = U_0 \cdot \cos \omega t$$
$$I(t) = I_0 \cdot \cos (\omega t + \psi).$$

Die Momentanleistung $P(t)$, die an das Netzwerk abgegeben wird, ist $P(t) = U(t) \cdot I(t)$ und schwankt periodisch, wie in Bild 8.22 unten gezeigt ist, zwischen positiven und negativen Werten. (Negative Leistungsaufnahme bedeutet, dass elektrisch oder magnetisch in den L-, C-Gliedern gespeicherte Energie wieder an das Netz abgeführt wird.) Die mittlere Leistung $\overline{P}$, die von der Steckdose abgegeben wird, ist:

$$\overline{P} = \frac{1}{T} \cdot \int_0^T P(t) \cdot \mathrm{d}t = U_0 \cdot I_0 \cdot \frac{1}{T} \cdot \int_0^T \cos \omega t \cdot \cos (\omega t + \psi) \, \mathrm{d}t.$$

Dies ergibt nach einer trigonometrischen Umformung:

$$\overline{P} = U_0 \cdot I_0 \cdot \left[\frac{1}{T} \cdot \int_0^T \cos^2 \omega t \cdot \cos \psi \cdot \mathrm{d}t - \frac{1}{T} \cdot \int_0^T \cos \omega t \cdot \sin \omega t \cdot \sin \psi \cdot \mathrm{d}t \right].$$

Das erste Integral ergibt $(1/2) \cdot \cos \psi$ und das zweite verschwindet. Somit nimmt das betrachtete Netzwerk folgende mittlere Leistung auf

$$\boxed{\overline{P} = \frac{U_0}{\sqrt{2}} \cdot \frac{I_0}{\sqrt{2}} \cdot \cos \psi = U_{\text{eff}} \cdot I_{\text{eff}} \cdot \cos \psi,} \qquad (8.45)$$

die in Bild 8.22 unten gestrichelt angedeutet ist. Entscheidend ist also nicht das Produkt $U_{\text{eff}} \cdot I_{\text{eff}}$ allein, sondern ebenso sehr der Kosinus der Phasenverschiebung zwischen Strom und Spannung. Schließt man z.B. einen Kondensator an die Steckdose an, so ist $\psi = 90°$ und folglich $\cos\psi = 0$. Trotz eines großen Ladungs- und Entladungsstromes, der in und aus dem Kondensator fließt, wird im Mittel keine elektrische Leistung $\overline{P}$ abgegeben.

Fragen:

1. Warum ist im letzteren Fall der Phasenwinkel ψ zwischen Strom und Spannung 90°?

2. Wie ist ein Leistungsmesser, z.B. der in den Haushalten verwendete „Zähler", zu konstruieren, damit er die entnommene elektrische Leistung unabhängig vom jeweiligen Phasenwinkel ψ richtig anzeigt?

Wir wollen zusammenfassen: Durch die Arbeiten vom Ampère und Oersted war allgemein bekannt geworden, dass elektrische Ströme immer zu magnetischen Feldern führen. Faradays spätere Entdeckung, die wir mit ihren Konsequenzen in diesem Kapitel besprochen haben, bestand darin, gezeigt zu haben, dass auch umgekehrt magnetische Felder, *wenn sie sich zeitlich ändern*, zu elektrischen Spannungen und Strömen führen können.

Bevor wir diesen Gedankengang fortsetzen und auf wichtige neue Eigenschaften zeitlich veränderlicher elektrischer Felder zu sprechen kommen, wollen wir uns jetzt erst noch mit der folgenden Frage beschäftigen: Was geschieht, wenn man Materie in ein magnetisches Feld bringt?

Literaturhinweise zu Kapitel 8

Feynman, R.P.: Vorlesungen über Physik, Band II, Oldenbourg, München/ Wien (2007)
>Kap. 16: Induzierte Ströme
>Kap. 17: Die Induktionsgesetze
>Kap. 22: Wechselstromschaltungen

Bergmann/Schäfer: Lehrbuch der Experimentalphysik, Band II (Hrsg: H. Gobrecht), Walter de Gruyter, Berlin (1999),
>Kap. 5: Induktion
>Aus dem Inhalt: Mehrphasenströme, magnetische Drehfelder,
>Transformatoren und elektrische Maschinen

Pfestdorf, G.K.M.: Elektrische und magnetische Felder als Grundlage der Elektrotechnik, Vieweg-Verlag, Braunschweig (1969)

Parker, E.N.: Kosmische Magnetfelder, Spektrum der Wissenschaft 82 (1983)

Bryant, D.A.: Electron acceleration in the aurora and beyond, Inst. of Physics, London (1999)

Duggan, J.L.: Application of accelerators in research and industry, Am. Inst. of Physiks (1999)

Davison, M.E.: A simple proof that the Lorentz force law implied Faraday's law of induction when B is time independent, Am. Journ Physics 41,713 (1973)

9 Materie im Magnetfeld

Welche Kräfte im Magnetfeld auf bewegte Ladungen ausgeübt werden, haben wir bereits in Kapitel 7 ausführlich beschrieben. Hier wollen wir zeigen, dass auch elektrisch neutrale Materie, wie z.B. Atome oder Kristalle, eine Wechselwirkung mit dem Magnetfeld zeigen, insbesondere dann, wenn die Materie im Feld ein magnetisches Dipolmoment besitzt.

Betrachten wir zunächst als einfachsten Fall ein Wasserstoffatom und fragen uns, ob dieses kleinste Atom schon ein magnetisches Dipolmoment besitzt. Dies erscheint schon vor der Messung plausibel, da die beiden geladenen Bestandteile, das Elektron und das Proton, einen *Eigendrehimpuls* (Spin) von der gleichen Größe $\hbar/2$ besitzen. Man wird erwarten, dass die Ladungsverteilung des leichteren Elektrons entsprechend rascher rotiert als die des schwereren Protons. Daher ist es nicht erstaunlich, dass das beobachtete magnetische Moment des Elektrons aufgrund der Spinbewegung das magnetische Moment des Protons um mehr als drei Größenordnungen übertrifft, obwohl beide Teilchen einen Spin von $\hbar/2$ besitzen. Wir wollen daher im Folgenden das relativ kleine magnetische Moment des Kerns vernachlässigen.

Der Spin hat kein klassisches Analogon. Seine formalen Eigenschaften entsprechen denen eines quantenmechanischen Drehimpulses. Ihn als klassischen Eigendrehimpuls aufzufassen, kann aber manchmal hilfreich sein.

Welchen Beitrag zum magnetischen Moment des H-Atoms liefert nun die *Bahn*-Bewegung des Elektrons um den Kern? Kreist das Elektron wirklich um das Proton, wie wir früher nach dem vereinfachten Bohrschen Atommodell angenommen hatten?

Die Quantenmechanik zeigt klar, dass zumindest im Grundzustand des H-Atoms der Bahndrehimpuls des Elektrons null ist und daher die Bahnbewegung des Elektrons keinen Beitrag zum magnetischen Moment des Wasserstoffatoms im Grundzustand liefern kann. Das gesamte magnetische Moment des Wasserstoffatoms beruht daher in guter Näherung nur auf dem Spin des Elektrons. Der gemessene Wert dieses magnetischen Moments beträgt $9{,}1 \cdot 10^{-24}$ Am^2, was etwa der Größe $e\hbar/(2m_\mathrm{e})$ entspricht, die man auch als ein *Bohrsches Magneton* μ_B bezeichnet:

Das Bohrsche Magneton ist das magnetische Moment eines Elektrons

$$\mu_\mathrm{B} = 9{,}3 \cdot 10^{-24} \mathrm{Am}^2.$$

Aber nicht alle Atome besitzen ein magnetisches Moment. Beispielsweise das nächstgrößere Atom, das Heliumatom, besitzt zwei Elektronen, deren magnetische Momente genau antiparallel gerichtet sind und die sich daher gegenseitig kompensieren. Da auch der ^{4}He-Kern (α-Teilchen) keinen Drehimpuls und somit kein magnetisches Moment besitzt, ist das gesamte magnetische Moment des ^{4}Helium-Atoms genau null.

Es ist nicht unsere Absicht, hier das magnetische Moment verschiedener Atome zu berechnen. Hierauf werden wir erst später eingehen. Wichtiger ist uns die Frage, wie man das magnetische Moment einzelner Atome messen kann. Hierzu bedient man sich z.B. der Ablenkung eines Atomstrahls in einem inhomogenen Magnetfeld, wie in Bild 9.1 schematisch dargestellt ist. Wie wir nämlich bereits in Abschnitt 7.5 gesehen hatten, wirkt auf einen magnetischen Dipol $\vec{m}$ im inhomogenen Magnetfeld $\vec{B}$ eine Ablenkkraft, die in Bild 9.1 nach unten gerichtet ist und ihren größten Wert $F = m \cdot \text{grad} B$ für die Dipole erreicht, die antiparallel zum Feld orientiert sind.[1] Daher lässt sich bei bekanntem Feldgradienten aus dem maximalen Ablenkwinkel des Atomstrahls das atomare magnetische Moment bestimmen. Weitere Einzelheiten dieser von STERN und GERLACH 1924 zuerst benutzten Anordnung werden wir in der Atomphysik ausführlich besprechen.

Stern-Gerlach-Versuch

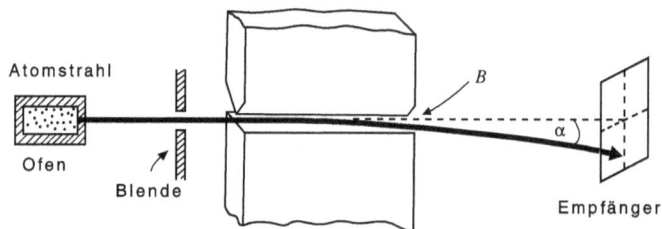

Bild 9.1: Der Stern-Gerlach-Versuch zum Nachweis atomarer magnetischer Momente.

9.1 Die Magnetisierung der Materie

Bringen wir Atome mit einem magnetischen Dipolmoment $\vec{m}$ in ein homogenes Magnetfeld, so tritt eine partielle Ausrichtung der Dipolachsen parallel zum Feld auf. Denn nach Abschnitt 7.5 besitzt ja ein Dipol, der parallel zum Feld $\vec{B}$ orientiert ist, die geringste potentielle Energie. Man muss also die Arbeit $(\vec{m} \cdot \vec{B})$ leisten, wenn man die Dipolachse aus der parallelen Lage senkrecht zum Feld drehen will.

Betrachten wir zunächst ein verdünntes Gas von Atomen mit magnetischem Dipolmoment bei der Temperatur T in einem Magnetfeld $\vec{B}$. Dieser Fall ist

---

[1]Spins, die parallel zum Feld ausgerichtet sind, der Orientierung mit der niedrigsten potentiellen Energie, erfahren im inhomogenen Feld eine Kraft in die Richtung wachsender Felder.

formal identisch mit dem schon in Abschnitt 4.4 behandelten Problem eines
polaren Gases im elektrischen Feld, so dass wir die früheren Resultate direkt
übernehmen können. Wie bei der Ausrichtung elektrischer Dipole im elektrischen Feld tritt auch hier eine nennenswerte Orientierung der magnetischen
Dipole im Magnetfeld nur auf, wenn $k_B T \leq m \cdot B$ ist, d.h. unter typischen
Verhältnissen (z.B. $m = 1\mu_B$, $B = 1\,\mathrm{T}$) nur für sehr tiefe Temperaturen
unterhalb von 1 K. Bei allen höheren Temperaturen ist infolge der relativ hohen thermischen Energie die Orientierung nur recht unvollständig. Nach den
in Abschnitt 4.4 gebrachten klassischen Argumenten findet man quantitativ,
dass nur der sehr kleine Bruchteil

$$\frac{m \cdot B}{3 \cdot k_B T} \ll 1 \tag{9.1}$$

aller magnetischen Dipole parallel zum Feld ausgerichtet bleibt. Alle Substanzen, in denen nach (9.1) der Grad der atomaren Orientierung mit
wachsendem Feld und der reziproken Temperatur zunimmt, nennt man *paramagnetische Substanzen*. Die Voraussetzung für dieses paramagnetische
Verhalten ist eine hinreichend kleine magnetische Wechselwirkung zwischen
den einzelnen Dipolen, so dass die Wechselwirkungsenergie sehr viel kleiner
als die thermische Energie der magnetischen Dipole ist.

In einem Paramagneten sind atomare magnetische Momente auch ohne äußeres Feld vorhanden

Tabelle 9.1: Eigenschaften einiger ferromagnetischer Substanzen (entnommen: Ch. Kittel,
Einführung in die Festkörperphysik, Oldenbourg Verlag (2006))

Substanz	Curie-Temperatur [K]	magn. Moment pro Atom [μ_B]	Sättigungsmagnetisierung $\mu_0 M$ bei 0 K [T]
Fe	1043	2,22	2,187
Co	1388	1,72	1,817
Ni	627	0,606	0,641
Gd	292	7,63	2,589
Dy	88	10,2	3,669
EuO	69	6,8	2,413

Wenn dagegen die Wechselwirkung zwischen benachbarten magnetischen
Atomen groß wird, wie beispielsweise in einem Kristall von Eisenato-
men, wird die parallele Ausrichtung aller magnetischen Dipole in makroskopischen Bereichen durch diese starke sog. *Austausch-Wechselwirkung*
erzwungen, selbst ohne ein äußeres Feld. Erst beim Überschreiten einer charakteristischen Temperatur, der sog. *Curie-Temperatur*, bricht die spontane
Kopplung und Ausrichtung aller magnetischen Dipole auf, und das Material

wird paramagnetisch. Dieses Verhalten wird nicht nur bei Eisen beobachtet, sondern auch bei vielen anderen, sog. ferromagnetischen Substanzen. Tabelle 9.1 zeigt einige wichtige Beispiele.

Wir wollen uns jetzt überlegen, was geschieht, wenn man ein paramagnetisches oder ferromagnetisches Material in eine langgestreckte, stromdurchflossene Spule bringt. Wir wollen insbesondere diskutieren, wie das magnetische Feld im Innern der Spule durch die magnetischen Dipolfelder des eingebrachten Materials verändert wird.

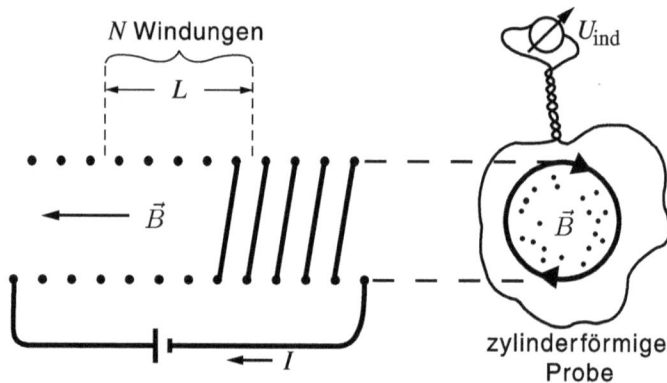

Bild 9.2: Versuchsanordnung zur Bestimmung des Magnetfeldes im Inneren einer materiellen Probe, die sich in der langgestreckten Spule befindet.

Bestimmung der
Magnetisierung

Bild 9.2 zeigt eine langgestreckte Spule mit n Windungen pro Längeneinheit ($n = N/L$) und mit einer Querschnittsfläche A. Ein Strom I erzeugt nach (6.12) im Inneren der zunächst leeren Spule ein homogenes magnetisches Feld der Größe $B_0 = \mu_0 \cdot n \cdot I$. Sobald wir nun das Innere der Spule mit einem magnetischen Material ausfüllen, wird das Magnetfeld B durch die Gegenwart der Dipolfelder einen von B_0 abweichenden Wert erreichen. Dieses Feld können wir auf folgende Weise ausmessen. Wir umgeben die Spule mit einer Drahtschleife, wie in Bild 9.2 angedeutet ist. Wird nun in der Spule ein Strom eingeschaltet, so baut sich ein magnetisches Feld auf, das nach dem Faradayschen Induktionsgesetz eine Spannung

$$U_{\text{ind}} = -A\frac{\mathrm{d}B}{\mathrm{d}t}$$

in der Drahtschleife induziert. Wenn man den Spannungsimpuls über die Zeit integriert, hat man in

$$\int_0 U_{\text{ind}} \cdot \mathrm{d}t = -A \cdot B \tag{9.2}$$

ein unabhängiges, direktes Maß für das in der Spule herrschende Magnetfeld. So können wir B auch nach dem Einbringen des Materials messen, und wir werden feststellen, dass die integrierte induzierte Spannung für para- und ferromagnetische Stoffe innerhalb der Spule immer größer ist als in der Leerspule. Für diese Substanzen ist B also immer größer als B_0.

Wie können wir uns dies nun erklären? Unter dem Einfluss des axialen homogenen Magnetfeldes in der Spule in Bild 9.2 zeigen die atomaren magnetischen Dipole des Materials eine ebenfalls axial gerichtete Vorzugs-orientierung. Bild 9.3 zeigt eine solche Probe mit einheitlich orientierten atomaren Dipolen und den dazugehörigen atomaren Kreisströmen i. Wie schon AMPÈRE bemerkte, heben sich diese Ströme im Innern der Probe vollkommen auf, und nur um die äußere Berandung der Probe läuft ein Ringstrom.

Ampèresche atomare Ringströme heben sich im Inneren der Probe gegenseitig auf

Bemerkung:

Dieser Ringstrom umkreist auch den zylinderförmigen Stabmagneten aus Eisen in Bild 6.2. Wir verstehen jetzt, warum zwischen dem Feldlinienverlauf eines Stabmagneten und dem einer Spule nicht der geringste Unterschied besteht.

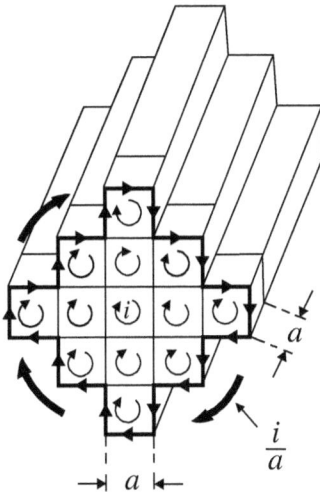

Bild 9.3: In einer Probe mit orientierten magnetischen Momenten bildet sich ein Oberflächenstrom i/a pro Längeneinheit aus.

Ist a der Abstand zweier orientierter Atome, so beträgt der Oberflächenstrom pro Längeneinheit i/a. Das gesamte Magnetfeld B innerhalb der Probe ist daher:

$$B = \mu_0 \cdot \left(n \cdot I + \frac{i}{a} \right). \tag{9.3}$$

Der Oberflächenstrom ist nun andererseits mit dem atomaren magnetischen Moment[2] $i \cdot a^2$ verknüpft, da

$$i/a = i \cdot a^2/a^3 = \text{magnetisches Moment pro Volumeneinheit}$$

gilt. Diese wichtige Größe wollen wir als den Magnetisierungsvektor $\vec{M}$ definieren:

$$\boxed{\vec{M} = \frac{\text{magnetisches Moment}}{\text{Volumen}}} \qquad \textbf{Magnetisierung} \qquad (9.4)$$

Die Magnetisierung ist damit analog zur elektrischen Polarisation $\vec{P}$ – siehe (4.4) – definiert. Die Richtung von $\vec{M}$ gibt die Orientierung des gesamten magnetischen Moments im Volumen V an. Wir können nun (9.3) auch in der Form schreiben:

$$B = \mu_0 \cdot (n \cdot I + M) \qquad (9.5)$$

oder:

$$\boxed{\vec{B} = \vec{B}_0 + \mu_0 \cdot \vec{M}} \qquad (9.6)$$

Wir wollen $\vec{B}_0$ als das *magnetisierende Feld* bezeichnen. Es hängt nur vom Strom durch die Spule ab.

Bemerkung:

Die Unterscheidung zwischen H und B ist historisch verständlich, da ja zunächst der mikroskopische Mechanismus unbekannt war

In vielen Lehrbüchern wird das magnetisierende Feld auch mit

$$\vec{H} = \frac{\vec{B}_0}{\mu_0}$$

bezeichnet, so dass (9.6) die Form

$$\vec{B} = \mu_0 \cdot \left(\vec{H} + \vec{M} \right)$$

annimmt. Bei dieser Definition haben $\vec{B}$ und $\vec{H}$ mit [T] bzw. [A/m] unterschiedliche Einheiten. Wir wollen uns diesem Brauch, einen neuen Vektor einzuführen, nicht anschließen, weil es nach unserer Ansicht nicht nötig ist und weil es nur eine Art von magnetischem Feld $\vec{B}$ gibt. Auch in den bekannten Feynman-Vorlesungen wird zwar $\vec{B}_0$ in unserer (9.6) noch mit $\vec{H}$ bezeichnet, aber mit den gleichen Einheiten wie $\vec{B}$, nämlich [T].

---

[2]Wir erinnern an die Definition des magnetischen Moments in Abschnitt 6.2.

In den folgenden zwei Beispielen wollen wir nun die Größe der Magnetisierung $\vec{M}$ von *paramagnetischen* und *ferromagnetischen* Substanzen näher betrachten. Für die Magnetisierung dieser Stoffe sind, wie wir gesehen haben, permanente atomare magnetische Momente verantwortlich, die sich im Feld ausrichten. $\vec{M}$ liegt daher für diese Stoffe parallel zu $\vec{B}_0$.

Die Magnetisierung einer paramagnetischen Probe Betrachten wir eine paramagnetische Probe, die sich bei der Temperatur T im magnetischen Feld einer Spule befindet. Die Probe enthalte n Atome pro Volumeneinheit mit dem magnetischen Moment $\vec{m}$. Nach (9.1) ist von diesen Dipolen nur der kleine Bruchteil $m \cdot B/(3 \cdot k_B T)$ für $k_B T \gg m \cdot B$ parallel zum Feld orientiert. Daher ist die Magnetisierung einer paramagnetischen Substanz:

$$\vec{M} = n \cdot m \cdot \frac{m \cdot \vec{B}}{3 \cdot k_B T} = \frac{n \cdot m^2}{3 \cdot k_B T} \cdot \vec{B}. \tag{9.7}$$

Die Magnetisierung nimmt also linear mit dem Feld zu. Das Verhältnis $\mu_0 \cdot M/B$ bezeichnet man als *magnetische Suszeptibilität* χ:

$$\boxed{\chi = \frac{\mu_0 \cdot M}{B}} \quad \text{\textbf{Definition der magnetischen}} \atop \text{\textbf{Suszeptibilität}} \tag{9.8}$$

Diese Definition der magnetischen Suszeptibilität ist also ganz analog zu der der elektrischen Suszeptibilität (4.6).

Bemerkung:
Daneben wird auch die magnetische Suszeptibilität meist durch $\overline{\chi} = M/H$ definiert, das mit dem in (9.8) definierten χ verknüpft ist durch $\chi = \overline{\chi}/(1 + \overline{\chi})$. Wir haben die Definition (9.8) bevorzugt, um die Analogie der Beschreibung von Materie in magnetischen Feldern zu der in elektrischen Feldern hervorzuheben. Der Unterschied zwischen χ und $\overline{\chi}$ ist vernachlässigbar für $\chi \ll 1$, also für paramagnetische und diamagnetische Stoffe. Schließlich sei erwähnt, dass der Zusammenhang zwischen $\vec{B}$ und $\vec{H}$ häufig auch durch die sog. *relative Permeabilität* μ beschrieben wird:

$$\vec{B} = \mu\mu_0 \cdot \vec{H}.$$

Ein Vergleich mit (9.6) zeigt, dass gilt:

$$\mu = 1 + \overline{\chi}.$$

Diese Beziehung ist jedoch nicht gültig für χ.

Durch Vergleich von (9.8) in der Form

$$\vec{M} = \frac{1}{\mu_0} \cdot \chi \cdot \vec{B}$$

mit (9.7) erhalten wir für die paramagnetische Suszeptibilität:

$$\boxed{\chi = \mu_0 \cdot \frac{n \cdot m^2}{3 \cdot k_\mathrm{B} T}} \qquad \textbf{Curie-Gesetz} \qquad\qquad (9.9)$$

Die paramagnetische Suszeptibilität ist also unabhängig von B und umgekehrt proportional zur Temperatur. Dieses Verhalten, das dem der paraelektrischen Suszeptibilität (4.34) genau entspricht, bezeichnet man als das *Curie-Gesetz*. Das Curie-Gesetz ist gültig für $m \cdot B \ll k_\mathrm{B} T$. Die paramagnetische Suszeptibilität hat für viele Kristalle bei Zimmertemperatur Werte von etwa 10^{-4}. Für Gase ist sie noch entsprechend kleiner.

Die Magnetisierung einer ferromagnetischen Probe Wie wir bereits beschrieben haben, sind in einer ferromagnetischen Probe durch quantenmechanische *Austauschkräfte* die atomaren magnetischen Dipole parallel ausgerichtet. Die Magnetisierung ergibt sich dann einfach zu

$$\vec{M} = n \cdot \vec{m}, \qquad\qquad (9.10)$$

wobei n die Zahl der Dipole pro Volumeneinheit ist. Tabelle 9.1 gibt entsprechende Werte von m und M für einige Ferromagnetika an. Diese Magnetisierung ist spontan, d.h. sie tritt auch ohne ein äußeres Feld auf, wie sie bei jedem Permanentmagneten beobachtet wird. Auch in einer Eisenprobe, die nicht makroskopisch magnetisch ist, ist diese *spontane Magnetisierung* lokal durchaus vorhanden. Sie wird jedoch makroskopisch nicht beobachtet, da die atomaren Elementarmagnete nur über kleine Bereiche von größenordnungsmäßig 0,01 mm Durchmesser parallel angeordnet sind. Die Magnetisierungen dieser sog. *Weißschen Bezirke* sind in einer nicht magnetisierten Eisenprobe statistisch gerade so orientiert, dass die makroskopische Gesamtmagnetisierung verschwindet. Erst bei Anlegen eines äußeren Magnetfeldes ist eine makroskopische Magnetisierung der Eisenprobe zu beobachten, da die Weißschen Bezirke, deren spontane Magnetisierung parallel zum äußeren Feld liegt, auf Kosten der anderen wachsen. Bei genügend hohem äußeren Feld nähert sich die Magnetisierung der Probe dem durch (9.10) bestimmten Wert, der sog. *Sättigungsmagnetisierung*, an, d.h. in diesem Fall sind alle atomaren magnetischen Momente der Probe parallel ausgerichtet. Dies bedeutet, dass für *Ferromagnetika* die Magnetisierung nicht proportional zu B ist, d.h. die Suszeptibilität χ ist im Unterschied zu *paramagnetischen* Proben eine Funktion von B.

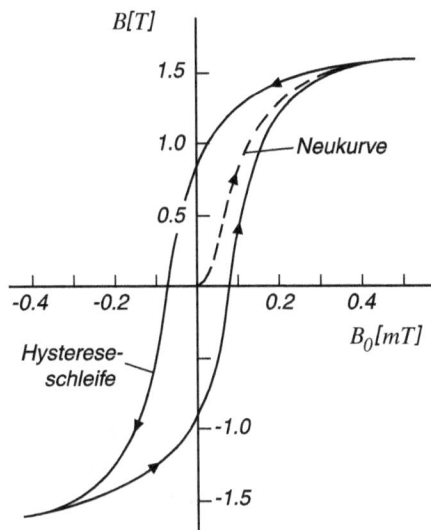

Bild 9.4: Magnetisierungskurve B(B0) einer Weicheisenprobe.

In Bild 9.4 ist die Funktion $B(B_0)$, die sog. *Magnetisierungskurve*, einer Weicheisenprobe dargestellt. Geht man von einer nicht magnetisierten Probe aus, so bewegt man sich bei Erhöhung des magnetisierenden Feldes B_0 längs der sog. *Neukurve* und erreicht bei großen Feldern eine *Sättigungsmagnetisierung*. Verringert man nun wieder B_0, so folgt man nicht mehr der Neukurve, sondern einer höher liegenden Kurve. Insbesondere bleibt für $B_0 = 0$ eine Restmagnetisierung, die sog. *Remanenz*, erhalten, die erst durch ein bestimmtes entgegengesetzt gerichtetes Feld B_0, das man als *Koerzitivkraft* bezeichnet, zum Verschwinden gebracht werden kann. Dieses „Nachhinken" des Magnetfeldes hinter dem magnetisierenden Feld führt zu der beobachteten Hystereseschleife. Remanenz und Koerzitivkraft lassen sich durch besondere Behandlung und Zusammensetzung über einen weiten Bereich variieren. So wird man für einen *Dauermagneten* große Remanenz und Koerzitivkraft fordern, während man für einen *Transformatorkern* einen ferromagnetischen Werkstoff mit geringer Hysterese verwenden wird.

Man findet in der Literatur sowohl die Darstellung $M(B_0)$ als auch $B(B_0)$

Charakteristische Merkmale der Hysterese: Sättigungsmagnetisierung, Remanenz, Koerzitivkraft

Frage:

Wie kann man sich das Zustandekommen der Hystereseschleife im Rahmen der Domänenstruktur (Weißsche Bezirke) von Ferromagneten erklären? Wie groß ist der induzierte Spannungsstoß in der Drahtschleife in Bild 9.2 bei einer ferromagnetischen Probe, z.B. Weicheisen, im Vergleich zu einer paramagnetischen Probe, wenn das magnetisierende Feld ($B_0 = 0{,}5$ mT) der Spule umgepolt wird?

Zum Magnetwiderstand in ferromagnetischen Metallen Ähnlich wie in Atomen besitzt der mit dem magnetischen Moment verknüpfte Spin eines Elektrons nur zwei Richtungseinstellungen in einem Magnetfeld, parallel oder antiparallel. Diesen wichtigen Befund der Richtungsquantelung des Drehimpulses in Feldern werden wir ausführlich erst später besprechen. Hier wollen wir aber schon festhalten, dass auch in ferromagnetischen Metallen (wie Fe und Co) die Spins der Leitungselektronen derselben Richtungsquantelung unterworfen sind: Sie sind zum größeren Teil parallel und zum kleineren Teil antiparallel zum Feld der Magnetisierung ausgerichtet.

Wie fließt nun der elektrische Strom in ferromagnetischen Metallen? Nach dem Zweistrommodell, das auf Sir Neville F. Mott zurückgeht, besteht der elektrische Gesamtstrom aus den beiden parallelen Teilströmen der Elektronen mit Spin parallel zur Magnetisierung (oft abgekürzt „Spin up" genannt) und mit Spin antiparallel zur Magnetisierung („Spin down" genannt). Da nach dem Modell Spinflip-Prozesse mit Spinumkehr, als Streuprozesse zwischen beiden Kanälen, vernachlässigt werden können, sind die beiden Teilströme unabhängig voneinander. Die entsprechenden Ohmschen Widerstände der beiden Teilstromkanäle sind aber unterschiedlich, weil die Streuraten für Up- und Down-Spins verschieden sind. Da in Ferromagnetica viel weniger Elektronen mit Down-Spin existieren als mit Up-Spin, gibt es entsprechend auch mehr freie Zustände für die Down-Spin-Elektronen, in die sie bei Stromfluss gestreut werden. Ihre Streurate ist daher höher als für die Up-Spin-Gruppe. Wir halten fest: Der Strom in ferromagnetischen Metallen wird nach diesem Modell hauptsächlich von den Up-Spin-Elektronen (mit dem Spin parallel zur Magnetisierung) getragen.

Der Nobelpreis für Physik wurde 2007 an Albert Fert (Paris) und Peter Grünberg (Jülich) verliehen für die Entdeckung des „Riesenmagnetwiderstands" (im Englischen abgekürzt als „GMR" von „Giant Magneto-Resistance"). Die „Riesenwiderstandsänderung" wurde 1986 von Peter Grünberg in einem Dreischichtsystem beobachtet, das – wie schematisch in Bild 9.5 dargestellt – aus zwei ferromagnetischen Schichten bestand, die durch nur wenige Monolagen eines nichtmagnetischen Metalls getrennt und somit magnetisch weitgehend entkoppelt waren. Albert Fert dagegen benutzte alternierende Vielfachschichten mit bis zu 60 Wiederholungen.

In dem von P. Grünberg benutzten Dreischichtsystem (s. Bild 9.5) ergab sich nun eine interessante Situation, wenn eine der beiden magnetischen Schichten eine hohe Koerzitivkraft besaß, so dass die Richtung ihrer Magnetisierung in normalen schwachen äußeren Magnetfeldern nicht verändert werden konnte und, wenn gleichzeitig die davon magnetisch entkoppelte zweite Schicht magnetisch weich war und daher leicht, selbst durch schwache äußere Magnetfelder verdreht und umgepolt werden konnte. Diese

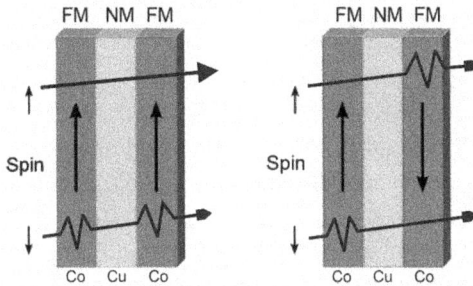

Bild 9.5: Ursprung des Riesenmagnetwiderstands von zwei ferromagnetischen Schichten (FM, z.B. Kobalt), die durch einen sehr dünnen nichtmagnetischen Film (NM, z.B. Kupfer) getrennt sind. Im linken Bild liegen die Magnetisierungen der beiden Co-Schichten parallel zueinander, im rechten Bild dagegen antiparallel. Da Streuprozesse für die Leitungselektronen (angedeutet durch Zickzack-Linien) nur in denjenigen Co-Schichten auftreten, in denen der Elektronenspin antiparallel zur Magnetisierung der Schicht ausgerichtet ist, hat das rechte Schichtpaket einen viel höheren Widerstand als das linke. So entsteht durch das Umpolarisieren der Magnetisierung in nur einer Co-Schicht die technisch so bedeutsame „Riesenwiderstandsänderung". (Die Rolle der nichtmagnetischen Zwischenschicht haben wir in diesem vereinfachten Bild vernachlässigt.)

Situation ist in Bild 9.5 schematisch dargestellt. Betrachten wir zunächst das Schichtpaket im linken Teil des Bildes. Die Magnetisierungen liegen hier beide parallel, aber die linke Schicht ist magnetisch hart und besitzt daher eine feste Orientierung der Magnetisierung. Die rechte Co-Schicht dagegen ist magnetisch weich und außerdem magnetisch von der ersten Schicht weitgehend entkoppelt. Sie konnte daher leicht – selbst in schwachen Magnetfeldern – relativ zur ersten Schicht verdreht oder sogar umgepolt werden. Das ganze Schichtpaket nach einer solchen Umpolung der magnetisch weichen rechten Co-Schicht ist rechts in Bild 9.5 gezeigt. Ein nur schwaches äußeres Magnetfeld hat mit der Umpolung der einen Schicht eine neue Situation geschaffen: Jetzt sind die Magnetisierungen der beiden Schichten antiparallel zueinander orientiert und dadurch hat sich der elektrische Widerstand des Schichtpakets – wie in der Bildunterschrift zu Bild 9.5 erläutert – beträchtlich erhöht. Die beobachtete relative Widerstandsänderung lag nicht – wie für den schon bekannten anisotropen Magnetwiderstand ferromagnetischer Metalle zu erwarten – im unteren Prozentbereich, sondern erreichte Werte von 70 % bei Zimmertemperatur und sogar 200 % bei tiefen Temperaturen. Es handelt sich also in der Tat um die Entdeckung eines ganz neuartigen Phänomens, das seitdem „Riesenmagnetwiderstand" genannt wird. (Die im Bild 9.5 gewählte fast horizontale Stromrichtung ist für dieses Resultat unerheblich, denn auch bei einer im Mittel vertikalen Richtung des Stromes durchlaufen die meisten Elektronen abwechselnd beide Co-Schichten.)

Diese Entdeckung des Riesenmagnetwiderstands – schon früh im For-
schungszentrum Jülich als sehr kleine und zugleich extrem empfindli-
che Magnetsonde patentiert – erlaubte eine Vielzahl von neuen GMR-
Anwendungen, u.a. im ABS-System der Autoindustrie. Schon 1997 brachte
IBM den ersten GMR-Lesekopf zum Auslesen von Computer-Festplatten
auf den Markt. Durch die Miniaturisierbarkeit und extreme Empfindlichkeit des neuen GMR-Lesekopfes hat sich seitdem die auslesbare
Speicherdichte von Festplatten ständig erhöht und ermöglichte in den letzten Jahren den Durchbruch zu Giga-Byte-Festplatten. Diese Entwicklung
zu höheren Speicherdichten ist noch keineswegs abgeschlossen. Festplatten ohne GMR-Lesekkopf gibt es heute praktisch nicht mehr. Sehr
anschauliche Darstellungen der Wirkungsweise von GMR-Leseköpfen
findet man in den ausgezeichneten Animationen vom Forschungszen-
trum Jülich (http://www.fz-juelich.de/iff/d_iee_overview_a) und von IBM
(www.research.ibm.com/research/gmr.html).

Schließlich sei auch noch die interessante Tatsache erwähnt, dass durch die
verschieden starke Streuung der Elektronen in den beiden Spinkanälen von
Ferromagneten der Gesamtstrom eine resultierende Spinpolarisation erhält.
Wegen der Drehimpulserhaltung kann diese Spinpolarisation des Stromes
bei starken Strömen auch zur Änderung der Magnetisierung und schließlich
zur Umpolarisation der stromführenden Schicht führen. Dieses *stromin-
duzierte Schalten* (*Current Induced Magnetic Switching* oder *CIMS*) ist
wahrscheinlich ebenfalls von großer Bedeutung für die zukünftige Entwicklung von „nicht-flüchtigen" magnetischen Speichern ohne bewegliche Teile
mit besonders schneller Zugriffszeit (MRAMs), welche die eingeschriebene
Information auch ohne Stromverbrauch bewahren und vielleicht sogar eine
Konkurrenz für die rotierenden Festplatten werden könnten. Zum Auslesen
dient auch hier wieder der GMR-Effekt.

9.2   Die Feldgleichungen der Magnetostatik in Materie

Wir wollen uns nun überlegen, wie (6.4) und das Ampèresche Gesetz (6.6),
die vollständig statische Magnetfelder im Vakuum beschreiben, auf den
Fall von Magnetfeldern in Materie zu verallgemeinem sind. (6.4) drückt

*Alle magnetischen
Felder sind
quellenfrei*

aus, dass die magnetischen Feldlinien stets ringförmig geschlossen sind
(Quellenfreiheit des magnetischen Feldes). Selbstverständlich bleiben die
magnetischen Feldlinien auch dann geschlossen, wenn sie von Ampèreschen
Ringströmen statt von äußeren Strömen erzeugt werden. (6.4) bleibt also

weiterhin gültig:

$$\oint_A \vec{B} \cdot d\vec{A} = 0 \qquad (9.11)$$

Im Ampèreschen Gesetz müssen jedoch neben den äußeren Strömen I auch die inneren Ringströme i berücksichtigt werden,

$$\oint_C \vec{B} \cdot d\vec{s} = \mu_0 \cdot (I + i), \qquad (9.12)$$

die durch die Fläche fließen, die von C umrandet wird. Mit Hilfe von (9.3) und (9.4) können wir die Ringströme auch durch die Magnetisierung ausdrücken:

$$i = \oint_C \vec{M} \cdot d\vec{s}. \qquad (9.13)$$

Daraus folgt

$$\oint_C \left(\vec{B} - \mu_0 \vec{M} \right) \cdot d\vec{s} = \mu_0 \cdot I \Big|, \qquad (9.14)$$

so dass diese Gleichung zusammen mit (9.6) und (9.11) statische Magnetfelder in Materie vollständig beschreibt.

Wir wollen schließlich als Anwendungsbeispiel hierfür abschätzen, welche maximalen Felder im ebenen *Luftspalt eines Elektromagneten* (Bild 9.6) erreichbar sind. Da nach (9.11) die Linien der magnetischen Feldstärke geschlossen bleiben, ist das magnetische Feld im Luftspalt des Elektromagneten in Bild 9.6

$$\vec{B}_{\text{Spalt}} = \vec{B}_{\text{Magnet}} = \vec{B}_0 + \mu_0 \cdot \vec{M},$$

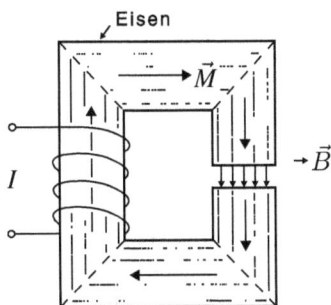

Bild 9.6: Elektromagnet mit Eisenkern.

wenn der Spalt genügend klein ist. Das vom Strom I erzeugte magnetisierende Feld B_0 ist nach Bild 9.5 in den meisten praktischen Fällen

Maximales Feld für Elektromagnet mit Eisenjoch und Luftspalt

vernachässigbar klein gegenüber der damit erzielten Magnetisierung, so dass $B_{\mathrm{Spalt}} \approx \mu_0 \cdot \vec{M}$ gilt. Das heißt, ein Elektromagnet mit einem Eisenkern kann nach Tabelle 9.1 ein Magnetfeld von etwa 2,2 T erzeugen. Für Gd und Dy liegt dieser Wert noch etwas höher. Aber zur Erzeugung von wesentlich höheren Feldern ist die Verwendung ferromagnetischer Materialien jedoch ohne echten Nutzen, und man verwendet besser supraleitende oder normalleitende, gekühlte Hochstromspulen.

Frage:

Zeigen Sie, dass eine genauere Rechnung (mit Hilfe des Ampèreschen Gesetzes) für das Magnetfeld im Spalt B $B_{\mathrm{Spalt}} = \mu_0 \cdot (N \cdot I + M \cdot)/(d + l)$ ergibt, wenn N die Zahl der Windungen, l die mittlere Länge des Jochs und d die Spaltbreite ist. (Siehe auch Feynman, Vorlesungen über Physik, Band II, Kap. 36).

9.3   Diamagnetisches Verhalten von Supraleitern

Bisher haben wir nur von paramagnetischen und ferromagnetischen Materialien gesprochen, die offenbar einen feldverstärkenden Einfluss haben, wenn man sie in ein magnetisierendes Feld bringt. Natürlich tritt eine solche Feldverstärkung nicht auf, wenn man eine Substanz aus Atomen ohne magnetisches Dipolmoment, wie z.B. ^{4}He-Atome, in ein Magnetfeld bringt. Dennoch tritt auch bei Atomen ohne magnetisches Moment eine Wirkung des Magnetfeldes auf die Elektronenverteilung im Atom auf, die dazu führt, dass das Feld von solchen nicht-magnetischen oder, wie man sagt, *diamagnetischen* Stoffen etwas verdrängt wird. Dies bedeutet, dass im Unterschied zu paramagnetischen bzw. ferromagnetischen Substanzen der Magnetisierungsvektor in diamagnetischen Stoffen dem magnetisierenden Feld entgegengerichtet ist. Dieser diamagnetische Effekt, der allgemein in allen Substanzen auftritt, ist jedoch sehr klein, und insbesondere gegenüber den paramagnetischen Orientierungseffekten vernachlässigbar. Wegen dieser relativen Geringfügigkeit wollen wir uns daher mit den diamagnetischen Erscheinungen der normalen Materie nicht weiter beschäftigen.[3]

Eine außerordentlich starke (nämlich vollständige) und theoretisch sehr interessante Feldverdrängung, die von MEISSNER und OCHSENFELD entdeckt

---

[3]Siehe z.B. Feynman, Vorlesungen über Physik, Band II, Kap. 34, Der Magnetismus der Materie, Oldenbourg, München/Wien (2007). Der Diamagnetismus der Atome und Moleküle beruht auf abschirmenden Ringströmen – analog zur Lenzschen Regel. Große Ringmoleküle mit konjugierten Doppelbindungen zeigen daher einen besonders starken Diamagnetismus.

wurde und als *Meißner-Effekt* bekannt ist, tritt dagegen in Supraleitern auf, und kann nicht auf klassische Weise erklärt werden. Wir wollen zwei Arten von Feldverdrängungen aus einer supraleitenden Bleikugel betrachten, die in Bild 9.7 dargestellt sind: Links ist eine supraleitende Bleikugel gezeigt, die bei konstanter Temperatur in ein nicht zu hohes Feld (z.B. $B = 5\,\text{mT}$) gebracht wird. Wegen des unendlichen Leitvermögens führt nach dem Faradayschen Induktionsgesetz schon die geringste Flussänderung durch die Probe zu abschirmenden Wirbelströmen in der Bleioberfläche, so dass der magnetische Fluss nicht in die Bleikugel eindringen kann. Diese Feldverdrängung ist allein auf das unendliche Leitvermögen zurückführbar, hat aber nichts mit dem Meißner-Effekt zu tun.

Diamagnetismus von Supraleitern und der Meißner-Effekt

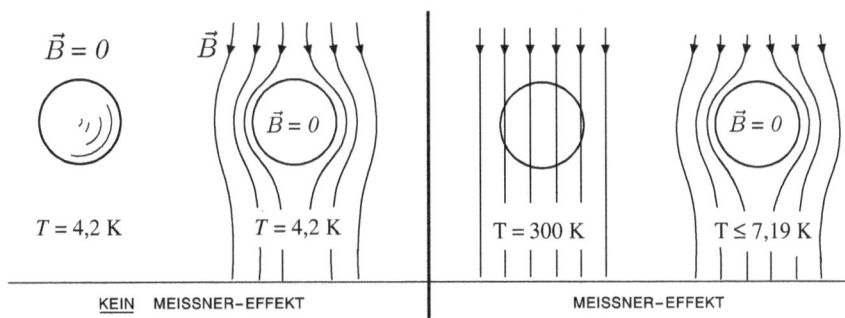

Bild 9.7: Verdrängung des magnetischen Feldes in Supraleitern
a) Eine supraleitende Bleiprobe wird in das Magnetfeld gebracht.
b) Eine normalleitende Bleiprobe, die sich im Magnetfeld befindet, wird unter die Sprungtemperatur $T = 7{,}19\,\text{K}$ abgekühlt.

Der rechte Teil von Bild 9.7 dagegen zeigt ein davon verschiedenes Vorgehen: Schon bei Zimmertemperatur wird die Bleikugel einem zeitlich konstanten Magnetfeld ausgesetzt, das nach kurzer Zeit die Bleiprobe homogen durchsetzt. Anschließend wird die Kugel im Feld langsam bis zur kritischen Temperatur von $T_c = 7{,}19\,\text{K}$ abgekühlt, wobei der magnetische Fluss durch die Probe konstant bleibt, so dass in der Probe keinerlei induzierte Spannungen oder Ströme auftreten. Beim Unterschreiten der kritischen Temperatur von $7{,}19\,\text{K}$ wird dennoch plötzlich der gesamte magnetische Fluss aus der Probe verdrängt, und die Probe bleibt feldfrei bis $T = 0\,K$. Dieses erstaunliche Verhalten (Meißner-Effekt) hat offenbar nichts mit dem Einsetzen der unendlichen Leitfähigkeit zu tun, da ja nach der Lenzschen Regel die klassisch induzierten Ströme gerade umgekehrt gerichtet wären, um eine Feldverdrängung zu *verhindern*.

Bild 9.8 zeigt einen runden Permanentmagneten, der über einem mit flüssigem Stickstoff gekühlten keramischen Oxidsupraleiter durch die supraleitenden Abschirmströme in der Schwebe gehalten wird. Oberhalb der

Bild 9.8: Ein Permanent-Magnet im Schwebezustand über einem Hochtemperatur-Supraleiter bei der Temperatur des flüssigen Stickstoffs. Der Magnetfluss des Magneten wird aus dem Supraleiter verdrängt. (Foto: Hoechst High Chem-Magazin Nr. 6, 1989).

Sprungtemperatur T_c liegt der Magnet direkt auf der Oxidplatte, um sich dann, wie in Bild 9.8 gezeigt, beim weiteren Abkühlen unterhalb T_c zu heben. Es ist eine schöne Demonstration des Meißner-Ochsenfeld-Effektes auch für die neuen Hochtemperatur-Supraleiter.

Wir halten also fest: Supraleiter sind nicht nur charakterisiert durch ein unendlich hohes Leitvermögen, sondern unabhängig davon durch die als Meißner-Effekt bezeichnete Feldverdrängung. Beide Eigenschaften sind klassisch nicht erklärbar. Wir werden uns später im Rahmen der Festkörperphysik eingehender mit dieser theoretisch und technisch gleich interessanten Erscheinung beschäftigen.

Frage:

Wie groß ist die Suszeptibilität χ bzw. $\overline{\chi}$ des Supraleiters in Bild 9.7?

Literaturhinweise zu Kapitel 9

Feynman, R.P.: Vorlesungen über Physik, Band II, Oldenbourg-Verlag, München/Wien (2007),
>   Kap. 34: Der Magnetismus der Materie,
>   Kap. 35: Paramagnetismus und magnetische Resonanz,
>   Kap. 37: Magnetische Materialien

Kittel, Ch., Einführung in die Festkörperphysik, Oldenbourg-Verlag, München/Wien (2006),
>   Kap. 14: Diamagnetismus und Paramagnetismus,
>   Kap. 15: Ferromagnetismus und Antiferromagnetismus

Buckel, W., Supraleitungen, Wilex-VCH, Weinheim, (2005),
>   Kapitel über den Diamagnetismus von Supraleitern

Fischer, H., Werkstoffe der Elektrotechnik, Hanser München (2007)

Goldman, A., Handbook of modern ferromagnetic materials, Kluwer Academic Publ. (1999)

O'Handley, R.C., Modern magnetic materials, John Wiley, New York (2000)

Mee, C.D., Magnetic storage handbook, McGraw Hill, New York (1996)

Zum Riesenmagnetwiderstand:

Grünberg, P., Kopplung macht den Widerstand, Spinelektronik in magnetischen Schichtstrukturen, Physik Journal 6, Nr. 8/9, 33 (2007)

Ziese, M. und Thornton, M. J. (Eds.), Lecture Notes in Physics. SpinElectronics, Springer Berlin/Heidelberg (2001)

Royal Swedish Academy of Sciences, The Discovery of Giant Magnetoresistance (2007),
http://nobelprize.org/nobel_prizes/physics/laureates/2007/phyadv07.pdf

10 Elektromagnetische Wellen

In diesem Kapitel werden wir zeigen, dass das elektromagnetische Feld sich im Raum ausbreiten kann, und dass die Ausbreitungsgeschwindigkeit im Vakuum

$$c = \frac{1}{\sqrt{\varepsilon_0 \cdot \mu_0}} = 299\,793\,\frac{\text{km}}{\text{s}}$$

beträgt, was mit der Lichtgeschwindigkeit übereinstimmt. Um 1860 gelang HEINRICH HERTZ erstmals die Erzeugung elektromagnetischer Radiowellen und der Nachweis, dass sie sich mit der bekannten Lichtgeschwindigkeit ausbreiten. Diese Entdeckung hat nicht nur das Nachrichtenwesen auf der Erde revolutioniert, sondern hat gleichzeitig auch demonstriert, dass zwischen Licht und Radiowellen kein fundamentaler Unterschied besteht. Die Existenz dieser Wellen war schon vor den Hertzschen Experimenten von MAXWELL vorhergesagt worden, nachdem er das Ampèresche Gesetz verallgemeinert hatte und mit den anderen schon bekannten elektromagnetischen Grundgleichungen zu einer Wellengleichung kombinieren konnte. Wir wollen im Folgenden zunächst die Maxwellschen Gleichungen aufstellen und dann zeigen, dass eine ebene Welle eine Lösung dieser Gleichungen darstellt.

Die elektromagnetische Welle ist eine Lösung der Maxwellschen Gleichungen

10.1 Erweiterung des Ampèreschen Gesetzes für zeitlich veränderliche Felder: der Verschiebungsstrom

Im Ampèreschen Gesetz (6.6) wird ausgesagt, dass jeder Leitungsstrom I von magnetischen Feldlinien umgeben ist, wobei gilt:

$$\oint_C \vec{B} \cdot d\vec{s} = \mu_0 \cdot I. \tag{10.1}$$

Das heißt, das Linienintegral von $\vec{B}$ um die Berandung C einer Fläche A ist proportional zu dem durch diese Fläche tretenden Strom. MAXWELL

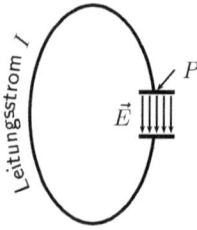

Bild 10.1: Zur Herleitung des Verschiebungsstroms: Wechselstromkreis mit Kapazität.

wies als Erster darauf hin, dass das Gesetz in dieser Form bei Wechselstromkreisen mit Kondensator keine eindeutigen Werte von $\vec{B}$ liefert. Wie in Bild 10.1 dargestellt ist, endet nämlich im Punkte P an der oberen Kondensatorplatte der von oben kommende Leitungsstrom. Legt man daher die Fläche A (punktiert in Bild 10.2 gezeichnet), entlang deren Berandung nach dem Ampèreschen Gesetz integriert werden soll, etwas höher als die obere Kondensatorplatte (Fall a), so geht der volle Leitungsstrom durch die Fläche, und man findet einen endlichen Wert von $\vec{B}$ auf der Umrandung. Legt man dagegen für genau die gleiche Berandungskurve die Integrationsfläche etwas tiefer, nämlich unter die Kondensatorplatte (Fall b), so tritt nur das elektrische Feld $\vec{E}$, aber kein Leitungsstrom durch sie mehr hindurch, und das Magnetfeld wäre null. Diese Zweideutigkeit der Bestimmung von $\vec{B}$ ist natürlich physikalisch nicht tragbar und zeigt, dass das Ampèresche Gesetz in der bisherigen Form (10.1) noch einer Erweiterung bedarf.

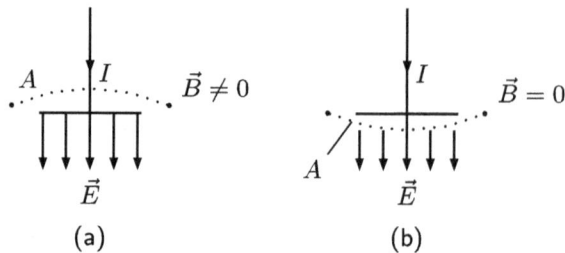

Bild 10.2: Ampèresches Gesetz angewandt außerhalb (a) und innerhalb (b) des Kondensators von Bild 10.1.

Es ist auch leicht einzusehen, welche Erweiterung notwendig ist, damit nach dem Vorgehen a oder b das gleiche Feld $\vec{B}$ resultiert. Nach (3.5) erzeugt eine Ladung q auf dem Plattenkondensator der Fläche A eine Feldstärke E zwischen den Platten, wobei $q = A \cdot \varepsilon_0 \cdot E$ gilt. Der Leitungsstrom $I = \partial q/\partial t$, der in den Kondensator fließt, ist folglich:

$$I = A \cdot \varepsilon_0 \cdot \frac{\partial E}{\partial t}. \tag{10.2}$$

Wenn wir daher auf der rechten Seite von (10.1) zu dem Leitungsstrom noch den nur von der elektrischen Feldstärke abhängenden Term $A \cdot \varepsilon_0 \cdot \partial E/\partial t$, den man *Verschiebungsstrom* nennt, addieren, erhalten wir in Bild 10.2 sowohl nach dem Vorgehen a als auch nach b stets eindeutig dieselbe magnetische Feldstärke. Dies gilt für den Plattenkondensator, für den $\vec{E}$ über die gesamte Fläche A konstant ist. Im Allgemeinen erhalten wir den Verschiebungsstrom durch Integration über die Elemente $\vec{E} \cdot d\vec{A}$:

Der Begriff Verschiebungsstrom ist historisch bedingt. Im Gegensatz zum Leitungsstrom wird er nicht von freien Ladungsträgern verursacht

$$I = \varepsilon_0 \cdot \frac{d}{dt} \int_A \vec{E} \cdot d\vec{A}. \tag{10.3}$$

Wir erhalten somit folgende Erweiterung des Ampèreschen Gesetzes, die zuerst von Maxwell vorgeschlagen wurde:

$$\boxed{\oint_C \vec{B} \cdot d\vec{s} = \mu_0 \cdot I + \mu_0 \cdot \varepsilon_0 \cdot \frac{d}{dt} \int_A \vec{E} \cdot d\vec{A}} \tag{10.4}$$

Heute ist durch viele Beobachtungen klar erwiesen, dass diese Erweiterung nicht nur eine formale Schwierigkeit beseitigt, sondern dass ein zeitlich veränderliches elektrisches Feld, der Verschiebungsstrom, tatsächlich ein Magnetfeld erzeugen kann. So wird z.B. bei einigen Typen von Hohlleiterresonatoren das auftretende Magnetfeld nur vom Verschiebungsstrom und überhaupt nicht von Leitungsströmen verursacht. Auch das Magnetfeld einer freien elektromagnetischen Welle rührt nur vom Verschiebungsstrom her. So ist wohl die Existenz der elektromagnetischen Wellen der beste Beweis für die Richtigkeit des Ampère-Maxwellschen Gesetzes.

10.2 Die Maxwellschen Gleichungen

Wir wollen nun eine Bilanz ziehen und die vier wichtigsten elektromagnetischen Gesetze, die wir bisher kennengelernt haben, zusammenstellen:

$$\oint_A \vec{E} \, d\vec{A} = \frac{Q}{\varepsilon_0} = \frac{1}{\varepsilon_0} \int_V \rho \, dV \qquad \text{**Gaußscher Satz für das elektrische Feld**} \tag{10.5}$$

$$\oint_A \vec{B} \, d\vec{A} = 0 \qquad \text{**Gaußscher Satz für das magnetische Feld**} \tag{10.6}$$

$$\oint_C \vec{E} \, d\vec{s} = -\frac{d}{dt} \int_A \vec{B} \, d\vec{A} \qquad \text{**Faradaysches Induktionsgesetz**} \tag{10.7}$$

$$\oint_C \vec{B} \, d\vec{s} = \mu_0 \int_A \left(\vec{j} + \varepsilon_0 \frac{\partial \vec{E}}{\partial t} \right) d\vec{A} \qquad \text{**Ampére-Maxwellsches Gesetz**} \tag{10.8}$$

Diese vier Gleichungen nennt man zusammenfassend die *Maxwellschen Gleichungen*. Wir haben hier als Darstellungsweise die sog. *Integralform* gewählt. Häufig werden jedoch auch die differentiellen Formen verwendet, die wir im Folgenden kurz ableiten wollen.

Nach dem *Integralsatz von Gauß*[1] gilt für ein beliebiges Vektorfeld $\vec{F}(\vec{r})$ die Beziehung:

$$\oint_A \vec{F} \cdot d\vec{A} = \int_V \operatorname{div} \vec{F} \cdot dV. \tag{10.9}$$

Dabei ist die Divergenz des Vektorfeldes $\vec{A}$ definiert durch den Skalar:

$$\operatorname{div} \vec{F} = \vec{\nabla} \cdot \vec{F} = \frac{\partial F_x}{\partial x} + \frac{\partial F_y}{\partial y} + \frac{\partial F_z}{\partial z}. \tag{10.10}$$

Der Integralsatz von Gauß besagt also, dass der Fluss des Vektorfeldes $\vec{F}(\vec{r})$ durch eine beliebige, geschlossene Fläche A gleich ist dem Volumenintegral über $\operatorname{div} \vec{F}$, erstreckt über das von A eingeschlossene Volumen V. Durch Vergleich von (10.9) mit (10.5) und (10.6) erhalten wir für die beiden ersten Maxwellschen Gleichungen folgende differentielle Formen:

$$\boxed{\operatorname{div} \vec{E} = \vec{\nabla} \cdot \vec{E} = \frac{\rho}{\varepsilon_0}} \tag{10.11}$$

$$\boxed{\operatorname{div} \vec{B} = \vec{\nabla} \cdot \vec{B} = 0} \tag{10.12}$$

Ein zweiter, wichtiger Integralsatz, der *Satz von Stokes*, besagt:[1]

$$\oint_C \vec{F} \cdot d\vec{s} = \int_A \operatorname{rot} \vec{F} \cdot d\vec{A}. \tag{10.13}$$

Die Rotation des Vektorfeldes $\operatorname{rot} \vec{F}$ ist dabei gegeben durch den Vektor:

$$\operatorname{rot} \vec{F} = \vec{\nabla} \times \vec{F} = \left(\frac{\partial F_z}{\partial y} - \frac{\partial F_y}{\partial z}, \frac{\partial F_x}{\partial z} - \frac{\partial F_z}{\partial x}, \frac{\partial F_y}{\partial x} - \frac{\partial F_x}{\partial y} \right). \tag{10.14}$$

Das Umlaufintegral von $\vec{F}$ längs der geschlossenen Kurve C ist also gleich dem Fluss der Rotation von $\vec{F}$ durch die von C eingeschlossene Fläche A.

---

[1]Ein Beweis der Integralsätze von Gauß und Stokes für Vektorfelder ist zu finden z.B. in Feynman, Vorlesungen über Physik, Band II, Kap. 3, Oldenbourg, München/Wien (2007) oder Courant, Vorlesungen über Differential- und Integralrechnung, Band 2, Springer (Berlin).

Mit Hilfe dieses Satzes von Stokes können wir die beiden anderen Maxwellschen Gleichungen umformen in

$$\boxed{\mathrm{rot}\,\vec{E} = \vec{\nabla} \times \vec{E} = -\frac{\mathrm{d}\vec{B}}{\mathrm{d}t}} \tag{10.15}$$

und

$$\boxed{\mathrm{rot}\,\vec{B} = \vec{\nabla} \times \vec{B} = \mu_0 \cdot \left(\vec{j} + \varepsilon_0 \cdot \frac{\mathrm{d}\vec{E}}{\mathrm{d}t} \right).} \tag{10.16}$$

Diese vier Maxwellschen Gleichungen beschreiben vollständig die elektromagnetische Wechselwirkung. Ob man nun die Integral- oder Differential-
formen der Maxwellschen Gleichungen verwendet, hängt vom jeweiligen
Problem ab. Wir wollen jedoch hervorheben, dass weniger die elegante
mathematische Darstellung dieser Gleichungen wichtig ist als vielmehr ihr
einfacher physikalischer Inhalt.

Die ersten beiden Gleichungen drücken aus, dass die Ladungen
Quellen des elektrischen Feldes sind, während das magnetische Feld
quellenfrei ist. Der wesentliche Inhalt der beiden letzten Maxwell-
schen Gleichungen ist andererseits, dass die zeitliche Änderung des
magnetischen Feldes ein elektrisches, und umgekehrt ein zeitlich
sich änderndes elektrisches Feld ein magnetisches (Wirbel-)Feld her-
vorruft. Daneben ist in der 4. Maxwellschen Gleichung zusätzlich die
Aussage des Ampèreschen Gesetzes enthalten, dass nämlich auch ein
elektrischer Strom ein magnetisches Wirbelfeld erzeugt.

Frage:
Wie kann man zeigen, dass die Maxwellschen Gleichungen implizit die Ladungser-
haltung ausdrücken? (Hinweis: Leiten Sie aus den Maxwellschen Gleichungen die
Kontinuitätsgleichung (5.6) her.)
Inwieweit ist in den Maxwellschen Gleichungen die Lorentz-Kraft enthalten?
Sind die Maxwellschen Gleichungen lorentz-invariant?

10.3 Die Wellenausbreitung im Vakuum

Wohl die wichtigste Konsequenz der Maxwellschen Gleichungen ist die Erklärung der Ausbreitung elektromagnetischer Wellen, in denen $\vec{E}$ und $\vec{B}$ sich
im Raum ausbreiten. Wir gehen aus von den *Maxwellschen Gleichungen des*
Vakuums:

$$\oint_A \vec{E}\,d\vec{A} = 0 \tag{10.17}$$

$$\oint_A \vec{B}\,d\vec{A} = 0 \tag{10.18}$$

$$\oint_C \vec{E}\,d\vec{s} = -\frac{\partial}{\partial t}\int_A \vec{B}\,d\vec{A} \tag{10.19}$$

$$\oint_C \vec{B}\,d\vec{s} = \mu_0\varepsilon_0 \int_A \frac{\partial \vec{E}}{\partial t}\,d\vec{A}. \tag{10.20}$$

Wir wollen zeigen, dass z.B. ebene, sich in der x-Richtung ausbreitende Wellen eine Lösung der Maxwellschen Gleichungen darstellen. Nach Bild 10.3 kann dabei der elektrische Feldvektor keine longitudinale x-Komponente besitzen, da dies der in der 1. Maxwellschen Gleichung ausgedrückten Quellenfreiheit des elektrischen Vakuumfeldes widerspricht. Der elektrische Feldvektor muss also senkrecht auf der Ausbreitungsrichtung stehen. Aus der 2. Maxwellschen Gleichung folgt, dass dies entsprechend für die magnetische Feldstärke gilt. Aufgrund der beiden ersten Maxwellschen Gleichungen ist also im Vakuum nur die Ausbreitung transversaler elektromagnetischer Wellen möglich. Wir wollen daher mit dem Ansatz einer transversalen ebenen Welle

$$E_y = E_{y0} \cdot \sin \omega(t - x/c) \tag{10.21}$$

die Lösung der Maxwellschen Gleichungen versuchen.

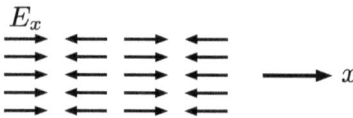

Bild 10.3: Eine longitudinale Feldkomponente führt zu einem Fluss durch eine Gaußsche Fläche.

Die Phasengeschwindigkeit c sei dabei eine noch zu bestimmende Konstante. Der Verlauf eines solchen elektrischen Feldes in der x, y-Ebene ist in Bild 10.4 stark eingezeichnet.

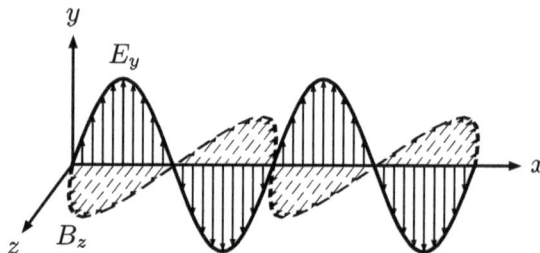

Bild 10.4: Harmonische, ebene elektromagnetische Welle in x-Richtung.

Wir haben bereits bei der Behandlung der Seilwellen in Physik I gesehen, dass (10.21) eine Lösung der Wellengleichung

$$\frac{\partial^2 E_y}{\partial x^2} = \frac{1}{c^2} \cdot \frac{\partial^2 E_y}{\partial t^2} \tag{10.22}$$

darstellt. Wir wollen nun zeigen, dass sich eine solche Wellengleichung aus den Maxwellschen Gleichungen herleiten lässt. Die Anwendung des Faradayschen Gesetzes (10.19) auf ein kleines Flächenelement dA in der x, y-Ebene ergibt (Bild 10.5a):

$$\oint_C \vec{E} \cdot \mathrm{d}\vec{s} = E_y(x + \mathrm{d}x) \cdot \mathrm{d}y - E_y(x) \cdot \mathrm{d}y$$

$$= \left(E_y(x) + \frac{\partial E_y}{\partial x}\mathrm{d}x \right) \cdot \mathrm{d}y - E_y(x) \cdot \mathrm{d}y$$

$$= \frac{\partial E_y}{\partial x} \cdot \mathrm{d}x \cdot \mathrm{d}y = -\frac{\partial B_z}{\partial t} \cdot \mathrm{d}x \cdot \mathrm{d}y. \tag{10.23}$$

Dabei wurde berücksichtigt, dass nur die y-Komponente von $\vec{E}$ nicht verschwindet. Der Umlaufsinn um die Fläche dA ist durch die „Rechte-Hand-Regel" festgelegt. Wir erhalten also:

Auch
Rechte-Faust-Regel
oder Maxwellsche
Korkenzieher-Regel

$$\frac{\partial E_y}{\partial x} = -\frac{\partial B_z}{\partial t}. \tag{10.24}$$

Wenn man versucht, das Faradaysche Gesetz auf ein Flächenelement in der x, z-Ebene anzuwenden, ergibt sich entsprechend $(\partial B_y / \partial t)\,\mathrm{d}x\,\mathrm{d}z = 0$, da E_y senkrecht auf der Fläche dx dz steht. Wertet man schließlich das Umlaufintegral im Faradayschen Gesetz in der x, y-Ebene aus, so ergibt sich wieder null, da sich E_y in dieser Ebene nicht ändert. Daraus folgt, dass B_x verschwinden muss, was wir bereits aus dem 2. Maxwellschen Gesetz abgeleitet haben. Wir halten also fest:

$$B_x = B_y = 0.$$

Es ist also nur die z-Komponente von $\vec{B}$ von null verschieden. $\vec{E}$ und $\vec{B}$ stehen damit aufeinander senkrecht.

Doch nun zur Anwendung der 4. Maxwellschen Gleichung: Aufgrund unserer Erfahrungen bei der Auswertung des 3. Maxwellschen Gesetzes ist anzunehmen, dass das Umlaufintegral von $\vec{B}$ nur dann von null verschie-

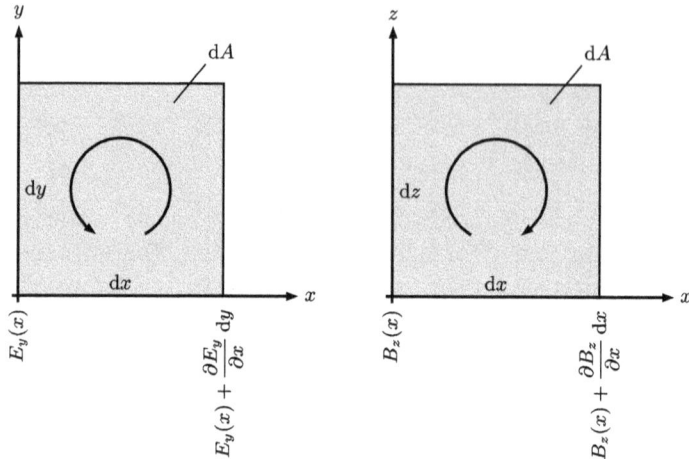

Bild 10.5: Zur Berechnung des Kurvenintegrals entlang des Randes der Flächenelemente dx, dy und dz: Der Umlaufsinn ist durch die Rechte-Hand-Regel festgelegt.

den ist, wenn das Flächenelement dA in der x, z-Ebene liegt. Es gilt nach Bild 10.5b:

$$\oint_C \vec{B} \cdot d\vec{s} = B_z \cdot dz - \left(B_z + \frac{\partial B_z}{\partial x} \cdot dx \right) \cdot dz$$

$$= -\frac{\partial B_z}{\partial x} \cdot dx \cdot dz$$

$$= \mu_0 \cdot \varepsilon_0 \cdot dx \cdot dz \frac{\partial E_y}{\partial t}$$

oder:

$$\frac{\partial B_z}{\partial x} = -\varepsilon_0 \cdot \mu_0 \cdot \frac{\partial E_y}{\partial t}. \tag{10.25}$$

(10.24) und (10.25) verknüpfen die elektrische und die magnetische Feldstärke miteinander. Eliminiert man aus diesen beiden Gleichungen eine Feldstärke, z.B. die magnetische Feldstärke B_z, so erhält man eine Beziehung für E_y allein. Dazu differenzieren wir (10.24) nach x und (10.25) nach t:

$$\frac{\partial^2 E_y}{\partial x^2} = -\frac{\partial^2 B_z}{\partial x \partial t}, \qquad \frac{\partial^2 B_z}{\partial x \partial t} = -\varepsilon_0 \mu_0 \frac{\partial^2 E_y}{\partial t^2}$$

also:

$$\boxed{\frac{\partial^2 E_y}{\partial x^2} = \varepsilon_0 \mu_0 \frac{\partial^2 E_y}{\partial t^2}} \qquad \textbf{Wellengleichung für } \vec{E} \tag{10.26}$$

Dies ist die gesuchte Wellengleichung für das elektrische Feld. Aus einem Vergleich mit (10.22) erhalten wir für die Phasengeschwindigkeit c:

$$\boxed{c^2 = \frac{1}{\varepsilon_0 \mu_0}} \tag{10.27}$$

Da ε_0 und μ_0 konstant sind, ist damit also die Phasengeschwindigkeit frequenzunabhängig. Hieraus folgt nach Physik I, dass für eine elektromagnetische Welle im Vakuum die Phasengeschwindigkeit gleich der Gruppengeschwindigkeit ist. Die beiden Konstanten ε_0 und μ_0 können experimentell aus der Anziehungskraft zweier Ladungen bzw. zweier paralleler, stromführender Drähte, also durch Messungen in statischen Feldern bestimmt werden. Die Tatsache, dass sich gerade die Lichtgeschwindigkeit ergibt, wenn man die Zahlenwerte dieser Konstanten in (10.27) einsetzt, ist eine wesentliche Stütze der Maxwellschen Theorie und eine Bestätigung der Annahme, dass Licht eine elektromagnetische Welle ist. Eine der (10.26) entsprechende Wellengleichung lässt sich auch für B_z gewinnen, indem man (10.24) nach der Zeit und (10.25) nach dem Ort differenziert und dann addiert. So findet man:

$$\boxed{\frac{\partial^2 B_z}{\partial x^2} = \varepsilon_0 \mu_0 \frac{\partial^2 B_z}{\partial t^2}} \qquad \textbf{Wellengleichung für } \vec{B} \tag{10.28}$$

Wir können aber auch mit Hilfe von (10.24) B_z direkt aus E_y bestimmen:

$$\frac{\partial E_y}{\partial x} = -E_{y0} \cdot \frac{\omega}{c} \cdot \cos\omega\left(t - \frac{x}{c}\right) = -\frac{\mathrm{d}B_z}{\mathrm{d}t}.$$

Integrieren wir über die Zeit, so erhalten wir daraus:

$$B_z = \frac{E_{y0}}{c} \cdot \sin\omega\left(t - \frac{x}{c}\right). \tag{10.29}$$

In einer ebenen, elektromagnetischen Welle erreichen also das elektrische Feld (10.21) und das magnetische Feld (10.29) am gleichen Ort und zur gleichen Zeit ihr Maximum: $\vec{E}$ und $\vec{B}$ sind in Phase. Das Verhältnis der Feldamplituden

$$\boxed{\frac{E_y}{B_z} = c = \frac{1}{\sqrt{\varepsilon_0 \cdot \mu_0}}} \tag{10.30}$$

wird allein durch die Lichtgeschwindigkeit $c = 1/\sqrt{\varepsilon_0 \cdot \mu_0}$ bestimmt. Der Verlauf von B_z ist ebenfalls in Bild 10.4 dargestellt. Wir haben hier nur

gezeigt, dass ebene Wellen eine Lösung der Maxwellschen Gleichungen darstellen. Selbstverständlich bilden auch andere Wellenformen wie z.B. das
Feld eines oszillierenden Dipols, das wir in Abschnitt 10.9 besprechen werden, eine Lösung der Maxwellschen Gleichungen. Die konkrete Wellenform
hängt von den jeweiligen Randbedingungen, d.h. von der Art und Weise
ab, in der die elektromagnetische Welle erzeugt wird. Die ebene Welle von
Bild 10.4 z.B. kann man sich erzeugt denken durch eine unendlich ausgedehnte Stromschicht in der y, z-Ebene, deren in y-Richtung fließender Strom
sich zeitlich periodisch ändert. In der Praxis erzeugt man elektromagnetische
Wellen natürlich auf andere Weise. Die besondere Bedeutung von ebenen
Wellen liegt jedoch darin, dass man jede elektromagnetische Welle durch
Superposition von ebenen Wellen darstellen kann.

Wir wollen zusammenfassen: Die Maxwellschen Gleichungen gestatten die
Ausbreitung elektromagnetischer Wellen, die transversal polarisiert sind,
d.h. der elektrische Feldvektor, der magnetische Feldvektor und die Ausbreitungsrichtung stehen senkrecht aufeinander. Die Ausbreitungsgeschwindig-
keit im Vakuum $c = 1/\sqrt{\varepsilon_0 \cdot \mu_0}$ ist frequenzunabhängig und festgelegt durch
die beiden Konstanten ε_0 und μ_0, welche durch elektrostatische und magnetische Messungen bestimmt werden können. Die Größe $1/\sqrt{\varepsilon_0 \cdot \mu_0}$ stimmt
ausgezeichnet mit direkten Messungen der Lichtgeschwindigkeit überein,
so dass das sichtbare Licht eine elektromagnetische Welle zu sein scheint.
Diese Vermutung ist inzwischen durch viele Experimente zur Sicherheit
erhärtet worden. Es gehört zu den großartigsten Erfolgen der Maxwellschen
Theorie, die Ausbreitung von Radiowellen ($\omega \approx 10^7$ Hz), Mikrowellen
($\omega \approx 10^{11}$ Hz), Wärmestrahlung ($\omega \approx 10^{13}$ Hz), Licht ($\omega \approx 10^{15}$ Hz) und
Röntgenstrahlen ($\omega \approx 10^{18}$ Hz) auf ein Phänomen zurückgeführt zu haben,
nämlich auf die Ausbreitung elektromagnetischer Wellen unterschiedlicher
Frequenz.

Übungsaufgabe:

Leiten Sie die Wellengleichung (10.26) aus den differentiellen Formen der Maxwellschen Gleichungen ab!

10.4 Die Energiedichte einer elektromagnetischen Welle und der Poynting-Vektor

Die Energiedichte w unserer Welle setzt sich aus einem elektrischen und einem magnetischen Anteil nach (3.29) bzw. (8.23) wie folgt zusammen:

$$\boxed{w = \frac{\varepsilon_0}{2} \cdot E_y^2 + \frac{1}{2 \cdot \mu_0} \cdot B_z^2}$$ **Energiedichte des elektromagnetischen Feldes** (10.31)

Da nach (10.30) $B_z^2 = \varepsilon_0 \mu_0 E_y^2$ ist, folgt:

$$w = \frac{\varepsilon_0}{2} \cdot E_y^2 + \frac{\varepsilon_0}{2} \cdot E_y^2 = \varepsilon_0 \cdot E_y^2. \tag{10.32}$$

Dies heißt, dass elektrische und magnetische Energiedichte einer elektromagnetischen Welle gleich groß sind. Die gesamte Energiedichte variiert räumlich, wie in Bild 10.6 dargestellt ist. Die Maxima der Energiedichte verschieben sich nach rechts mit Lichtgeschwindigkeit. Die Energiestromdichte $S = w \cdot c$ gibt die pro Zeiteinheit durch eine Einheitsfläche senkrecht hindurchtretende Energie, also die Intensität der elektromagnetischen Welle an. Wir können $\vec{S}$ als einen Vektor auffassen, der parallel zur Ausbreitungsrichtung ist. Mit (10.32) erhalten wir für die Energiestromdichte S:

$$S = w \cdot c = \varepsilon_0 \cdot E_y^2 \cdot c. \tag{10.33}$$

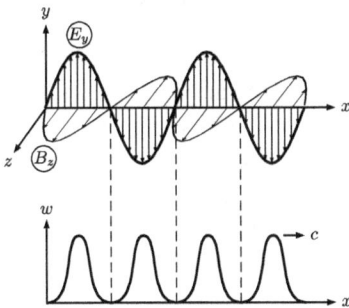

Bild 10.6: Feld und Energiedichte w einer ebenen und harmonischen Welle in Abhängigkeit vom Ort.

S zeigt also ebenfalls räumlich periodische Schwankungen. Besondere Beachtung verdient die relative Lage von $\vec{E}$ und $\vec{B}$ zueinander: Sie sind so gerichtet, dass zu jeder Zeit das Vektorprodukt $(\vec{E} \times \vec{B})$ in die Ausbreitungsrichtung zeigt. Denn immer wenn $\vec{E}$ sein Vorzeichen ändert, kehrt auch $\vec{B}$ seine Richtung um. Der Betrag von $(\vec{E} \times \vec{B})$ ist nach (10.30) gleich E_y^2/c.

Wir können daher unter Verwendung des Vektorprodukts für die Energie-stromdichte auch vektoriell schreiben:

$$\boxed{\vec{S} = \frac{1}{\mu_0}(\vec{E} \times \vec{B})} \qquad \textbf{Poynting-Vektor} \qquad (10.34)$$

Dieser Vektor wird als *Poynting-Vektor* bezeichnet. Er zeigt in Ausbrei-tungsrichtung, und sein Betrag gibt die Intensität der elektromagnetischen Wellen an. Der Poynting-Vektor, der hier nur für eine ebene Welle abgelei-tet wurde, gibt ganz allgemein[2] den Energiestrom im elektromagnetischen Feld wieder, so z.B. auch bei dem stromdurchflossenen Widerstand in Bild 10.7, der von gekreuzten, zeitlich konstanten magnetischen und elek-trischen Feldlinien umgeben ist. Der von allen Seiten zur Widerstandsachse strömende Poynting-Vektor ergibt genau die im Widerstand frei werdende Wärmeenergie $I^2 \cdot R$ (Versuchen Sie dies zu beweisen!).

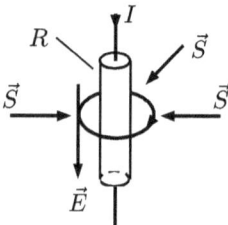

Bild 10.7: Poynting-Vektor eines stromdurchflossenen Widerstands.

10.5 Elektromagnetische Wellen im Dielektrikum: Der Brechungsindex

Beim Übergang vom Vakuum zu Materie müssen wir in den Maxwellschen Gleichungen die Tatsache berücksichtigen, dass Polarisationsladungen und Ampèresche Kreisströme induziert werden. Wir wollen hier nur ein isotro-pes, ungeladenes Dielektrikum mit $\vec{P} = \chi \cdot \varepsilon_0 \cdot \vec{E}$ betrachten und weiter annehmen, dass die Magnetisierung vernachlässigbar klein ist. Die letzte-re Annahme ist für para- und diamagnetische Substanzen gut erfüllt. Nach (4.15) und (9.11) haben die beiden ersten Maxwellschen Gleichungen die Form:

$$\oint_A \left(\vec{E} + \frac{\vec{P}}{\varepsilon_0} \right) \cdot d\vec{A} = \oint_A \varepsilon_0 \varepsilon \cdot \vec{E} \cdot d\vec{A} = 0, \qquad (10.35)$$

---

[2]Der Beweis hierfür ist zu finden z.B. in R.P. Feyman, Vorlesungen über Physik, Band II, Kap. 27, Oldenbourg, München/Wien (2007).

$$\oint_A \vec{B} \cdot d\vec{A} = 0. \tag{10.36}$$

Während die 3. Maxwellsche Gleichung, das Faradaysche Induktionsgesetz, in Materie die gleiche Form hat wie im Vakuum (warum?), müssen wir in der 4. Maxwellschen Gleichung (10.8) berücksichtigen, dass eine Änderung des elektrischen Feldes eine Änderung der Polarisation und damit einen zusätzlichen Verschiebungsstrom verursacht. Es gilt somit:

$$\oint_c \vec{E} \cdot d\vec{s} = -\frac{d}{dt} \int_A \vec{B} \cdot d\vec{A}, \tag{10.37}$$

$$\oint_c \vec{B} \cdot d\vec{s} = \mu_0 \cdot \int \varepsilon_0 \cdot \frac{\partial}{\partial t} \left(\vec{E} + \frac{\vec{P}}{\varepsilon_0} \right) \cdot d\vec{A} = \mu_0 \cdot \varepsilon_0 \varepsilon \cdot \frac{d}{dt} \int_A \vec{E} \cdot d\vec{A}. \tag{10.38}$$

Formal erhalten wir also die Feldgleichungen in Materie, wenn wir in den Vakuumgleichungen überall ε_0 ersetzen durch $\varepsilon_0 \cdot \varepsilon$.

Übungsaufgabe:

Zeigen Sie, dass man die Magnetisierung der Materie in den Feldgleichungen richtig berücksichtigt, wenn man überall μ_0 ersetzt durch $\mu_0 \cdot \mu$, wobei für die relative Permeabilität μ gilt: $\mu = B/B_0$.

Wenn wir nun die Maxwell-Gleichungen in Materie mit denen im Vakuum ((10.17)–(10.20)) vergleichen, so sehen wir, dass wir die Herleitung der Wellengleichung in Abschnitt 10.3 einfach übertragen können. Insbesondere ist das Verhältnis E/B und die Ausbreitungsgeschwindigkeit nicht mehr gleich $c = 1/\sqrt{\varepsilon_0 \cdot \mu_0}$, sondern es gilt für Dielektrika:

$$\boxed{\frac{E}{B} = \frac{1}{\sqrt{\varepsilon \varepsilon_0 \cdot \mu_0}} = \frac{c}{\sqrt{\varepsilon}} = v.} \tag{10.39}$$

Da ε praktisch immer größer als 1 ist, ist bei gleicher elektrischer Feldstärke der Verschiebungsstrom und damit das magnetische Feld größer als im Vakuum. Aus diesem Grund ist auch verständlich, warum die Ausbreitungsgeschwindigkeit in Isolatoren, die nach (10.30) ja durch das Verhältnis E/B bestimmt wird, entsprechend kleiner ist als die Lichtgeschwindigkeit c im Vakuum. In der Optik ist die Abkürzung $\sqrt{\varepsilon} = n$, gebräuchlich, wobei n als der *Brechungsindex* bezeichnet wird. Wir können für die letzte Gleichung deshalb auch schreiben:

$$\boxed{\frac{E}{B} = \frac{c}{n} = v.} \tag{10.40}$$

10.6 Reflexion einer Welle an einer Isolatoroberfläche

Es gehört zu unseren alltäglichen Erfahrungen, dass ein Lichtstrahl, welcher auf eine Glas- oder Wasseroberfläche fällt, teilweise reflektiert und teilweise durchgelassen wird. Wir wollen jetzt als eine Anwendung des Vorhergehenden den Reflexionsgrad ausrechnen für eine elektromagnetische Welle, die fast senkrecht auf eine Isolatoroberfläche fällt (*senkrechte Inzidenz*). Dieser Fall ist in Bild 10.8 angedeutet: Von links fällt ein Lichtstrahl (e) nahezu senkrecht auf die Oberfläche eines Glaswürfels.

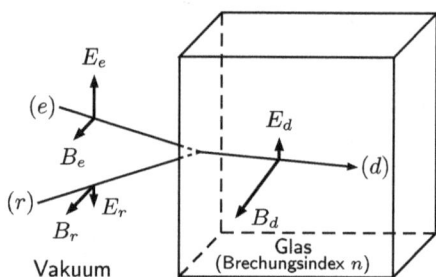

Bild 10.8: Zur Reflexion einer Welle an einer Isolatoroberfläche bei fast senkrechter Inzidenz.

Der reflektierte Strahl ist mit (r) und der durchgehende mit (d) bezeichnet. Die auf die Strahlen aufgezeichneten Vektoren repräsentieren die elektrischen und magnetischen Feldstärken der drei Teilstrahlen an der Reflexionsebene zu einer bestimmten Zeit.

Das Verhältnis E/B muss im Vakuum gleich c sein, im Glas dagegen gleich c/n. Das ist nicht verträglich mit den Randbedingungen (Gleichheit der tangentiellen Feldstärken), es sei denn man nimmt die Existenz einer reflektierten Welle an. Nach Bild 10.8 addieren sich die magnetischen Felder des einfallenden und des reflektierten Strahls, die elektrischen Felder schwächen sich jedoch gegenseitig:

$$B_{\mathrm{d}} = B_{\mathrm{e}} + B_{\mathrm{r}}, \tag{10.41}$$

$$E_{\mathrm{d}} = E_{\mathrm{e}} - E_{\mathrm{r}}. \tag{10.42}$$

Frage:

Warum ist B_{r} parallel zu B_{e}, E_{r} jedoch antiparallel zu E_{e}?

Nun wollen wir den *Reflexionskoeffizienten* $R = E_{\mathrm{r}}/E_{\mathrm{e}}$ berechnen. Mit $E/B = c/n$ können wir (10.41) umformen:

$$\frac{E_{\mathrm{e}}}{c} + \frac{E_{\mathrm{r}}}{c} = \frac{n}{c} \cdot E_{\mathrm{d}}. \tag{10.43}$$

Eliminiert man aus (10.42) und (10.43) E_d, so erhält man den Reflexionskoeffizienten $R = E_r/E_e$ für die Amplitude der elektromagnetischen Welle:

$$R = \frac{E_r}{E_e} = \frac{n-1}{n+1} \qquad (10.44)$$

Eliminiert man andererseits E_r aus denselben beiden Gleichungen, so ergibt sich für den *Durchlässigkeitskoeffizienten* $D = E_d/E_e$:

$$D = \frac{E_d}{E_e} = \frac{2}{n+1} = 1 - R. \qquad (10.45)$$

Für das *Reflexionsvermögen* r und die *Durchlässigkeit* d für die Intensität der elektromagnetischen Welle gilt $r = R^2$ und $d = n \cdot D^2$, so dass die Bedingung für die Energieerhaltung $r + d = 1$ erfüllt ist.

Wir haben also gefunden, dass ein Anteil $[(n-1)/(n+1)]^2$ der einfallenden Lichtintensität an einer Isolatoroberfläche bei senkrechter Inzidenz reflektiert wird. So wird von einer Oberfläche eines Glasfensters mit $n = 1{,}50$ z.B. ein Bruchteil von 4% bei senkrechtem Einfall reflektiert. Der Reflexionsgrad variiert im Allgemeinen stark mit dem Einfallswinkel und hängt insbesondere auch von der Polarisation des elektrischen Feldvektors relativ zur Oberfläche ab. Dieser allgemeine Fall wird durch die *Fresnelschen Gleichungen* der Optik beschrieben (siehe Physik III), die sich analog zur obigen Ableitung herleiten lassen. Die Gleichungen (10.44) und (10.45) sind also Spezialfälle dieser Gleichungen bei senkrechter Inzidenz.

Übungsaufgabe:

Zeigen Sie, dass analog zur Herleitung von (10.31) und (10.34) für die Energiedichte einer elektromagnetischen Welle in einem Dielektrikum

$$w = \frac{\varepsilon\varepsilon_0}{2} \cdot E^2 + \frac{1}{2\mu\mu_0} \cdot B^2$$

und für den Poynting-Vektor in einem Dielektrikum

$$S = \frac{1}{\mu\mu_0} \cdot (\vec{E} \times \vec{B})$$

gilt. Leiten Sie hieraus das Reflexionsvermögen r und die Durchlässigkeit d für die Intensität der elektromagnetischen Welle ab.

10.7 Die Ausbreitung elektromagnetischer Wellen in Leitern

Wir wollen uns hier mit der Frage beschäftigen, wie tief eine elektromagnetische Welle in ein leitendes Medium, z.B. in ein Metall, Halbleiter oder in die Ionosphäre einzudringen vermag. Dabei setzt das elektrische Feld der Welle die freien Ladungsträger des Mediums in Bewegung. Man unterscheidet verschiedene Fälle, je nachdem ob die Frequenz der Welle und damit der Elektronenbewegung hoch oder niedrig ist im Vergleich zu der in Abschnitt 5.4 eingeführten Stoßfrequenz $1/\tau$ bzw. zu der in Abschnitt 4.3 behandelten Plasmafrequenz ω_p des Elektronengases. Bild 10.9 gibt eine Übersicht über die drei Frequenzbereiche, die wir nacheinander beschreiben wollen und in denen die Maxwellschen Gleichungen sehr unterschiedliche Resultate liefern.

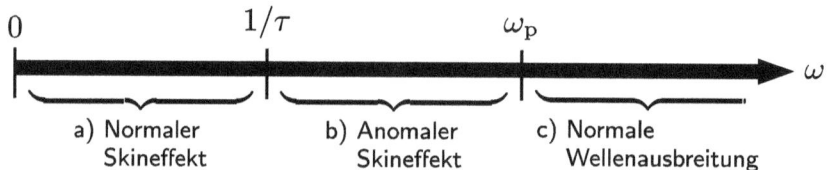

Bild 10.9: Phänomene in Abhängigkeit von der Frequenz bei der Ausbreitung elektromagnetischer Wellen in Leitern.

Der normale Skin-Effekt $(\omega < 1/\tau)$

Bei sehr tiefen Frequenzen ist nach der Ampère-Maxwellschen Gleichung (10.8) in Metallen die Verschiebungsstromdichte vernachlässigbar gegenüber der Leitungsstromdichte $\vec{j}$, und man kann daher für die 4. Maxwellsche Gleichung einfach schreiben:

$$\oint_C \vec{B} \cdot \mathrm{d}\vec{s} = \mu_0 \cdot \int_A \vec{j} \cdot \mathrm{d}\vec{A}. \tag{10.46}$$

Solange die Frequenz außerdem klein ist gegenüber der Stoßfrequenz der Elektronen $1/\tau$, wird die Stromdichte $\vec{j}$ durch das Ohmsche Gesetz (5.11) $\vec{j} = \sigma_0 \cdot \vec{E}$ bestimmt. In Kupfer bei 300 K z.B. beträgt $1/\tau$ etwa $10^{13}\,\mathrm{s}^{-1}$, so dass dies über einen großen Frequenzbereich erfüllt ist. Daher können wir für (10.46) auch schreiben:

$$\oint_C \vec{B} \cdot \mathrm{d}\vec{s} = \mu_0 \cdot \sigma_0 \cdot \int_A \vec{E} \cdot \mathrm{d}\vec{A}. \tag{10.47}$$

Nehmen wir nun wieder $\vec{E} = (0, E_y, 0)$ und $\vec{B} = (0, 0, B_z)$ an, so folgt aus der 3. Maxwellschen Gleichung entsprechend der Ableitung von (10.24)

$$\frac{\partial E_y}{\partial x} = \frac{\partial B_z}{\partial t} \tag{10.48}$$

und aus der 4. Maxwellschen Gleichung, wenn wir analog zu Abschnitt 10.3 vorgehen:

$$\frac{\partial B_z}{\partial x} = \mu_0 \cdot \sigma_0 \cdot E_y. \tag{10.49}$$

Differenziert man (10.48) nach dem Ort und (10.49) nach der Zeit, so erhält man nach Addition beider Gleichungen:

$$\boxed{\frac{\partial^2 E_y}{\partial x^2} = \mu_0 \cdot \sigma_0 \cdot \frac{\partial E_y}{\partial t}} \tag{10.50}$$

Dies ist keine Wellengleichung, da rechts nur die erste Ableitung nach der Zeit steht. Eine normale, ungedämpfte Welle ist daher auch keine Lösung, sondern die Funktion

$$E_y = E_{y\,0} \cdot e^{-\alpha x} \cdot \sin(\omega t - kx).$$

Durch Einsetzen dieser Lösung in (10.50) findet man für α und k den Zusammenhang

$$\boxed{\alpha = \sqrt{\frac{1}{2} \cdot \mu_0 \cdot \sigma_0 \cdot \omega} = k}. \tag{10.51}$$

Die Rechnung sei hier übersprungen und als Übungsaufgabe empfohlen. Die *Eindringtiefe* $\lambda = 1/\alpha$, die auch zuweilen als *Skintiefe* bezeichnet wird, ist in Bild 10.10 für Kupfer graphisch dargestellt. Sie variiert also mit der Frequenz zwischen einigen cm bei $100\,\mathrm{Hz}$ und $0{,}1\,\mu\mathrm{m}$ bei $10^{12}\,\mathrm{Hz}$. Sie ist außerdem umso geringer, je besser das Leitvermögen des Metalls ist. Eine Konsequenz dieser geringen Eindringtiefe von Hochfrequenz-Feldern und Hf-Strömen, die nur in der Oberfläche fließen, ist also der relativ hohe Widerstand selbst von dicken Drähten. Dieser hohe Widerstand lässt sich am wirkungsvollsten reduzieren, indem man einen dicken Leiter durch ein Bündel vieler dünner Drähte mit einer größeren gemeinsamen Oberfläche ersetzt.

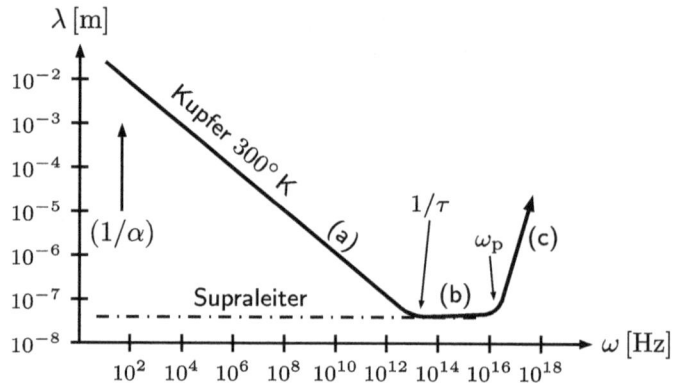

Bild 10.10: Eindringtiefe einer elektromagnetischen Welle in einen Leiter als Funktion der Winkelfrequenz (doppelt logarithmischer Maßstab): a) normaler Skin-Effekt, b) anomaler Skin-Effekt, c) Durchlassbereich.

Frage:

Bis zu welchen Frequenzen ist es für Kupfer berechtigt, den Verschiebungsstrom gegenüber dem Leitungsstrom zu vernachlässigen? Hinweis: Führen sie die Rechnung noch einmal unter Berücksichtigung des Verschiebungsstroms in (10.8) durch (siehe hierzu auch Feynman, Vorlesungen über Physik, Band II, Kap. 32.6).

Der anomale Skin-Effekt $(1/\tau < \omega < \omega_\mathrm{p})$

Bisher haben wir angenommen, dass die Gleichstromleitfähigkeit σ_0 auch auf Wechselströme übertragbar ist. Dies ist für Frequenzen sicher gut erfüllt, die klein gegenüber der Stoßfrequenz $1/\tau$ sind, jedoch nicht mehr für Frequenzen oberhalb der Stoßfrequenz. Denn in diesem Fall erreichen ja die Elektronen für das momentane elektrische Feld keine stationäre Driftgeschwindigkeit mehr. Das Ohmsche Gesetz ist also nicht mehr gültig. Wir wollen nun Frequenzen weit oberhalb der Stoßfrequenz betrachten, so dass wir Stöße völlig vernachlässigen können. Die Metallelektronen führen somit im Feld der elektromagnetischen Welle erzwungene Schwingungen ohne jegliche Reibungseinflüsse aus, entsprechend unseren Überlegungen in Abschnitt 4.3. Für die DK eines solchen Plasmas hatten wir damals – siehe (4.24) – gefunden:

$$\boxed{\varepsilon = 1 - \omega_\mathrm{p}^2/\omega^2}\,, \tag{10.52}$$

wobei $\omega_\mathrm{p} = \sqrt{n \cdot e^2/(\varepsilon_0 \cdot m_\mathrm{e})}$ die *Plasmafrequenz* ist. Betrachten wir nun das Metall als ein Dielektrikum mit der Dielektrizitätskonstante ε, wobei die Ströme, die durch das elektromagnetische Feld hervorgerufen werden, gerade die Verschiebungsströme der Polarisation sind, so können wir die

4. Maxwellsche Gleichung in der Form von (10.38) verwenden. Wenn wir analog zu Abschnitt 10.3 vorgehen, erhalten wir die der Wellengleichung ((10.26)) entsprechende Gleichung:

$$\frac{\partial^2 E_y}{\partial x^2} = \varepsilon \varepsilon_0 \cdot \mu_0 \cdot \frac{dE_y}{dt}. \tag{10.53}$$

Da nach (10.52) die DK eines Metalls negativ ist für Frequenzen unterhalb der Plasmafrequenz ω_p, ist eine ungedämpfte, harmonische Welle keine Lösung dieser Gleichung, sondern es existieren nur noch räumlich gedämpfte Schwingungen von der Form

$$E_y = E_{y0} \cdot e^{-\alpha x} \cdot \sin \omega t.$$

Wenn wir diesen Lösungsansatz in (10.53) einsetzen, erhalten wir

$$\alpha^2 = -\varepsilon \cdot \frac{\omega^2}{c^2},$$

also für negatives ε eine reelle Dämpfung. Für Frequenzen weit unterhalb der Plasmafrequenz, wenn $\varepsilon \approx -\omega_p^2/\omega^2$ ist, ergibt sich:

$$\alpha = \omega_p/c. \tag{10.54}$$

Hier wollen wir daran erinnern, dass wir bei unserer Rechnung Stöße im Plasma völlig vernachlässigt haben, so dass dieses Ergebnis nur für $\omega \gg 1/\tau$ gültig ist. Die Eindringtiefe $\lambda = 1/\alpha$ beträgt also bei diesen Frequenzen größenordnungsmäßig nur eine Plasmawellenlänge, was in Metallen nur etwa $5 \cdot 10^{-8}$ m entspricht. (Auch die magnetische Eindringtiefe in Supraleitern ($1/\tau = 0$) ist bei allen noch so tiefen Frequenzen aus eben diesen Gründen von der gleichen Größe.) Da diese Eindringtiefe in einer anderen Weise von der Frequenz abhängt als die normale Skintiefe (siehe Bild 10.10), spricht man daher von der *anomalen Skintiefe*. Schließlich sei betont, dass das rasche Abklingen des elektrischen Feldes in der x-Richtung nicht auf einer Absorption von elektromagnetischer Leistung durch das Elektronengas beruht. Vielmehr wird die Welle, wenn auch etwas eindringend, doch *totalreflektiert*.

Durchlässigkeit von Leitern bei hohen Frequenzen

Sobald die Frequenz einer einfallenden Welle die Plasmafrequenz eines Metalls übertrifft, wird das Metall im Prinzip wieder durchsichtig. Dies ist durchaus verständlich, da nach (10.52) für so hohe Frequenzen die Dielektrizitätskonstante des Metalls (oder z.B. der Ionosphäre) wieder positiv wird und die Wellengleichung (10.53) wieder zu sich wirklich ausbreitenden Wellen führt (siehe auch Bild 10.10). So werden dünne Alkalimetalle oberhalb von ω_p, d.h. im ultravioletten Spektralbereich, wieder durchsichtig.

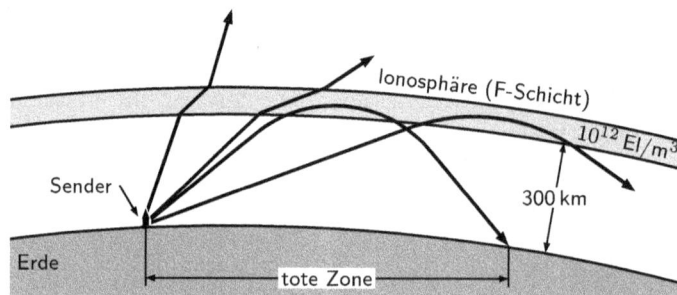

Bild 10.11: Reflexion von Radiowellen an der Ionosphäre.

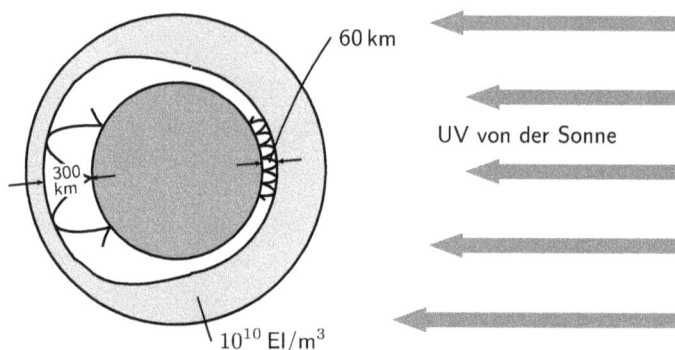

Bild 10.12: Zur Erklärung der großen Reichweiten für Radiowellen während der Nacht.

Auch die *Ionosphäre* sei als wichtiges Beispiel genannt. Unterhalb der Plasmafrequenz von $\omega_p \approx 10^8$ Hz reflektiert sie alle Radiosignale wieder zur Erdoberfläche zurück, wie in Bild 10.11 und in Bild 10.12 gezeigt ist. Dadurch erweitert sie die Reichweite unserer langwelligen Rundfunksender beträchtlich über die optische Sichtweite hinaus. Da die Ionisierung durch die ultraviolette Sonneneinstrahlung nachts weniger intensiv ist und nicht so dicht an die Erdoberfläche heranreicht, ergeben sich, wie in Bild 10.12 angedeutet ist, gerade auf der Nachtseite der Erde besonders günstige Ausbreitungsmöglichkeiten und große Reichweiten.

So erfreulich diese Erleichterung der Nachrichtenübermittlung auf der Erde ist, so macht doch die Ionosphäre den extraterrestrischen Funkverkehr von der Erde aus im Lang- und Mittelwellenbereich praktisch unmöglich. Um z.B. Nachrichten zum Mond zu übermitteln, müssen wir elektromagnetische Wellen benutzen, deren Frequenz weit oberhalb der Plasmafrequenz

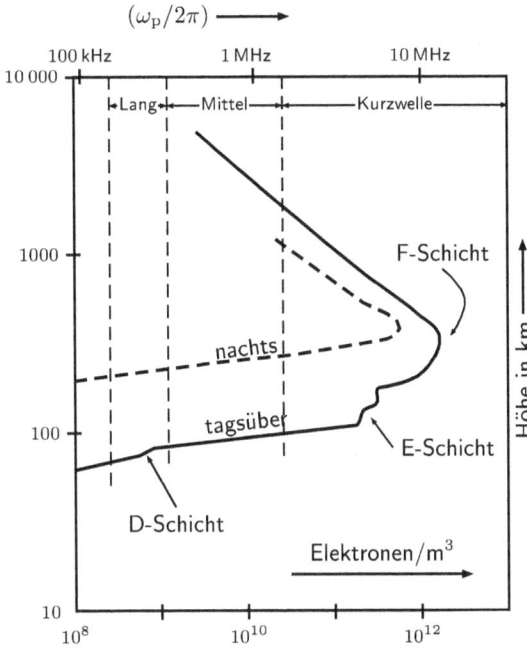

Bild 10.13: Die Elektronendichte bzw. die Plasmafrequenz der Ionosphäre in Abhängigkeit von der Höhe über der Erdoberfläche.

der Ionosphäre, also nach Bild 10.13 möglichst weit oberhalb von $10\,\text{MHz}$ liegt. Erst bei so hohen Frequenzen durchdringen elektrische Wellen die Ionosphäre ohne Schwierigkeit, so dass nur unsere UKW- und Fernsehprogramme ($\nu \approx 100\,\text{MHz}$) auch auf dem Mond empfangen werden können, auf der Erde aus dem gleichen Grund dagegen nur im Bereich der optischen Sichtweite.

10.8 Geführte elektrische Wellen

Von großer praktischer Bedeutung in der Nachrichtentechnik ist die Möglichkeit, elektromagnetische Wellen über große Entfernungen in abschirmenden Metallrohren fortzuleiten. Rohrleitungen mit isoliertem Zentralleiter, kurz Koaxialkabel genannt, eignen sich zur Fortleitung von Wellen beliebiger Frequenz unterhalb von 10^{10}Hz, während Rohrleitungen ohne Zentralleiter (mit rundem oder rechteckigem Querschnitt), die sog. Hohlleiter, nur zur Fortleitung elektrischer Wellen höherer Frequenzen und kleinerer Wellenlängen verwendet werden können. Wir wollen diese beiden Leitungstypen kurz besprechen.

Das Koaxialkabel

Wir wollen nur Wellen betrachten, die sich im Raum zwischen Innen- und Außenleiter ausbreiten (siehe dazu Bild 10.14). Der Außenraum soll also feldfrei bleiben: Das verlangt, dass der Strom auf dem Innenleiter durch einen gleich starken, antiparallelen Strom auf dem Außenleiter kompensiert wird, wie in Bild 10.14 angedeutet ist. Das Faradaysche Induktionsgesetz ergibt entlang des punktierten Integrationsweges nach Gleichung (8.9) die Spannung $dU = -L \cdot dx \cdot \partial l/\partial t$, wobei L die Induktivität pro Längeneinheit ist. Daraus folgt:

$$\frac{\partial U}{\partial x} = -L \cdot \frac{\partial l}{\partial t}. \tag{10.55}$$

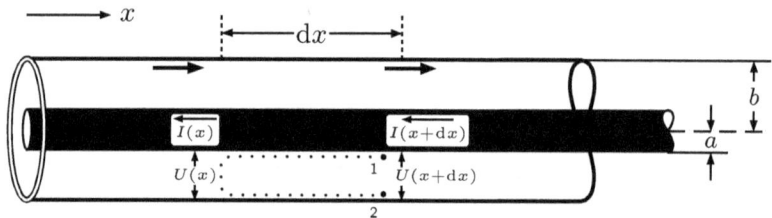

Bild 10.14: Zur Ableitung der Wellengleichung: Ausbreitung geführter elektromagnetischer Wellen in einem Koaxialkabel.

Andererseits muss eine Spannungsänderung dU längs des Weges dx eine Stromänderung dI hervorrufen, für die gilt:

$$dI = -d\left(\frac{\partial q}{\partial t}\right) = -C \cdot dx \frac{\partial U}{\partial t},$$

wobei hier C die Kapazität des Koaxialkabels pro Längeneinheit ist. Daraus folgt:

$$\frac{\partial I}{\partial x} = C \cdot \frac{\partial U}{\partial t}. \tag{10.56}$$

Frage:

Wie kann man (10.56) aus den Maxwellschen Gleichungen ableiten?

Indem wir (10.55) nach der Zeit und (10.56) nach dem Ort differenzieren, erhalten wir aus beiden Gleichungen durch Elimination von U bzw. I die folgenden Beziehungen:

$$\boxed{\frac{\partial^2 I}{\partial x^2} = LC \cdot \frac{\partial^2 I}{\partial t^2}, \quad \frac{\partial^2 U}{\partial x^2} = LC \cdot \frac{\partial^2 U}{\partial t^2},} \quad \textbf{Wellengleichungen} \tag{10.57}$$

Diese Wellengleichungen für I und U zeigen, dass Strom- und Spannungswellen sich mit der Geschwindigkeit $1/\sqrt{LC}$ entlang der Leitung ausbreiten können. Aus den früheren Gleichungen (8.17) und (3.16) sieht man, dass für das Produkt $L \cdot C$ gilt:

$$L \cdot C = \left[\frac{\mu_0}{2\pi} \cdot \ln(b/a)\right] \cdot \left[\frac{2\pi\varepsilon_0}{\ln(b/a)}\right] = \varepsilon_0 \cdot \mu_0 = \frac{1}{c^2}.$$

Elektrische Signale pflanzen sich also in einer Koaxialleitung ohne Dielektrikum unabhängig von den Dimensionen a und b der Leitung mit Lichtgeschwindigkeit aus. Besonders wichtig ist die Tatsache, dass diese Geschwindigkeit nicht von der Frequenz abhängt, so dass alle Fourierkomponenten eines beliebigen Signals ihre Phasenlage zueinander bewahren: Daher bleibt die Form eines beliebigen Signals bei der Übertragung erhalten. Bild 10.15 zeigt eine Momentaufnahme der elektrischen Felder zwischen beiden Leitern und der Ströme auf dem Innenleiter für eine sinusförmige Welle der Wellenlänge λ.

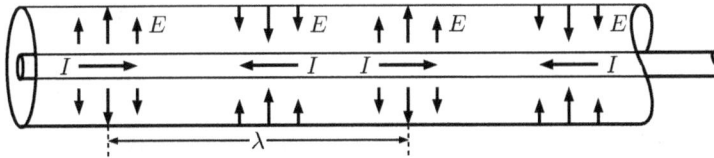

Bild 10.15: Feld- und Stromverteilung für eine in einem Koaxialkabel geführte elektromagnetische Welle.

Koaxialleitungen können zur Signalübertragung von der Frequenz 0 bis zu Frequenzen von etwa 10^{10} Hz verwandt werden, bei denen die Wellenlänge bereits vergleichbar mit dem Kabeldurchmesser wird. Zur Übertragung so hoher und noch höherer Frequenzen eignen sich jedoch am besten die im folgenden beschriebenen Hohlleiter.

Der Rechteck-Hohlleiter

Wir wollen uns hier die Eigenschaften von Wellen in Hohlleitern auf anschauliche Weise klarzumachen versuchen. Bild 10.16a zeigt, wie zwei gekreuzte, ebene Wellenfelder in der x, y-Ebene durch Reflexion einer einfallenden Welle an einer Metallplatte bei $y = 0$ entstehen. Die elektrischen Vektoren beider Wellen sind senkrecht zur Papierebene, also parallel zur z-Achse gerichtet. Die voll ausgezogenen bzw. gestrichelten Linien stellen die gleichphasigen Ebenen dar, in denen der $\vec{E}$-Vektor in die positive bzw. in die negative z-Richtung zeigt. Daher ist ersichtlich, dass sich in der Ebene $y = a/2$ die $\vec{E}$-Vektoren beider Wellen maximal addieren, während sie sich in der Ebene $y = a$ genau auslöschen.

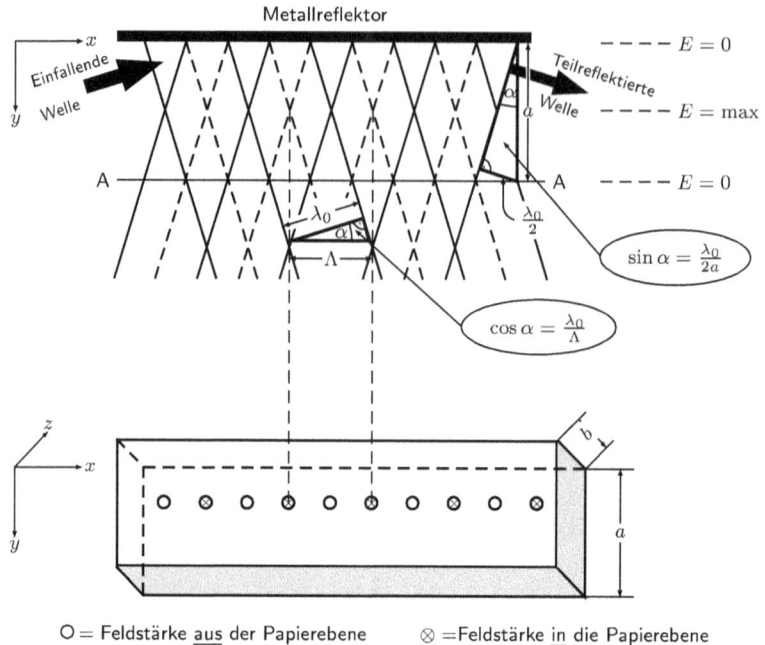

Bild 10.16: a) Reflexion einer ebenen elektromagnetischen Welle an einer Metalloberfläche: Die elektrische Feldstärke der ausgezogenen Wellenfront zeigt aus der Papierebene, die der gestrichelten Front in die Papierebene.
b) Hohlleiter: Die Feldverteilung von a) ändert sich nicht, wenn die Breite des Hohlleiters gerade gleich a ist.

Da das elektrische Feld in der Ebene $y = a$ zu allen Zeiten verschwindet, ändert sich an der Feldkonfiguration zwischen $y = a$ und $y = 0$ nichts, wenn wir auch in die Ebene $y = a$ eine Metallplatte in das Wellenfeld stellen. Da das tangentiale elektrische Feld bei $y = 0$ und $y = a$ verschwindet, liest man aus Bild 10.16a die folgenden geometrischen Relationen ab:

$$\sin \alpha = \frac{\lambda_0}{2a}; \qquad \cos \alpha = \frac{\lambda_0}{\Lambda},$$

wobei λ_0 die Wellenlänge der freien Welle, Λ die „Wellenlänge" in der x-Richtung und a der Abstand der Reflektoren ist. Nach Quadrieren und Addieren findet man:

$$\boxed{\frac{1}{\lambda_0^2} - \frac{1}{4a^2} = \frac{1}{\Lambda^2}} \tag{10.58}$$

Eine Wellenausbreitung zwischen den beiden Platten ist nur möglich für reelle Λ, d.h. $1/\lambda_0$ muss größer sein als $1/(2a)$. Eine Wellenausbreitung ist also nur oberhalb einer *Mindestfrequenz* $\nu = c/\lambda_0$ möglich:

$$\boxed{\nu > \frac{c}{2a}.} \tag{10.59}$$

Schließlich wollen wir noch die Tatsache ausnutzen, dass der $\vec{E}$-Vektor überall nur eine z-Komponente besitzt. Wir dürfen also, ohne das Wellenfeld im Innern im geringsten zu stören, die Welle auch noch mit zwei metallischen Platten in beliebigem Abstand b parallel zur x, y-Ebene einschließen. So erhalten wir schließlich den in Bild 10.16b dargestellten Rechteckhohlleiter. Die Feldverteilung im Hohlleiter, wie sie sich durch die Überlagerung der beiden ebenen Wellen ergibt, ist in Bild 10.17 dargestellt. Es sind aber auch andere Feldverteilungen möglich, die wir hier jedoch nicht besprechen wollen.

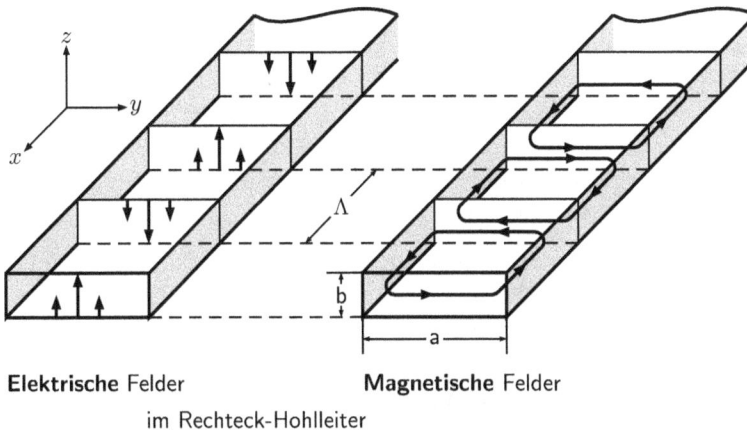

Elektrische Felder   **Magnetische** Felder
im Rechteck-Hohlleiter

Bild 10.17: Feldverteilung in einem Rechteck-Hohlleiter (TE_{01}-Mode).

Wir fassen zusammen:

1. In einem rechteckigen Hohlleiter mit dem Querschnitt $a \times b$ können sich nur Wellen hinreichend hoher Frequenz ausbreiten: Für $a > b$ gibt es im Hohlleiter im Gegensatz zum Koaxialkabel keine Wellenausbreitung für Frequenzen unterhalb von $c/(2a)$. Die Größe des kleineren Plattenabstandes b ist hierfür ohne Belang und kann beliebig klein gewählt werden.

2. Die Phasengeschwindigkeit $\nu_{ph} = c/\cos\alpha$ in der x-Richtung hängt jetzt empfindlich von der Frequenz der Welle ab. Signalformen bleiben daher während der Übertragung im Hohlleiter nicht unverzerrt wie im Koaxialkabel.

Frage:

Berechnen Sie für einen Rechteckhohlleiter mit den Abmessungen $0,8 \times 2,5$ cm die Phasen- und Gruppengeschwindigkeit als Funktion der Frequenz! Ab welcher Frequenz erst ist Übertragung möglich? Liegt in $\nu_{ph} > c$ ein Widerspruch zur Relativitätstheorie, nach der Energie nur mit Geschwindigkeiten $\leq c$ transportiert werden kann?

10.9 Strahlung von einem oszillierenden elektrischen Dipol (Hertzscher Dipol)

Nun haben wir die Diskussion über elektromagnetische Wellen fast abgeschlossen, ohne mit einem Wort zu erwähnen, wie man elektrische Wellen in den Raum abstrahlen kann, d.h. wie man sie erzeugt. Es ist offensichtlich, dass man elektromagnetische Wellen so erzeugen kann, wie man zeitlich sich ändernde elektrische und magnetische Felder erzeugen würde, nämlich durch die Bewegung von Ladungen. Wir wollen hier nur ein sehr einfaches Beispiel behandeln, das jedoch von großer praktischer Bedeutung ist: die Strahlung von einem oszillierenden Dipol. Wir nehmen also an, dass das Dipolmoment die Zeitabhängigkeit $p = p_0 \cdot \sin \omega t$ besitzt. Dieser Fall eines oszillierenden Dipols liegt in jeder linearen Antenne eines Rundfunksenders und in den meisten strahlenden Atomen vor.

Die Lösung der Maxwellschen Gleichungen für einen oszillierenden Dipol ist eine umfangreiche mathematische Aufgabe[3], so dass wir hier nur eine qualitative Beschreibung des elektromagnetischen Feldes eines strahlenden elektrischen Dipols geben wollen. In unmittelbarer Nähe des Dipols können wir annehmen, dass das elektrische Feld die gleiche Form hat wie das eines statischen Dipols mit dem jeweiligen momentanen Dipolmoment des oszillierenden Dipols. In großer Entfernung vom Dipol können wir nur dann ein elektrisches Feld entsprechend dem eines statischen Dipols, also $E \sim \omega t$ erwarten, wenn elektromagnetische Wellen eine unendliche Ausbreitungsgeschwindigkeit hätten. Infolge der endlichen Ausbreitungsgeschwindigkeit erhalten wir jedoch einen zusätzlichen Beitrag zum elektrischen Feld, der proportional zu $1/r$ ist, also langsamer als das statische Dipolfeld abfällt. Einen solchen Einfluss der endlichen Ausbreitungsgeschwindigkeit bezeichnet man als *Retardierung*. Wir müssen also beim oszillierenden Dipol zwischen einem *Nahfeld* und einem *Fernfeld* unterscheiden, wobei für das Nahfeld die Bedingung gilt, dass die Ausbreitungszeit der elektromagnetischen

Nahfeld des oszillierenden Dipols

---

[3]Siehe hierzu z.B. Feynman, Vorlesungen über Physik, Band II, Kap. 21, Oldenbourg, München/Wien (2007).

Welle wesentlich kleiner als die Periodendauer des oszillierenden Dipols ist:

$$r/c \ll 2\pi/\omega \qquad \text{oder} \qquad r \ll \lambda.$$

Das Nahfeld eines oszillierenden Dipols ist nicht zu verwechseln mit dem eines statischen Dipols.

Für das Fernfeld ($r \gg \lambda$) ergibt sich aus den Maxwellschen Gleichungen, dass magnetische und elektrische Feldstärke senkrecht aufeinander stehen und außerdem senkrecht zum Abstandsvektor $\vec{r}$ sind. Für den Betrag von elektrischer und magnetischer Feldstärke gilt:

Fernfeld des oszillierenden Dipols

$$E = \left(\frac{\omega}{c}\right)^2 \cdot p_0 \cdot \frac{\sin\varphi}{4\pi\varepsilon_0 \cdot r} \cdot \sin(kr - \omega t), \tag{10.60}$$

$$B = \frac{E}{c}. \tag{10.61}$$

Wie man sieht, sind E und B in Phase, und es erfolgt keine Abstrahlung in Richtung der Dipolachse ($\varphi = 0$). Die Feldverteilung eines elektrischen Dipols ist in Bild 10.18 wiedergegeben. Die pro Sekunde im Mittel in den vollen Raumwinkel abgestrahlte Energie erhalten wir durch Winkelintegration des Poynting-Vektors und anschließende zeitliche Mittelung. Das Ergebnis einer solchen Rechnung, die zur Übung empfohlen sei, ist:

$$\frac{dW}{dt} = \frac{p_0^2 \cdot \omega^4}{12\pi\varepsilon_0 \cdot c^3}. \tag{10.62}$$

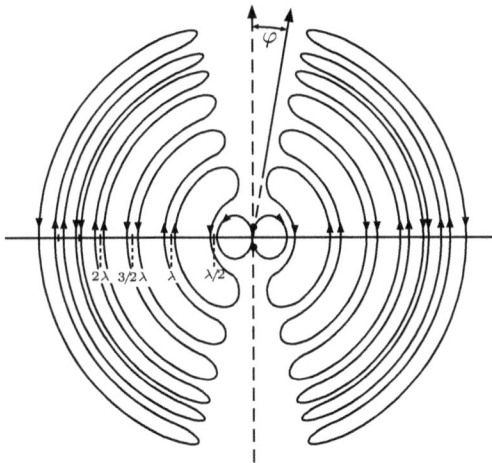

Bild 10.18: Elektrische Feldlinien eines vertikalen Hertzschen Dipols: Nach jeder halben Periode lösen sich geschlossene elektrische Feldlinien vom Dipol. Die magnetischen Feldlinien sind Kreise um die Dipolachse.

Frage:

Welche Leistung wird abgestrahlt von einer Radioantenne der Länge L, in der ein Wechselstrom $I = I_0 \cdot \sin \omega t$ aufrecht erhalten wird?

Auch ein in einem Atom schwingendes Elektron kann als ein oszillierender Dipol betrachtet werden, wobei jedoch die elektromagnetische Strahlung nicht kontinuierlich, sondern in Quanten abgegeben wird. Diese Quanten werden Photonen genannt. Eine genaue Behandlung eines solchen atomaren Dipols ist zwar nur mit Hilfe der Quantenmechanik möglich, doch wir können bereits jetzt abschätzen, wie groß die mittlere Schwingungsamplitude des Elektrons sein muss. Ein Lichtquant im grünen Spektralbereich ($\lambda = 0{,}5\,\mu$m) hat eine Energie $\hbar\omega = 4 \cdot 10^{-19}$ J. Diese Energie wird vom Atom innerhalb einer charakteristischen Zeit von etwa $5 \cdot 10^{-8}$ s abgestrahlt, so dass die abgestrahlte Leistung größenordnungsmäßig 10^{-11} W beträgt. Aus (10.62) erhalten wir daraus für die mittlere Schwingungsamplitude $d = p_0/e$ des Elektrons $d \approx 10^{-10}$ m, also eine typische atomare Größenordnung.

Bei dem gerade behandelten oszillierenden Dipol wurden Ladungen periodisch beschleunigt, wobei eine monochromatische Strahlung emittiert wird. Grundsätzlich führt jede beschleunigte Bewegung einer freien Ladung zu einer elektromagnetischen Abstrahlung. Am wichtigsten sind die Spezialfälle der *Röntgenbremsstrahlung* und der *Synchrotronstrahlung*. In beiden Fällen wird ein kontinuierliches Spektrum abgestrahlt.[4]

Bremsstrahlung im Röntgengebiet wird emittiert, wenn schnelle geladene Teilchen (z.B. Elektronen mit einer kinetischen Energie um 100 keV) auf eine Festkörperoberfläche (z.B. aus Molybdän) treffen und nach dem Durchdringen der Elektronenhülle der Mo-Atome im elektrischen Feld der Mo-Kerne vielfach umgelenkt werden, dabei Strahlung emittieren und somit abgebremst werden. Das Maximum der dabei entstehenden Röntgenbremsstrahlung liegt bei einer Frequenz, die etwa der inversen Bremszeit eines Elektrons beim Aufprall entspricht.

Synchrotronstrahlung entsteht, wenn ein (meist relativistisch) schnelles geladenes Teilchen (z.B. Elektron oder Positron) durch ein Magnetfeld abgelenkt und somit seitlich beschleunigt wird. Als Ergebnis dieser Radialbeschleunigung geben die Elektronen einen beträchtlichen Teil ihrer Energie ab, indem sie eine intensive, gebündelte und polarisierte elektromagnetische Strahlung in der Vorwärtsrichtung – also tangential zur Teilchenbahn – aussenden. Da diese intensive, gebündelte Strahlung (1944 vorausgesagt von sowjetischen Theoretikern) zum ersten Mal 1947 an einem Synchrotron beobachtet wurde, wurde dieses „Licht" im Frequenzbereich vom Infraroten

---

[4]Siehe hierzu z.B. Feynman, Vorlesungen über Physik, Band I, Kap. 28 und 32 und Band II, Kap. 21, Oldenbourg, München/Wien (2007).

bis zum harten Röntgengebiet fortan als Synchrotronstrahlung bezeichnet. In den letzten beiden Jahrzehnten ist diese Synchrotronstrahlung zu einem wertvollen Hilfsmittel für die Untersuchung der kondensierten Materie, einschließlich biologischer Objekte, geworden. Darüber hinaus gibt es auch kosmische Synchrotron-Strahlungsquellen, wo sich geladene schnelle Teilchen in Magnetfeldern bewegen, wie z.B. bei Pulsaren, Radiogalaxien und Quasaren. Eine viel nähere extraterrestrische Quelle von Synchrotronstrahlung ist der Planet Jupiter, in dessen Magnetfeld Elektronen den Planet umkreisen und dabei Synchrotronstrahlung aussenden.

10.10 Die Streuung elektromagnetischer Strahlung an Atomen

Wenn eine elektromagnetische Welle an einem Atom vorbeiläuft, erzwingt ihr elektrisches Feld eine periodische Bewegung der Elektronen des Atoms. Wir wollen hier den Fall der Resonanz außer Acht lassen und annehmen, dass das elektrische Feld $\vec{E}$ der einfallenden Welle zu einer erzwungenen Schwingung der gebundenen Elektronen führt. Dadurch entsteht nach (2.29) ein induziertes Dipolmoment im Atom:

$$p = p_0 \cdot \sin \omega t = \varepsilon_0 \cdot \alpha \cdot E_0 \cdot \sin \omega t \,, \tag{10.63}$$

wobei α die *atomare Polarisierbarkeit* und $E = E_0$ das elektrische Feld der einfallenden Welle ist. Das oszillierende Dipolmoment nach (10.63) seinerseits strahlt Energie ab in Form einer elektromagnetischen Welle der gleichen Frequenz wie ein Hertzscher Dipol. Diesen Prozess nennt man Streuung, und zwar *elastische Streuung*, da die Frequenz des gestreuten Lichtes genau der des einfallenden entspricht. Häufig wird die elastische Streuung an Atomen – allgemein an Teilchen, die kleiner sind als die Wellenlänge – auch als *Rayleigh-Streuung* bezeichnet.

Unter Berücksichtigung von (10.62) und (10.63) ist die vom streuenden Atom abgestrahlte Leistung:

$$\boxed{\frac{\mathrm{d}W}{\mathrm{d}t} = \frac{\alpha^2 \cdot \omega^4}{12\pi \cdot c^3} \cdot \varepsilon_0 \cdot E_0^2} \qquad \textbf{Rayleigh-Gesetz} \tag{10.64}$$

In Abschnitt 4.2 haben wir die Frequenzabhängigkeit der atomaren Polarisierbarkeit berechnet und dabei gesehen, dass α für kleine Frequenzen ($\omega \ll \omega_0$) frequenzunabhängig ist. Die abgestrahlte Leistung ist deshalb proportional zur 4. Potenz der Frequenz.

Dieses charakteristische Merkmal der Rayleigh-Streuung erklärt den großen Anteil von blauem Licht im Spektrum des in der Erdatmosphäre gestreuten Sonnenlichtes, also den blauen Himmel bzw. Morgen- und Abendrot.

Übungsaufgabe:

Warum stellt ein Beobachter, der parallel zur Erdoberfläche blickt, fest, dass das Streulicht des unpolarisierten Sonnenlichts vollkommen linear polarisiert ist, wenn die Sonne genau über ihm steht?

Wenn wir die gestreute mittlere Leistung (10.64) noch durch die pro Flächeneinheit einfallende mittlere Leistung

$$\varepsilon_0 \cdot \overline{E}^2 \cdot c = \frac{1}{2} \cdot \varepsilon_0 E_0^2 \cdot c$$

dividieren, erhalten wir den *Streuquerschnitt* σ, den das streuende Licht der einfallenden Strahlung bietet:

$$\sigma = \frac{\mathrm{d}W/\mathrm{d}t}{(1/2) \cdot \varepsilon_0 \cdot E_0^2 \cdot c} = \frac{\alpha^2 \cdot \omega^4}{6\pi \cdot c^4}. \tag{10.65}$$

Setzen wir nun für die atomare Polarisierbarkeit den in (4.20) berechneten Wert

$$\alpha(\omega) = \frac{e^2}{\varepsilon_0 \cdot m \cdot (\omega_0^2 - \omega^2)}$$

ein, so erhalten wir:

$$\sigma = \frac{8\pi}{3} \cdot \left(\frac{e^2}{4\pi\varepsilon_0 \cdot m \cdot c^2} \right)^2 \cdot \frac{\omega^4}{\left(\omega_0^2 - \omega^2 \right)^2}. \tag{10.66}$$

Für ein freies Elektron ist $\omega_0 = 0$, und wir erhalten einen konstanten Streuquerschnitt, der größenordnungsmäßig mit $r_e^2 \cdot \pi$ übereinstimmt, wobei r_e der *klassische Elektronenradius* nach (3.32) ist. Wie groß ist nun aber im Vergleich dazu der Streuquerschnitt eines Atoms, genauer der eines in einem Atom gebundenen Elektrons? Meist ist erfüllt, dass die Lichtfrequenz sehr viel kleiner ist als die Resonanzfrequenz, so dass $\omega \ll \omega_0$ gilt. Wir erhalten dann:

$$\boxed{\sigma_{\text{Atom}} = \sigma_0 \cdot \left(\frac{\omega}{\omega_0} \right)^4}, \tag{10.67}$$

wobei σ_0 den Streuquerschnitt des freien Elektrons darstellt. Der Streuquerschnitt ist also um den Faktor $(\omega/\omega_0)^4$ kleiner als der eines freien Elektrons. In der Nähe der Resonanzfrequenz jedoch ist die Lichtstreuung viel stärker und als *Resonanzfluoreszenz* bekannt. In diesem Fall sind aber die obigen klassischen Überlegungen nicht mehr anwendbar.

Frage:

Schätzen Sie nach (10.67) den von einer 10 km dicken Luftschicht gestreuten Prozentsatz einer einfallenden grünen ($\lambda = 0{,}546$ μm) Lichtstrahlung ab.

Literaturhinweise zu Kapitel 10

Feynman, R.P.: Vorlesungen über Physik, Band II, Oldenbourg, München/ Wien (2007)
        Kap. 18: Die Maxwellgleichungen,
        Kap. 20: Lösungen der Maxwellschen Gleichungen im leeren Raum,
        Kap. 21: Lösungen der Maxwell-Gleichungen,
        Kap. 23: Hohlraumresonatoren,
        Kap. 24: Wellenleiter,
        Kap. 27: Energie und Impuls des Feldes,
        Kap. 28: Elektromagnetische Masse

Feynman, R.P.: Vorlesungen über Physik, Band I, Oldenbourg, München/ Wien (2007)
        Kap. 32: Strahlungsdämpfung, Lichtstreuung,
        Kap. 34: relativistische Strahlungseffekte

Großkopf, J.: Wellenausbreitung, BI-Hochschultaschenbücher, Bde. 141 und 539, Mannheim (1970)
        Grundbegriffe der Theorie der Antennen,
        Bodennahe und troposphärische Wellenausbreitung,
        Ionosphärische Wellenausbreitung

Küpfmüller, K.: Theoretische Elektrotechnik und Elektronik, Springer, Berlin (2000),
        Kap. 5: Leitungen und Kettenleiter,
        Kap. 6: Rasch veränderliche Felder (Hohlleiter, Resonatoren)

Pyzalla, A.R. et al.: Neutrons and Synchrotron Radiation ...: From Fundamentals to Material and Component Charaterization, Wiley-VCH, Weinheim (2007)

11 Raum und Zeit: Einführung in das Relativitätsprinzip

11.1 Das Relativitätsprinzip in der klassischen Mechanik

Wir wollen in diesem Kapitel das Einsteinische Relativitätsprinzip vorstellen und den neuen Begriff von Raum und Zeit, der sich daraus ergibt. Diese relativitische Kinematik führt aber auch zu neuen Gesetzen der Dynamik, d.h. der Bewegung von Massen, in die am Ende des Kapitels eingeführt wird.

Im nächsten Kapitel folgt dann eine detaillierte Behandlung der Dynamik mit Hilfe von Vierervektoren.

Prozessabläufe, wie die Bewegung von Teilchen, werden in Bezugssystemen beschrieben. Diese sind Koordinatensysteme zur Ortsbestimmung und eine damit verbundene Uhr zur Messung des Zeitablaufs der Bewegung eines Teilchens.

Bemerkung:

Die Raum- und Zeitkoordinaten ermöglichen uns, für jedes Ereignis einen Ort und einen Zeitpunkt zahlenmäßig festzulegen, um es im Neben- und Nacheinander der Dinge wieder auffindbar zu machen und seine Bewegung zu beschreiben. Die Ortskoordinaten sind immer bezogen auf ein bestimmtes Bezugssystem mit bestimmtem Ursprung und Ausrichtung der Koordinatenachsen, und mit jedem Bezugsytem ist eine Uhr verbunden zur Messung des Zeitablaufs z.B. bei der Bewegung eines Teilchens.

Ein und derselbe Vorgang kann auch von verschiedenen Bezugssystemen, die sich relativ zueinander bewegen, beschrieben werden.

Nichtbeschleunigte Bezugssysteme, in denen auf ein Teilchen keine Kraft wirkt, die daher ruhen oder sich mit konstanter Geschwindigkeit bewegen, nennt man <u>Inertialsysteme</u>.

Die Naturgesetze sind in jedem Inertialsystem gleich

Jedes Bezugssystem S′ das sich gegenüber einem Inertialsystem S mit einer konstanten Geschwindigkeit $\vec{v}_0$ bewegt, ist demnach wieder ein Inertialsystem. Die Erfahrung lehrt uns, dass die Naturgesetze in jedem Inertialsystem gleich sind. Sie sind invariant gegenüber einer Transformation von Ort und Zeit von einem in ein anderes Inertialsystem.

Die Konsequenz ist, dass ein Beobachter, der in einem geschlossenen System experimentiert, nicht bestimmen kann, ob sein System sich gleichförmig bewegt oder in Ruhe ist.

Wir wollen nun zeigen, dass das Newtonsche Grundgesetz der Mechanik

$$\vec{F} = m\vec{a}$$

in jedem Intertialsystem S' gültig ist, das sich geradlinig und gleichförmig gegen ein Intertialsystem S bewegt. Dabei hatte NEWTON angenommen, dass die Uhren in beiden Inertialsystemen in gleichen Zeitschritten ablaufen (*dynamische Äquivalenz*). Hier sind seine Worte über die Zeit:

> „*Die absolute, wahre und mathematische Zeit verfließt an sich und ohne Beziehung auf irgendeinen äußeren Gegenstand.*" (NEWTON)

Wir werden aber in diesem Kapitel zeigen, dass gerade diese plausibel klingende Annahme gleicher Zeitschritte in beiden Inertialsystemen nicht mit der Erfahrung übereinstimmt.

Grundlegende Annahme ist, dass die Kraft $\vec{F}$ auf ein Teilchen nur von dessen Ort relativ zu dessen Bezugssystem abhängt. Man kann dann zeigen, dass sich die Newtonsche Bewegungsgleichung

$$m \cdot \frac{d^2\vec{r}}{dt^2} = \vec{F}$$

nicht ändert, wenn man von einem Inertialsystem S in ein Inertialsystem S' transformiert, das sich mit konstanter Geschwindigkeit $\vec{v}_0$ relativ zu S bewegt. Die dabei verwendete Transformation der Ortskoordinaten und Zeitintervalle nennt man *Galilei-Transformation*

$$\vec{r}' = \vec{r} - \vec{v}_0 t$$
$$t = t' \tag{11.1}$$

Die Beschleunigung in beiden Systemen ist gleich,

$$\frac{d^2\vec{r}'}{dt^2} = \frac{d^2\vec{r}}{dt^2},$$

was auch erwartet wird, wenn die Kräfte, die auf das Teilchen wirken, in beiden Bezugssystemen gleich sind. *Beide Systeme sind dynamisch äquivalent.*

Es gibt kein Experiment, durch das ein Inertialsystem von einem anderen unterschieden werden könnte.

NEWTON drückte dies in seinem berühmten *Relativitätsprinzip der Mechanik* folgendermaßen aus:

Relativitätsprinzip der klassischen Mechanik

„Die Bewegung von Körpern, die in einem Raum eingeschlossen sind, ist … unabhängig davon, ob der Raum ruht oder sich gleichförmig auf einer geraden Linie vorwärts bewegt."

11.2 Die Ausbreitungsgeschwindigkeit der Wirkung

In der klassischen Mechanik hängt die Kraftwirkung auf ein Teilchen von Potentialen ab, die nur eine Funktion des Ortes sind und von anderen benachbarten Teilchen erzeugt wurden. Dies impliziert, dass sich die Kraftwirkung zwischen zwei Teilchen an verschiedenen Orten unendlich schnell von einem Teilchen zum anderen ausbreitet. In dieser Sicht hängen die auf jedes Teilchen von anderen benachbarten Teilchen ausgeübten Kräfte zu jedem Zeitpunkt nur von dem Ort der Teilchen ab, unabhängig, wie lange es sich schon an diesem Ort befindet. Verändert man in der Umgebung eines Probeteilchens die Position der anderen Teilchen, so wirkt im gleichen Augenblick die geänderte Wechselwirkung auf das Probeteilchen. Die Ausbreitungsgeschwindigkeit der Wirkung wäre demnach unendlich und würde sich beim Übergang zwischen Inertialsystemen nicht ändern.

Der Wirkungsbegriff wird hier im Sinne einer Einwirkung oder Rückwirkung (Aktion oder Reaktion) verwendet

Dieses Prinzip der augenblicklichen Fernwirkung *der klassischen Mechanik hat sich als* nicht richtig *erwiesen.*

Dies erkannte man zuerst bei den Studien von elektromagnetischen Prozessen, also bei der Wechselwirkung zwischen elektrisch geladenen Teilchen. Daher ist eine Mechanik, die auf einer augenblicklichen Ausbreitung der Wirkung beruht, nicht exakt. Tatsächlich erfolgt die Kraftwirkung eines Teilchens auf ein anderes nach der Veränderung der Position eines Teilchens erst nach einer gewissen Verzögerungszeit (*Retardierung*). Daraus ergibt sich eine Ausbreitungsgeschwindigkeit der Wirkung, die einen endlichen Wert besitzt. Genauer gesagt ist sie die höchste Geschwindigkeit, mit der sich eine Kraftwirkung im Raum ausbreiten kann. Man bezeichnet sie daher auch als *Signalgeschwindigkeit*. Kein Teilchen kann sich demnach schneller als diese Signalgeschwindigkeit bewegen. Andernfalls wäre eine Wirkungsübertragung denkbar, die schneller wäre als die maximale Geschwindigkeit der Wirkungsübertragung.

Das Relativitätsprinzip besagt, dass die Naturgesetze in jedem Inertialsystem identisch sind. Halten wir daran fest, so ergibt sich auch die Folgerung, dass die Ausbreitungsgeschwindigkeit der Wirkung in jedem Inertialsystem gleich und daher eine universelle Naturkonstante sein sollte.

Die erste Entdeckung der endlichen Lichtgeschwindigkeit gelang OLAF RÖMER *(1676) bei der Beobachtung der Jupitermonde* Bei der elektromagnetischen Wechselwirkung zwischen Ladungen wird die Wirkung durch elektromagnetische Felder übermittelt, die sich mit einer endlichen Geschwindigkeit im Raum ausbreiten. Die Ausbreitungsgeschwindigkeit von elektromagnetischen Wellen ist das dafür charakteristische Phänomen. Diese ist im Vakuum, wie viele Experimente zeigen, unabhängig von der Wellenlänge und wird aus historischen Gründen als *Lichtgeschwindigkeit* bezeichnet. Auch Radiowellen, Röntgenstrahlung und γ-Strahlung der unterschiedlichsten Wellenlängen breiten sich im Raum mit der gleichen höchsten Geschwindigkeit der Wirkung, der Lichtgeschwindigkeit c aus. Aus vielen immer genauer werdenden Messungen ergibt sich ihr Wert zu:

$$\boxed{c = (299792458{,}0 \pm 1{,}3)\,\frac{\mathrm{m}}{\mathrm{s}}} \qquad \textbf{Lichtgeschwindigkeit im Vakuum}$$

Der hohe Wert der Lichtgeschwindigkeit erklärt, warum man Prozesse, die mit sehr niedriger Geschwindigkeit ablaufen, durchaus mit Hilfe der klassischen Mechanik beschreiben kann, die man als Grenzfall unendlich hoher Ausbreitungsgeschwindigkeit der Wirkung, also für $c \to \infty$, erhält.

Das in Abschnitt 11.1 beschriebene Relativitätsprinzip der klassischen Mechanik (Gleichwertigkeit aller Inertialsysteme) zusammen mit dem Prinzip der endlichen Ausbreitungsgeschwindigkeit der Wirkung wird *Einsteinsches Relativitätsprinzip* genannt und wurde von EINSTEIN 1905 formuliert. Es unterscheidet sich vom Galileischen Relativitätsprinzip der klassischen Mechanik, das von einer unendlich schnellen, also augenblicklichen Ausbreitung der Wirkung ausgeht, was zu dem in der klassischen Mechanik gültigen vektoriellen Additionstheorem der Geschwindigkeiten (siehe Physik I) geführt hatte. Als universelles Gesetz hätte dies auch für die Ausbreitung von Kraftwirkungen zu gelten, mit der Konsequenz unterschiedlicher Ausbreitungsgeschwindigkeiten in verschiedenen Inertialsystemen. Dies stünde im Widerspruch zum Relativitätsprinzip, das ja die Ununterscheidbarkeit von Inertialsystemen postuliert.

Gelten das klassische Additionstheorem und die anderen Gesetze der klassischen Mechanik noch bei schnellen Bewegungen, wenn sich die einzelnen Geschwindigkeiten der Lichtgeschwindigkeit nähern? Dieser Frage wollen wir im Folgenden nachgehen.

11.3 Das Relativitätsprinzip in der Elektrodynamik

Nach der Aufstellung der Maxwellschen Gleichungen zur Beschreibung aller elektromagnetischen Erscheinungen einschließlich der Ausbreitung elektromagnetischer Wellen kamen zuerst Zweifel an der Gültigkeit des Relativitätsprinzips für den Elektromagnetismus auf. Die Maxwellschen Gleichungen sagen nämlich die Ausbreitung elektromagnetischer Wellen mit konstanter Lichtgeschwindigkeit in allen Richtungen im Raum voraus, unabhängig davon, ob die Quelle ruht oder sich im Raum mit konstanter Geschwindigkeit bewegt. Hypothetisch wurde angenommen, dass die Ausbreitung in einem Medium, nämlich in einem ruhenden *Weltäther* erfolgt, in Analogie zur Ausbreitung von Schallwellen in einem Medium. Bei der Annahme der Galilei-Transformation müsste sich der ruhende Weltäther nachweisen lassen. Dazu muss die Lichtgeschwindigkeit in einem relativ zum Weltäther bewegten System bestimmt werden. Ein solches System ist die Erde, die sich um die Sonne mit einer Bahngeschwindigkeit von etwa $v = 30000\,\mathrm{m/s}$ bewegt. Unter Zugrundelegung der Galilei-Transformation erwarten wir anisotrope Lichtgeschwindigkeiten $(c - v)$ und $(c + v)$, je nachdem ob die Ausbreitung des Lichts in dem als ruhend angenommenen Äther in Richtung der Bahnbewegung der Erde oder entgegengesetzt dazu erfolgt.

ALBERT A. MICHELSON (1852–1931), der das Experiment 1881 erstmals durchführte, benutzte dazu das in Bild 11.1 dargestellte Interferometer. Eine punktförmige Lichtquelle Q in der Brennebene einer Linse erzeugt ein paralleles Lichtbündel, das mit einer halbdurchlässigen Platte P in zwei Teilstrahlen zerlegt wurde. Diese werden an den Spiegeln S_1 und S_2 reflektiert, mit Hilfe der Platte P vereinigt und durch ein Fernrohr F beobachtet. Dabei erkennt man die in Bild 11.2 dargestellten Interferenzstreifen, deren Lage von der Phasendifferenz der beiden Teilstrahlen und damit von der Laufzeitdifferenz Δt auf den Wegen $\overline{P\,S_1\,P}$ und $\overline{P\,S_2\,P}$ abhängen, wenn beide Wege gleich sind:

Man nennt dieses Interferometer heute Michelson-Interferometer

$$\overline{P\,S_1} = \overline{P\,S_2} = l_0.$$

Ruht das Interferometer im Äther, dann ist die Geschwindigkeit des Lichts auf allen Wegen im Interferometer gleich der Lichtgeschwindigkeit und

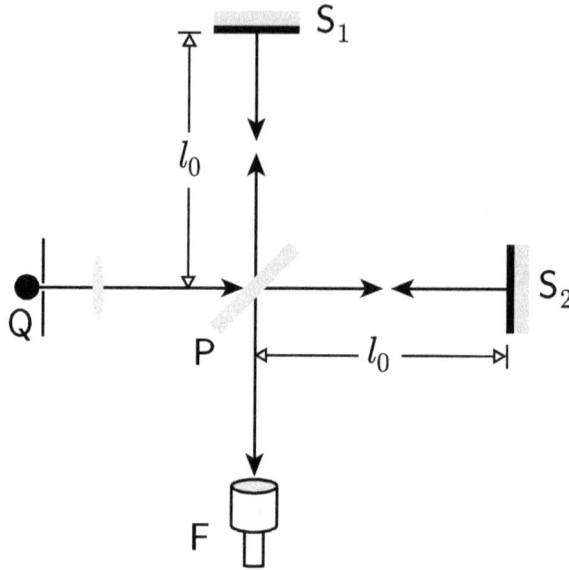

Bild 11.1: Prinzipieller Aufbau des Michelson-Interferometers.

Bild 11.2: Interferenzstreifen, wie sie beim Michelson-Interferometer (monochromatische Lichtquelle) zu erkennen sind (Bildquelle: R.S. Shankland, The Michelson-Morley-Experiment, *Sci. Am.*, Nov. 1964). Beobachtet wird die Änderung der Lage eines bestimmten Interferenzstreifens. Die gezeigten Streifen entstehen aufgrund der Divergenz des Lichtstrahls, also durch Wegunterschiede.

damit $\Delta t = 0$. Bewegt sich das mit der Erde verbundene Interferometer mit der Geschwindigkeit v relativ zum Äther in Richtung $\overline{PS_2}$, so lässt sich die unter Annahme einer Galilei-Transformation erwartete Laufzeitdifferenz zu

$$\Delta t = t_\parallel - t_\perp$$

ausrechnen. Für $t_\parallel$ als Laufzeit des Lichts im Interferometerarm $\overline{PS_2P}$, also parallel zur Bahnbewegung der Erde, erhält man den Wert

$$t_\parallel = \frac{l_0}{(c-v)} + \frac{l_0}{(c+v)} = \frac{2l_0 c}{(c^2 - v^2)}.$$

Für die Laufzeit des Lichts im Interferometerarm, der senkrecht zur Erd-
bahnbewegung gerichtet ist, $t_\perp$, erhält man in analoger Weise

$$t_\perp = \frac{2l_0}{\sqrt{c^2 - v^2}}.$$

Daraus ergibt sich

$$\Delta t = \frac{2l_0}{c} \left(\frac{1}{1 - v^2/c^2} - \frac{1}{\sqrt{1 - v^2/c^2}} \right).$$

Für $v/c \ll 1$ gilt näherungsweise:

$$\Delta t \approx \frac{2l_0}{c} \left(\frac{v}{c} \right)^2.$$

Bei der Messung wurden die Interferometerarme um 90° gedreht und dabei
die Änderung der Interferenzstreifen beobachtet! Die insgesamt erwartete
Änderung der Laufzeiten bei der Drehung des Interferometers um 90°
beträgt

$$2\Delta t \approx \frac{2l_0}{c} \left(\frac{v}{c} \right)^2.$$

Für $l_0 = 10\,\mathrm{m}$ und $(v/c)^2$ von 10^{-8} (entsprechend $v = 3 \cdot 10^4$ m/s) werden
$2\Delta t = 0{,}67 \cdot 10^{-15}$ s erwartet entsprechend einer Phasenverschiebung von
$\approx 0{,}4$ radian, die gut messbar sein sollte.

Das Ergebnis dieses grundlegenden Experiments, das A.A. MICHELSON
1881 zunächst in Berlin und später noch genauer mit E.W. MORLEY in den
USA durchführte und für das er im Jahre 1904 den Nobelpreis erhielt, war
jedoch, dass keinerlei Verschiebung der Interferenzstreifen nachgewiesen
werden konnte. Eine Rotation des Interferometers um 90° lieferte somit
keine messbare Zeitdifferenz zwischen den beiden Lichtwegen.

1887:
MICHELSON-
MORLEY
Experiment

Die Versuche wurden während der letzten Jahre an zahlreichen Orten,
zu verschiedenen Jahreszeiten (d.h. verschiedenen Richtungen der Erdge-
schwindigkeit relativ zum Milchstraßensystem) mit wachsender Genauigkeit
wiederholt, aber verliefen wiederum sämtlich negativ. Aus den besten dieser
Experimente ergab sich eine obere Grenze für die Zeitdifferenz zwischen
den beiden Lichtwegen, die kleiner als $1/1000$ des erwarteten Wertes war.

Das Ergebnis der Michelson Experimente zeigt, dass eine Relativbewegung
der Erde zum Äther nicht nachweisbar ist.

Es gibt also keine ausgezeichneten Bezugssysteme. Die Lichtge-
schwindigkeit besitzt in allen Inertialsystemen den gleichen Wert,
nämlich $c = 2{,}9979... \cdot 10^8$ m/s.

Um diese Tatsache zu erklären, entwickelte ALBERT EINSTEIN im Jahre 1905 seine *spezielle Relativitätstheorie*. Das Relativitätsprinzip (Abschnitt 11.1) wurde beibehalten, aber die Vorstellung einer *absoluten* Zeit, die unabhängig vom Bezugssystem ist, musste zu zugunsten einer vom Bezugssystem abhängig ablaufenden *Eigenzeit* aufgegeben werden. Eine absolute Zeit gibt es nicht, vielmehr läuft sie in verschiedenen Bezugssystemen auch verschieden schnell ab. Eine Angabe der Gleichzeitigkeit zweier Ereignisse ist nur dann sinnvoll, wenn auch das Bezugssystem angegeben wird, auf welches sich die Aussage bezieht. Zwei Ereignisse, die in einem Bezugssystem gleichzeitig sind, werden es in einem dazu bewegten nicht mehr sein. Das Einsteinsche Relativitätsprinzip revidierte deshalb fundamental die bis dahin gültige Raum-Zeit-Vorstellung.

11.4 Die Invarianz des Raum-Zeit-Abstandes

Hier wollen wir den *Raum-Zeit*-Begriff einführen zur Beschreibung von „Ereignissen", die an einem bestimmten Ort und zu einer bestimmten Zeit stattfinden und dem Relativitätsprinzip mit konstanter Lichtgeschwindigkeit genügen. Dazu bedienen wir uns eines vierdimensionalen Raumes mit drei Orts- und einer Zeitkoordinate. In diesem vierdimensionalen Raum entspricht jeder Punkt der Position eines Teilchens zu einer bestimmten Zeit, was ein *Ereignis* genannt wird. Eine Folge von Ereignissen legt in diesem Raum eine *Weltlinie* fest, auf der sich ein Teilchen bewegt. Eine gleichförmige geradlinige Bewegung eines Teilchens entspricht einer Geraden als Weltlinie.

Wir führen das Relativitätsprinzip mit konstanter Lichtgeschwindigkeit (Signalgeschwindigkeit) damit ein, dass wir zwei Ereignisse in den Inertialsystemen S und S' betrachten, die sich relativ zueinander mit konstanter Geschwindigkeit v bewegen. Die Koordinatenachsen wählen wir so, dass die x- und x'-Achsen zusammenfallen und die y- und z-Achsen zu den y' und z'-Achsen parallel sind. Die Zeiten in S und S' sollen mit t und t' bezeichnet werden (Bild 11.3).

Im System S wird ein Signal mit der Lichtgeschwindigkeit c vom Ort x_1, y_1, z_1 zur Zeit t_1 als Ereignis 1 ausgesandt und am Ort x_2, y_2, z_2 zur Zeit t_2 als Ereignis 2 beobachtet.

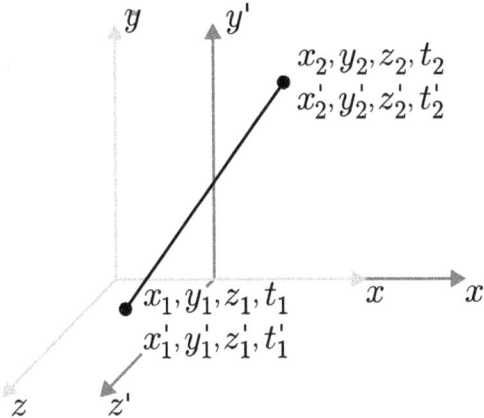

Bild 11.3: Zur Definition des Raum-Zeit-Abstands.

Zwischen den Koordinaten der beiden Ereignisse besteht die Beziehung:

$$(x_2 - x_1)^2 + (y_2 - y_1)^2 + (z_2 - z_1)^2 - c^2(t_2 - t_1)^2 = 0. \qquad (11.2)$$

Beobachtet man beide Ereignisse im System S', so gilt eine analoge Beziehung mit der gleichen Lichtgeschwindigkeit c:

$$(x_2' - x_1')^2 + (y_2' - y_1')^2 + (z_2' - z_1')^2 - c^2(t_2' - t_1')^2 = 0. \qquad (11.3)$$

Wir wollen nun allgemein den *Raum-Zeit-Abstand* zweier Ereignisse als S_{12} definieren. Sein Quadrat ergibt sich zu

$$S_{12}^2 = c^2(t_2 - t_1)^2 - (x_2 - x_1)^2 - (y_2 - y_1)^2 - (z_2 - z_1)^2. \qquad (11.4)$$

Wenn der Raum-Zeit-Abstand zwischen zwei Ereignissen in einem Bezugssystem verschwindet, folgt aus dem Prinzip $\vec{B}$ der Konstanz der Lichtgeschwindigkeit c, dass dies auch in allen anderen passiert, wie wir in (11.2) und (11.3) gezeigt haben.

Für zwei infinitesimal benachbarte Abstände gilt ebenso

$$ds^2 = c^2 dt^2 - dx^2 - dy^2 - dz^2$$
$$ds'^2 = c^2 dt'^2 - dx'^2 - dy'^2 - dz'^2, \qquad (11.5)$$

und falls ds^2 in irgendeinem Inertialsystem gleich null ist, so verschwindet es wegen der Konstanz der Lichtgeschwindigkeit auch in allen anderen. Somit gilt:

$$ds^2 = ds'^2. \qquad (11.6)$$

Bemerkung:

Der Raum-Zeit-Abstand S_{12} (11.4) war aber in dem oben betrachteten Beispiel (11.2) nur deshalb null, weil die beiden gewählten Orte x_1, y_1, z_1 und x_2, y_2, z_2 definitionsgemäß gerade durch die im Zeitintervall $(t_2 - t_1)$ vom Licht durchlaufene Distanz voneinander entfernt waren. Das Gleiche galt im System S'.

Im allgemeineren Fall, wenn die Orts- und Zeitkordinaten im System S nicht dieser Einschränkung unterliegen, kann der in (11.4) und (11.5) definierte Raum-Zeit-Abstand S_{12} oder ds^2 durchaus von null verschiedene Werte annehmen. Aber auch in diesem Fall lässt sich beweisen, dass der endliche Raum-Zeit-Abstand zweier Ereignisse in einem Inertialsystem identisch ist mit dem Raum-Zeit-Abstand in jedem anderen Inertialsystem, das sich gegen S mit einer konstanten Relativgeschwindigkeit bewegt. Der Beweis für diesen wichtigen Satz von der *Invarianz des Raum-Zeit-Abstandes* beim Übergang von einem Inertialsystem zu einem anderen ist im Folgenden kurz beschrieben.

Gilt $ds = 0$ in irgendeinem Inertialsystem S, so verschwindet ds' auch in jedem anderen Inertialsystem S'. Sind ds und ds' von null verschieden, so sind sie doch beide unendlich kleine Größen von gleicher Ordnung. Daraus folgt, dass sie zueinander proportional sein müssen:

$$ds^2 = a \cdot ds'^2.$$

Hierbei kann der Koeffizient a nur vom Absolutwert der Relativgeschwindigkeiten der beiden Inertialsysteme abhängen. Eine Abhängigkeit von den Koordinaten oder der Zeit ist nicht möglich, weil das der Homogenität von Raum und Zeit widersprechen würde. Nach einigen weiteren kurzen Beweisschritten, die der interessierte Leser ausführlich im Lehrbuch der theoretischen Physik von Landau-Lifschitz, Band II, Kapitel 1 beschrieben findet, ergibt sich, dass a eine Konstante vom Wert $a = 1$ ist. Daraus folgt $ds = ds'$, und aus der Gleichheit unendlich kleiner Abstände folgt auch die Gleichheit und Erhaltung *endlicher* Raum-Zeit-Abstände $S_{12} = S'_{12}$ beim Übergang von einem Inertialsystem zu einem beliebigen anderen.

Damit sind wir beim zunächst wichtigsten Ergebnis:

> *Der Raum-Zeit-Abstand zwischen zwei Ereignissen ist in allen Inertialsystemen gleich. Er ist also eine Invariante in Bezug auf die Transformation von einem Inertialsystem auf ein beliebiges anderes. Diese Invarianz ist der mathematische Ausdruck für die Konstanz der Lichtgeschwindigkeit.*

Aus diesem sehr allgemeinen Prinzip werden wir mehrere konkrete Folgerungen ableiten können. Als erste Anwendung wollen wir den Begriff *Eigenzeit* in einem bewegten Bezugssystem betrachten. Dazu beobachten wir eine beliebig bewegte Uhr von einem Inertialsystem S aus für eine kurze Zeit dt, während derer sich die Uhr gleichförmig bewegen soll. Verbunden mit der bewegten Uhr können wir ein Koordinatensystem S' definieren, in dem die Uhr ruht und das momentan gesehen ebenfalls ein Inertialsystem darstellt. Auf diese beiden Inertialsysteme wollen wir jetzt das fundamentale Prinzip der Invarianz des Raum-Zeit-Abstands anwenden.

Von dem ruhenden Beobachter im System S aus gesehen bewegt sich die Uhr in der Zeit dt um die Strecke $\sqrt{dx^2 + dy^2 + dz^2}$. Gesucht wird das Zeitintervall dt', das die bewegte Uhr anzeigt. Da sie in ihrem Inertialsystem S' ruht, ist $dx' = dy' = dz' = 0$. Aufgrund der Invarianz des Raum-Zeit-Abstands in beiden Systemen gilt:

$$ds^2 = c^2 dt^2 - dx^2 - dy^2 - dz^2 = c^2 dt'^2. \tag{11.7}$$

Daraus folgt:

$$dt' = \frac{1}{c}\sqrt{c^2 dt^2 - dx^2 - dy^2 - dz^2}$$

$$dt' = dt\sqrt{1 - \frac{dx^2 + dy^2 + dz^2}{c^2 dt^2}} = dt\sqrt{1 - \frac{v^2}{c^2}}, \tag{11.8}$$

wobei

$$v^2 = \frac{dx^2 + dy^2 + dz^2}{dt^2}$$

das Quadrat der augenblicklichen Geschwindigkeit der bewegten Uhr (und des bewegten Bezugssystems S') von S aus betrachtet ist.

Durch Integration über das Beobachtungsintervall $t_2 - t_1$ lässt sich das entsprechende Zeitintervall, das die bewegte Uhr im System S anzeigt, $t'_2 - t'_1$, finden:

$$t'_2 - t'_1 = \int_{t_1}^{t_2} dt \sqrt{1 - \frac{v^2}{c^2}} = (t_2 - t_1)\sqrt{1 - \frac{v^2}{c^2}}. \tag{11.9}$$

Dieses Zeitintervall ist, wie man sieht, immer kürzer als vom System S aus betrachtet. Wir fassen zusammen:

Eine bewegte Uhr geht immer langsamer als eine ruhende Uhr. Diesen überraschenden Effekt nennt man Zeitdilatation.

Dieses Phänomen der langsamer gehenden bewegten Uhren wollen wir noch etwas genauer betrachten, um einem vermeintlichen Widerspruch zu klären. Beide Systeme S'und S sollen Inertialsysteme sein, wobei sich S' relativ zu S geradlinig und gleichförmig bewegt. Vom Standpunkt eines Beobachters in S

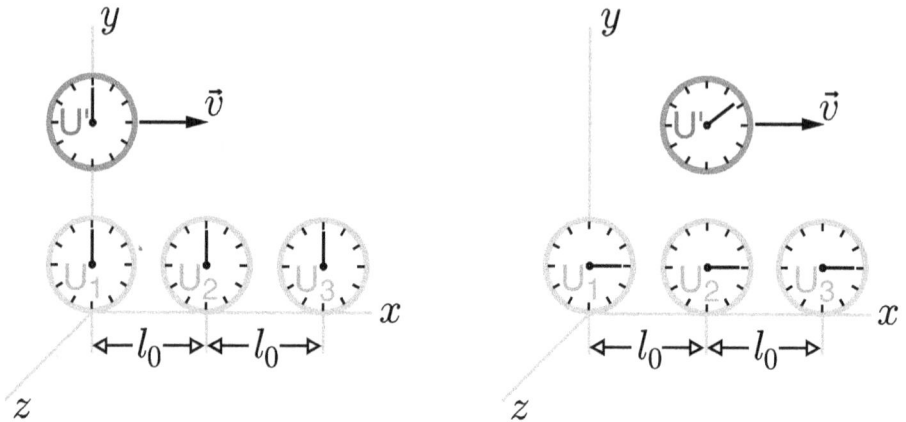

Bild 11.4: Die Uhren U_1, U_2 und U_3 sind im System S entlang der x-Achse in gleichen Abständen l_0 aufgestellt und synchronisiert. Die Uhr U', die sich zur Zeit $t = 0$ am Ort $x = 0$ befindet und die Zeit $t' = 0$ anzeigt, bewegt sich mit der Geschwindigkeit $\vec{v} = v\hat{x}$ nach rechts. Zu einer späteren Zeit t (rechtes Bild) befindet sich U' am Ort der Uhr U_2. Aufgrund der Zeitdilatation geht die Uhr U' gegenüber den im System S ruhenden Uhren nach.

wird die Uhr im System S' zurückbleiben. Umgekehrt scheint aber die Uhr in S von S' aus beobachtet nachzugehen. Dies scheint ein Widerspruch zu sein, den wir durch eine genauere Betrachtung des Uhrenvergleichs aufklären können. Beim Vorbeifliegen der bewegten Uhr in S' an der ruhenden Uhr in S werden beide Uhren synchronisiert. Um den Gang beider Uhren nach einer gewissen Zeit vergleichen zu können, werden im System S weitere Uhren entlang der x-Achse (Flugrichtung von S') aufgestellt und die Zeit beim Vorbeifliegen verglichen, wie in Bild 11.4 dargestellt ist. Dabei stellen wir fest, dass die Uhr in S' relativ zu den ruhenden Uhren in S nachgehen wird. Man sieht, dass zum Vergleich mit einer bewegten Uhr im System S' mehrere an verschiedenen Orten im System S ruhende Uhren notwendig sind. Der gesamte Messvorgang ist nicht symmetrisch bezüglich der beiden Systeme S und S'. Es bleibt immer diejenige Uhr zurück, die mit mehreren ruhenden Uhren im anderen System verglichen wird. Ein Widerspruch ergibt sich daraus nicht.

Schließlich betrachten wir noch das sogenannte *Zwillingsparadoxon*, eine ruhende Uhr und eine die auf einer geschlossenen Bahn zu der ruhenden Uhr zurückgeführt wird. Ein Uhrenvergleich der bewegten Uhr bei der Rückkehr zu der ruhenden Uhr zeigt, dass die bewegte Uhr nachgeht, also der bewegte Zwilling jünger ist als der ruhende. Die Überlegung, dass die auf einer geschlossenen Bahn bewegte Uhr als die ruhende angesehen wird, ist nicht möglich, da eine Uhr auf einer geschlossenen Bahn sich nicht in einem Inertialsystem mit geradliniger gleichförmiger Bewegung befindet, sondern beschleunigt wird. Bei einer Bewegung auf einer geschlossenen Bahn wird immer die beschleunigte Uhr im Vergleich zur ruhenden nachgehen, weil ihre Zeit mit ruhenden Uhren verglichen wird.

Die Zeitdilation erzeugt drastische Effekte beim Zerfall kurzlebiger Teilchen, die mit hoher Geschwindigkeit im Laborsystem erzeugt werden. Sie zerfallen mit einer mittleren Lebensdauer τ_0 entsprechend dem radioaktiven Zerfallsgesetz

$$N(t) = N(0) \exp -(t/\tau_0).$$

τ_0 soll dabei die *Eigenzeit* im Ruhesystem des Teilchens sein. Die Teilchen bewegen sich mit hoher Geschwindigkeit, so dass der Faktor $\sqrt{1 - v^2/c^2} \approx 10^{-2}$ ist. Demnach ist für einen im Laborsystem ruhenden Beobachter die Zerfallszeit τ des Teilchens mit der hohen Geschwindigkeit v entsprechend der Beziehung

$$\tau = \frac{\tau_0}{\sqrt{1 - v^2/c^2}}$$

um einen Faktor 100 verlängert ($\tau = 100\,\tau_0$). Diese Verlängerung der Lebensdauer wird in der Teilchenphysik benutzt, um langreichweitige Strahlen von schnellen π- und K-Mesonen zu produzieren, die im Ruhesystem nur eine kurze Lebensdauer von $2{,}6 \cdot 10^{-8}$ s ($\pi^{\pm}$-Mesonen) bzw. $1{,}2 \cdot 10^{-8}$ s (K$^{\pm}$-Mesonen) besitzen.

Ähnliches passiert auch den hochenergetischen μ-Mesonen, die in der kosmischen Strahlung auf der Erdoberfläche beobachtet werden. Im Ruhesystem besitzen sie eine mittlere Lebensdauer von $2{,}2 \cdot 10^{-6}$ s. Sie werden in der oberen Atmosphäre der Erde aus dem Zerfall von π-Mesonen erzeugt, die beim Stoß hochenergetischer Protonen mit den Kernen der Atmosphäre entstehen. Ohne Zeitdilatation könnten die Myonen nicht in der gemessenen Rate zur Erdoberfläche gelangen, da $c\tau_0 = 659$ m beträgt, also nach 659 m die Myonen schon auf den e-ten Teil zerfallen wären. Mit $1/\sqrt{1 - v^2/c^2} = 10$ verlängert sich $c\tau$ schon auf $6{,}59$ km, so dass sie die mehrere km dicke Lufthülle der Erde durchdringen können und die Erdoberfläche erreichen.

In der Teilchenphysik kann auch das vorher besprochene Zwillingsparadoxon eindrucksvoll vorgeführt werden. Man erzeugt schnelle Myonen und speichert sie auf geschlossene Bahnen in einem Speicherring aus magnetischen Ablenkelementen. Ihr Zerfall kann durch Beobachtung der dabei emittierten Elektronen oder Positronen zeitlich verfolgt werden. Ein Teil der gespeicherten Myonen kann zur Geschwindigkeit null abgebremst werden. Man findet, dass die abgebremsten Myonen mit der Lebensdauer von $2{,}2 \cdot 10^{-6}$ s zerfallen, während die bei hoher Geschwindigkeit v gespeicherten Myonen sich mit der um den Faktor $1/\sqrt{1 - v^2/c^2}$ verlängerten Lebensdauer umwandeln.

11.5 Die Lorentz-Transformation

Gegeben sind zwei Inertialsysteme, S und S′, die sich mit konstanter Geschwindigkeit v gegeneinander bewegen. Gesucht ist die Formel, mit der wir die Koordinaten eines Ereignisses, x, y, z, t im Inertialsystem S in die Koordinaten x', y', z', t' eines dazu bewegten Inertialsystem S′ transformieren können. Zur Ableitung benützen wir die in Abschnitt 11.4 dargelegte Invarianz des vierdimensionalen Raum-Zeit-Abstands zweier Ereignisse bei dem Übergang von einem in das andere Inertialsystem (S→S′). Da der Abstand zwischen zwei Ereignissen in allen Inertialsystemen gleich sein muss, kann die gesuchte Transformation nur eine Parallelverschiebung oder eine Rotation des Koordinatensystems sein. Die Parallelverschiebung ist uninteressant, da mit ihr nur der Ursprung des Koordinatensystems und der Nullpunkt der Zeitskala verschoben wird. Daher muss sich die Transformation als Rotation des vierdimensionalen Koordinatensystems ausdrücken lassen. Von allen möglichen Drehungen sind nur die Drehungen in den tx-, ty- und tz-Ebenen interessant, wobei wir die tx-Ebene wählen, da wir die Transformation für den Fall ableiten wollen, dass sich S′ in Richtung der x-Achse von S bewegt mit den y'- und z'-Achsen parallel zu den y- und z-Achsen von S.

H.A. LORENTZ (1853–1928) führte schon 1899 die nach ihm benannte Transformation in die Elektrodynamik ein

Bisher hatten wir in dem vierdimensionalen Koordinatensystem z.B. in Abschnitt 11.4 und Abschnitt 11.5 gesehen, dass im Gegensatz zu den Ortskoordinaten das Quadrat der zeitlichen Koordinate immer negativ war $(-c^2t^2)$. Dieser Tatsache entspricht eine Zeitachse mit imaginären Achsenabschnitten, nämlich $\sqrt{-c^2t^2} = ict$. Diese zeitliche Koordinate bezeichnen wir jetzt mit $\tau = ict$. Damit kann die Drehung des Koordinatensystems in der τx-Ebene um den Drehwinkel Ψ mit folgender Transformation beschrieben werden

$$x = x' \cos \Psi - \tau' \sin \Psi \qquad \tau = x' \sin \Psi + \tau' \cos \Psi. \qquad (11.10)$$

Der Winkel Ψ hängt nur von der Relativgeschwindigkeit v ab, mit der sich S′ entlang der x-Achse von S bewegt.

Zur Bestimmung von Ψ betrachten wir den Koordinatenursprung des Systems S′ im System S, für den $x' = 0$ ist. Man erhält dann folgende zwei Beziehungen:

$$x = -\tau' \sin \Psi \qquad \tau = \tau' \cos \Psi. \qquad (11.11)$$

Nach Division und wegen

$$-\frac{x}{\tau} = \frac{-x}{ict} = i\frac{v}{c} = \tan\Psi$$

erhalten wir

$$\tan\Psi = i\frac{v}{c}. \tag{11.12}$$

Damit ergibt sich

$$\sin\Psi = \frac{i \cdot (v/c)}{\sqrt{1 - v^2/c^2}} \qquad \cos\Psi = \frac{1}{\sqrt{1 - v^2/c^2}}. \tag{11.13}$$

Durch Einsetzen in (11.10) erhalten wir die gesuchten Lorentz-Transformationen:

$$\boxed{\begin{aligned}
x &= \frac{x' + vt'}{\sqrt{1 - v^2/c^2}} \\
y &= y' \\
z &= z' \\
t &= \frac{t' + x'(v/c^2)}{\sqrt{1 - v^2/c^2}}
\end{aligned}} \tag{11.14}$$

Mit den Abkürzungen

$$\boxed{\beta = \frac{v}{c}} \qquad \textbf{Relativgeschwindigkeit}$$

und

$$\boxed{\gamma = \frac{1}{\sqrt{1 - v^2/c^2}} = \frac{1}{\sqrt{1 - \beta^2}}} \qquad \textbf{Lorentz-Faktor}$$

erhält man die Lorentz-Transformation in kompakter Schreibweise

$$\begin{aligned}
x &= \gamma(x' + \beta ct) \\
y &= y' \\
z &= z' \\
t &= \gamma\left(t' + \frac{\beta x'}{c}\right).
\end{aligned} \tag{11.15}$$

Bei der Rücktransformation von x', y', z', t' in x, y, z, t wird $+\beta$ durch $-\beta$ ersetzt (denn S bewegt sich relativ zu S$'$ mit $-v$). Damit erhält man die Rücktransformation:

$$x' = \gamma(x - \beta ct)$$
$$y' = y$$
$$z' = z$$
$$t' = \gamma\left(t - \frac{\beta x}{c}\right). \tag{11.16}$$

Im Grenzfall von Geschwindigkeiten v, die klein sind gegenüber der Lichtgeschwindigkeit c, ergibt sich $v/c \to 0$, d.h. $\beta \to 0$ und $\gamma \to 1$ und wir erhalten aus (11.16):

$$x' = x - vt$$
$$y' = y$$
$$z' = z$$
$$t' = t. \tag{11.17}$$

Dies ist wieder die Galilei-Transformation der klassischen Mechanik. Die Elektrodynamik sollte auch Prozesse mit hoher Geschwindigkeit der Ladungen beschreiben und wurde daher von Anfang an *Lorentz-invariant* formuliert. Damit ist auch der in Abschnitt 11.3 diskutierte vermeintliche Widerspruch zum Relativitätsprinzip aus dem Weg geräumt. Alle *Feldtheorien* für andere Wechselwirkungen wie z.B. die starke Wechselwirkung zwischen den Farbladungen der Quarks, die durch Gluonenfelder übertragen werden, müssen ebenfalls Lorentz-invariant formuliert sein.

Im Folgenden sollen noch einige kinematische interessante Konsequenzen der Lorentz-Transformation erläutert werden.

11.6 Die Lorentz-invariante Addition von Geschwindigkeiten

Während in der klassischen Mechanik die einfache Vektoraddition der Geschwindigkeit in einem Bezugssystem S$'$ und dessen Relativgeschwindigkeit zum System S die Gesamtgeschwindigkeit ergibt, ist die relativistische, also Lorentz-invariante Addition von Geschwindigkeiten komplizierter.

Ein System S$'$ bewegt sich mit der Geschwindigkeit $\vec{v} = v\hat{x}$ entlang der x-Achse des Bezugssystems S, und ein Teilchen hat in diesem System S$'$

die Geschwindigkeit $\vec{v}' = (v'_x, v'_y, v'_z)$. Gesucht ist seine Geschwindigkeit $\vec{v} = (v_x, v_y, v_z)$ im System S.

Aus der Lorentz-Transformation (11.15) folgt:

$$v_x = \frac{dx}{dt} = \frac{1}{\sqrt{1-\beta^2}} \cdot \left(\frac{dx'}{dt'} \frac{dt'}{dt} + v \frac{dt'}{dt} \right) \tag{11.18}$$

und da wegen (11.16)

$$\frac{dt'}{dt} = \frac{1}{\sqrt{1-\beta^2}} \cdot \left(1 - \frac{v}{c^2} \cdot v_x \right) ,$$

ergibt sich schließlich für v_x:

$$v_x = \frac{v'_x + v}{1 + (vv'_x/c^2)} \tag{11.19}$$

Damit kann dt'/dt von (11.18) auch in v'_x ausgedrückt werden und man erhält

$$\frac{dt'}{dt} = \frac{\sqrt{1-\beta^2}}{1 + (vv'_x/c^2)} . \tag{11.20}$$

Nun berechnen wir v_y mit $y' = y$.

$$v_y = \frac{dy}{dt} = \frac{dy'}{dt} = \frac{dy'}{dt'} \cdot \frac{dt'}{dx} = \frac{v'_y \cdot \sqrt{1-\beta^2}}{1 + (vv'_x/c^2)}. \tag{11.21}$$

Analog dazu berechnet sich

$$v_z = \frac{v'_z \sqrt{1-\beta^2}}{1 + (vv'_x/c^2)} . \tag{11.22}$$

Fassen wir (11.19), (11.21) und (11.22) zusammen, so erhalten wir das relativistische Additionstheorem der Geschwindigkeiten:

$$\boxed{\begin{aligned} v_x &= \frac{v'_x + v}{1 + vv'_x/c^2} \\ v_y &= \frac{v'_y\sqrt{1-\beta^2}}{1 + vv'_x/c^2} \\ v_z &= \frac{v'_z\sqrt{1-\beta^2}}{1 + vv'_x/c^2} \end{aligned}} \tag{11.23}$$

Wegen des Nenners von (11.19) kann durch Addition zweier der Lichtgeschwindigkeit nahe kommenden Teilchengeschwindigkeiten diese doch nicht überschritten, sondern höchstens erreicht werden. Zwei Beispiele sollen dies illustrieren.

Ein Photon bewegt sich mit der Geschwindigkeit $v'_x = c$ im System S'. Seine Geschwindigkeit im System S ist dann:

$$v_x = \frac{c+v}{1+cv/c^2} = c.$$

Unabhängig von der Relativgeschwindigkeit von S' und S bewegt sich das Photon mit Lichtgeschwindigkeit. Weiterhin gilt, dass es kein Bezugssystem gibt, in dem ein Photon ruht.

Nun betrachten wir ein Proton und ein Antiproton, die in einem Speicherring mit Geschwindigkeiten von $0{,}9\,c$ in entgegengesetzter Richtung auf geschlossenen Bahnen laufen. Wir bringen sie zur Kollision und fragen nach der Kollisionsgeschwindigkeit v_x:

$$v_x = \frac{0{,}9c + 0{,}9c}{1 + 0{,}9c \cdot 0{,}9c/c^2} = \frac{1{,}80}{1{,}81}\,c = 0{,}994\,c.$$

11.7 Die Relativität der Gleichzeitigkeit von Ereignissen und deren Reihenfolge

Unter Relativität der Gleichzeitigkeit von Ereignissen versteht man ihre Abhängigkeit vom Bezugssystem, die wir im Abschnitt 11.3 als Konsequenz der experimentell festgestellten Konstanz der Lichtgeschwindigkeit in gleichförmig bewegten Inertialsystemen angesprochen haben. Hier wollen wir dieses Phänomen als Konsequenz der Lorentz-Transformation quantitativ erläutern. Zwei Ereignisse sollen für einen im System S ruhenden Beobachter gleichzeitig, also $t_1 = t_2$, an verschiedenen Orten x_1 und x_2 stattfinden. Ein im System S' lokalisierter Beobachter, der sich mit der Geschwindigkeit v entlang der Achse von S bewegt, nimmt die Ereignisse zu den Zeiten

$$t'_1 = \frac{1}{\sqrt{1-\beta^2}} \cdot \left(t_1 - \frac{v}{c^2}x_1\right) \quad \text{und}$$

$$t'_2 = \frac{1}{\sqrt{1-\beta^2}} \cdot \left(t_2 - \frac{v}{c^2}x_2\right), \tag{11.24}$$

also zu verschiedenen Zeiten, wahr.

Zwei Ereignisse an verschiedenen Orten x_1 und x_2, die ein ruhender Beobachter im System S gleichzeitig wahrnimmt, sind für einen gegenüber S bewegten Beobachter nicht mehr gleichzeitig.

Die Reihenfolge der Ereignisse wird durch die Zeitdifferenz $t_2 - t_1$ bestimmt. Nehmen wir an, Ereignis 2 folgt dem von 1, dann ist $t_2 - t_1 > 0$. Um im bewegten System überhaupt eine reelle Zeitdifferenz zu beobachten, muss bei $v = c$, der höchst möglichen Relativgeschwindigkeit, gelten:

$$t_2 - t_1 > \frac{x_2 - x_1}{c}.$$

Die in S' beobachtete Zeitdifferenz $t_2 - t_1$ muss also größer sein als die Zeit, die ein Lichtsignal benötigt, um von x_1 nach x_2 zu gelangen. Erst bei sehr kleinen Reisegeschwindigkeiten $v \ll c$ wird die beobachtete Zeitdifferenz kleiner und geht für $v = 0$ ebenfalls gegen null (Gleichzeitigkeit).

11.8 Längenkontraktion

Bei einer Längenmessung wird ein Maßstab an die zu messende Strecke angelegt und gleichzeitig die Maßstriche an den Enden der Strecke abgelesen. Dies klingt trivial für eine Messstrecke und einen Maßstab, die relativ zu einander ruhen. Herrscht hingegen eine Relativgeschwindigkeit zwischen einem Beobachter mit dem Maßstab und der Messstrecke, dann ist der Messvorgang zu präzisieren. Im System S, in dem die Strecke gemessen werden soll, sei die mit einem darin ruhenden Maßstab gemessene Länge $x_2 - x_1$. Von einem bewegten Beobachter aus, der sich mit der Geschwindigkeit v im System S' bewegt, wird der Maßstab zur Zeit $t'_1 = t'_2$ an seinen beiden Enden mit der bewegten Messstrecke verglichen. Aus der Lorentz-Transformation (11.16) ergibt sich zunächst

$$x'_2 - x'_1 = \frac{x_2 - x_1 - v(t_2 - t_1)}{\sqrt{1 - \beta^2}}. \tag{11.25}$$

Da wir aber in S' den Maßstab zur Zeit $t'_2 = t'_1$ und nicht $t_2 = t_1$ ablesen, müssen wir $t_2 - t_1$ aus der Lorentz-Transformation für $t'_2 = t'_1$ bestimmen. Daraus erhalten wir

$$t_2 - t_1 = \frac{(x_2 - x_1)v}{c^2}.$$

In (11.25) eingesetzt erhalten wir die Länge vom bewegten Beobachter aus gesehen zu

$$x'_2 - x'_1 = (x_2 - x_1)\sqrt{1 - \beta^2}\,. \tag{11.26}$$

Von einem bewegten Beobachter aus gesehen sind die Längen um den Faktor $\sqrt{1 - \beta^2}$ verkürzt. Man nennt diesen Effekt *Fitzgerald-Lorentz-Kontraktion*. Sie hängt nur vom Betrag von v ab und wirkt nur in der Bewegungsrichtung, nicht senkrecht dazu. Eine ruhende Kugel wird daher für einen dagegen bewegten Beobachter zum abgeplatteten Ellipsoid. Dieser Effekt wird in Kern-Kern-Stößen bei relativistischen Stoßgeschwindigkeiten $(v/c \approx 1)$ ausgenutzt, um Kernmaterie hoher Dichte zu erzeugen und deren Eigenschaften durch das Studium der Teilchenerzeugung zu untersuchen.

11.9 Die Zeitdilatation

Bei der Betrachtung der Invarianz des Raum-Zeit-Abstandes sind wir bereits in Abschnitt 11.4 als erste Anwendung auf die Eigenzeit und die Zeitdilatation im bewegten Bezugssystem ausführlich eingegangen. Jetzt wollen wir das Phänomen der Zeitdilatation formal auch noch aus der Lorentz-Transformation ableiten. Dazu betrachten wir eine Uhr, die in S ruht. Nehmen wir an, die Uhr befindet sich bei $x = 0$. Eine Messung der Zeitintervalle τ einer solchen ruhenden Uhr ergibt die Eigenzeit. Wir erhalten nach der Lorentz-Transformation (11.16) in dem mit $v\hat{x}$ relativ zu S bewegten Bezugssystem S' das Zeitintervall:

$$\tau' = \tau \cdot \gamma = \frac{\tau}{\sqrt{1 - \beta^2}}\,.$$

Das gleiche Zeitintervall gemessen im bewegten System S' ist stets um den Faktor $\gamma = 1/\sqrt{1 - \beta^2}$ länger als das Zeitintervall gemessen in S. Dieser Effekt wird *Zeitdilatation* genannt.

11.10 Relativistischer Dopplereffekt und Aberration

Wir wollen zum Schluss dieses Kapitels noch zwei besonders in der Astronomie wichtige Effekte betrachten: Es handelt sich erstens um die Frequenzverschiebung von Licht, das von bewegten Sternen ausgesandt wird (*relativistischer Dopplereffekt*), und zweitens um die Änderung des Beobachtungswinkels eines Sterns auf Grund der Erdbewegung um die Sonne (*Aberration*).

Die Ausbreitung einer harmonischen Lichtwelle in Raum und Zeit ist durch den Phasenfaktor

$$\Phi(t, \vec{r}) = \omega t - \vec{k}\vec{r}$$

bestimmt, wobei die Kreisfrequenz $\omega = 2\pi f$ und der Betrag des Wellenvektors $\vec{k}$, die Wellenzahl $k = 2\pi/\lambda$, mit der Frequenz der Welle f und der Wellenlänge λ zusammenhängen und durch die Beziehung

$$f = \frac{c}{\lambda}$$

verknüpft sind. Dabei ist c bei der Ausbreitung von Licht im Vakuum die Lichtgeschwindigkeit.

Mit dieser Nomenklatur lässt sich der Phasenfaktor $\Phi(t, \vec{r})$ also so ausdrücken:

$$\Phi(t, \vec{r}) = 2\pi f(t - \frac{\vec{r}}{c}). \tag{11.27}$$

Nun betrachten wir ein Bezugssystem S mit einem ruhenden Beobachter P am Ort $x, y, z = 0$. Entlang der x-Achse dieses ruhenden Systems bewegt sich eine Lichtquelle L$'$ mit der Geschwindigkeit $v\hat{x}$.

Im System S$'$ der bewegten Quelle L$'$ bildet der Strahl von L$'$ zum Beobachter P mit der x'-Achse den Winkel ϑ'. Die Entfernung von L$'$ zu P soll r' sein, das sich durch die Koordinaten von P in S$'$ (x', y') und ϑ' durch die Beziehung

$$r' = x' \cos \vartheta' + y' \sin \vartheta'$$

ausdrücken lässt.

Analog dazu lässt sich im System S des Beobachters P die Entfernung r von der Lichtquelle L zum Beobachter P durch die Koordinaten (x, y) und den Winkel ϑ des Strahls relativ zur x-Achse beschreiben:

$$r = x \cdot \cos \vartheta + y \sin \vartheta.$$

Daraus erhält man für die Phase der Lichtwelle am Ort des Beobachters P im System S:

$$\Phi(t, r) = 2\pi f \left(t - \frac{x \cos \vartheta + y \sin \vartheta}{c} \right) \tag{11.28}$$

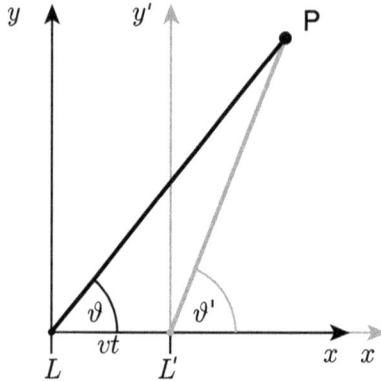

Bild 11.5: Zur Herleitung des relativistischen Dopplereffekts.

und im System S′:

$$\Phi'(t', r') = 2\pi f' \left(t' - \frac{x' \cos \vartheta' + y \sin \vartheta'}{c} \right).$$ (11.29)

Nun drücken wir die Koordinaten x' und die Zeit t' jeweils durch eine der Lorentz-Transformationen (11.16) aus und erhalten für $\Phi'(t', r')$ den folgenden Ausdruck:

$$\Phi'(t', r') = 2\pi f' \left(\frac{t - vx/c^2}{\sqrt{1 - \beta^2}} - \frac{(x - vt) \cos \vartheta'}{c\sqrt{1 - \beta^2}} - \frac{y \sin \vartheta'}{c} \right).$$ (11.30)

Daher müssen am Punkt P die Phasen gemessen in beiden Systemen übereinstimmen. Demnach ist

$$\Phi'(t', r') = \Phi(t, r)$$

und somit:

$$2\pi f' \left(\frac{t - vx/c^2}{\sqrt{1 - \beta^2}} - \frac{(x - vt) \cos \vartheta'}{c\sqrt{1 - \beta^2}} - \frac{y \sin \vartheta'}{c} \right)$$
$$= 2\pi f \left(t - \frac{x \cos \vartheta + y \sin \vartheta}{c} \right).$$ (11.31)

Durch Koeffizientenvergleich von t, x und y erhält man folgenden Ausdruck:

$$\boxed{f = f' \frac{1 + (v/c) \cos \vartheta'}{\sqrt{1 - \beta^2}} = f' \cdot \gamma \cdot \left(1 + \frac{v}{c} \cos \vartheta' \right)}$$ (11.32)

Dieser Ausdruck ist die relativistische Formel für die Dopplerverschiebung der Frequenz einer bewegten Lichtquelle. Die Beziehungen zwischen ϑ und ϑ' ergeben sich zu:

$$\cos\vartheta = \frac{\cos\vartheta' + (v/c)}{1 + (v/c)\cos\vartheta'} \qquad \sin\vartheta = \frac{\sin\vartheta'\sqrt{1-\beta^2}}{1 + (v/c)\cos\vartheta'}$$

$$\tan\vartheta = \frac{\sin\vartheta'\sqrt{1-\beta^2}}{\cos\vartheta' + (v/c)} \tag{11.33}$$

Lösen wir nach $\cos\vartheta$ auf, so erhalten wir den Ausdruck:

$$\cos\vartheta' = \frac{\cos\vartheta - \beta}{1 - \beta\cos\vartheta}, \tag{11.34}$$

den wir später noch brauchen werden.

Der Ausdruck $f = f' \cdot \gamma(1 + \beta\cos\vartheta')$ in (11.32) beschreibt die relativistische Dopplerverschiebung von elektromagnetischer Strahlung, die von einer mit der Geschwindigkeit $\beta = v/c$ bewegten Quelle ausgesandt und von einem ruhenden Beobachter registriert wird. Da nach dem Relativitätsprinzip kein Bezugssystem ausgezeichnet ist, erhält man das gleiche Resultat, wenn sich umgekehrt der Beobachter auf eine feste Lichtquelle zubewegt. Ihre Voraussage wurde in vielen Laborexperimenten mit angeregten schweren Ionen, die elektromagnetische Strahlung aussenden, verifiziert. Der Dopplereffekt wird auch in vielen Atomphysikexperimenten zum Studium der Resonanzabsorption von Laserstrahlen benützt. Statt dabei die Frequenz des Laserlichts zu ändern, wird die Geschwindigkeit eines Ionen- oder Atomstrahls variiert und unter Ausnutzung der Dopplerverschiebung die Resonanz abgetastet. Vor einiger Zeit wurden an einem Ionenspeicherring in solchen Experimenten die Hyperfeinaufspaltung von wasserstoffartigen Wismut-Ionen, das sind Bi-Ionen mit einem Elektron in der K-Schale, vermessen.

Ein Hauptforschungsgebiet der Astronomie ist die Messung der Dopplerverschiebung von Spektrallinien, die von angeregten Atomen und Ionen der Sterne ausgesandt werden. Dabei findet man starke Verschiebungen der Spektrallinien zu niedrigen Frequenzen. Man nennt diese Frequenzerniedrigung die *kosmologische Rotverschiebung*, die als Nachweis für die Expansion des Universums gedeutet wird. Die Fluchtgeschwindigkeit der Sterne – gemessen aus der Rotverschiebung der Sternspektrallinien – nimmt mit zunehmendem Abstand der Sterne linear zu. Die gemessene Zunahme der Fluchtgeschwindigkeit mit der Entfernung wird mit der sogenannten *Hubblekonstante* beschrieben. Sie wird als eines der Hauptargumente für die Expansion des Universums nach dem Urknall angesehen, und aus ihrem Wert ergibt sich das Alter des Universums von etwa 15 Mrd. Jahren. Kürzlich

Typ Ia-Supernovae
gelten als
Standardkerzen,
d.h. ihre
Leuchtkraft ist
immer gleich, so
dass eine Entfer-
nungsbestimmung
möglich ist

gelangten durch Spektralanalysen von Supernovae des Typs Ia sehr genaue Messungen der Größe der Rotverschiebung als Funktion der Entfernung. Dabei wurden Abweichungen bei den entferntesten Sternen entdeckt, die als Beschleunigung der Expansion interpretiert wurden. Für diese rätselhafte Zunahme der Expansionsgeschwindigkeit gibt es noch keine überzeugende Erklärung.

Wir wollen nun noch einige Spezialfälle des relativistischen Dopplereffekts besprechen:

Wenn sich die Lichtquelle direkt auf den Beobachter hin zubewegt (longitudinaler Dopplereffekt) und wenn die Bewegung relativ langsam erfolgt, ist in (11.32) $\cos \vartheta' = 1$ und außerdem $\gamma = 1$, so dass man den einfacheren Ausdruck

$$\boxed{f = f'(1 + \frac{v}{c})}$$ **Longitudinaler oder linearer Dopplereffekt**

Linearer oder
longitudinaler
Dopplereffekt

oder

$$\frac{\Delta f}{f} = \frac{v}{c}$$

für die Frequenzerhöhung erhält. Betrachten wir als Beispiel die Radar- Geschwindigkeitskontrolle im Straßenverkehr: Falls sich ein Kraftfahrzeug – als bewegter Reflektor – mit der Geschwindigkeit v auf die Mikrowellen-Radarantenne der Polizei hin zubewegt, ist die Frequenz des zurück reflektierten Signals doppelt erhöht, und zwar um $(\Delta f / f) = (2v/c)$. Warum?

Quadratische
Rotverschiebung
oder transversaler
Dopplereffekt

Interessant ist auch der Spezialfall, dass die Beobachtung des emittierten Lichts *genau senkrecht* zur Bewegung der Lichtquelle erfolgt. Bei der Beobachtung der Frequenz der elektromagnetischen Strahlungen unter 90° zur Bewegungsrichtung der Quelle findet man entgegen allen einfachen Erwartungen ebenfalls eine Rotverschiebung, die quadratisch mit der Bewegungsgeschwindigkeit der Quelle zunimmt. Unter Nutzung von (11.34) finden wir für $\vartheta = 90°$ den in der Dopplerverschiebungsformel (11.31) eingehenden Wert von $\cos \vartheta' = -v/c$. Daraus ergibt sich die sogenannte *quadratische Rotverschiebung*:

$$\boxed{f = f' \cdot \sqrt{1 - \frac{v^2}{c^2}} \quad \text{oder für } (v/c) \ll 1: \quad \frac{\Delta f}{f} = -\frac{v^2}{2c^2}}$$

die zuweilen auch *transversaler Dopplereffekt* genannt wird. Die Frequenz der transversal beobachteten Strahlung sinkt also mit dem Quadrat der Geschwindigkeit, mit der sich die Strahlungsquelle bewegt. Dieser erst relativistisch verständliche transversale Dopplereffekt kann z.B. bei Speicherringen mit schnellen schweren Ionen über die Rotverschiebung von Röntgenlinien gut nachgewiesen werden. Auch an lichtemittierenden Atomstrahlen mit der Beobachtung senkrecht zur Strahlrichtung oder mit Hilfe des Mößbauereffekts an ^{57}Fe-Atomen im Kristallverband konnte der transversale Dopplereffekt demonstriert werden.

Zum Abschluss wollen wir noch die Beobachtung der *Aberration* von Licht betrachten. Die Aberration von Sternlicht ist ebenfalls eine schon früh entdeckte Folge der endlichen Geschwindigkeit des Lichtes. Nach BRADLEYS Beobachtungen scheinen alle Fixsterne eine gemeinsame jährliche Bewegung auszuführen, die ein Gegenbild des Umlaufs der Erde um die Sonne ist. Vom Standpunkt der Korpuskulartheorie ist die Erklärung relativ einfach: Die Photonen, die von einem Fixstern kommend die seitlich bewegte Erde treffen, scheinen aus einer etwas anderen Richtung zu kommen (ähnlich wie die Regentropfen einen schnellen Radfahrer nicht genau von oben, sondern eher von vorne treffen).

Die Aberration des Lichts der Fixsterne wurde 1727 von BRADLEY *entdeckt und mit der endlichen Lichtgeschwindigkeit erklärt*

Die relativistische Erklärung der Aberration des Lichtes ist etwas komplexer. Hierfür benutzen wir die relativistische Addition der Geschwindigkeiten, die wir in Abschnitt 11.6 kennengelernt hatten. Im Bezugssystem S′ läuft das Licht von den Fixsternen mit der Lichtgeschwindigkeit ($v'_x = 0$), und im gleichen System bewegt sich die Erde mit ihrer Bahngeschwindigkeit ($v = 30\,\text{km/s}$) in der x'-Richtung. Im mitbewegten System S der Erde ergeben sich aus (11.23) die folgenden Geschwindigkeitskomponenten des Lichtes:

$$v_x = v \quad \text{und} \quad v_y = c \cdot \sqrt{1 - v^2/c^2}. \tag{11.35}$$

Daher stimmt im System S der Erde die Richtung des Lichtes von den Fixsternen nicht mehr genau mit der y-Richtung überein, sondern weicht um den kleinen Aberrationswinkel

$$\frac{v_x}{v_y} = \frac{v}{c} \quad (\text{für } v/c \ll 1)$$

davon ab.

Betrachten wir als zweites Beispiel für eine extrem große Aberration des Lichtes die Elektronen in einem *Elektronenspeicherring* oder *Elektronensynchrotron*, die nahezu mit Lichtgeschwindigkeit (ihre kinetische Energie liegt im GeV-Bereich) umlaufen. Sie werden durch starke Magnetfelder auf einer Kreisbahn gehalten, deren Durchmesser z.B. beim Deutschen Elektronensynchrotron (DESY) in Hamburg etwa 100 m beträgt. Infolge der magnetischen Beschleunigung zum Kreiszentrum hin emittieren sie elektromagnetische Strahlung (siehe Bremsstrahlung in Abschnitt 10.9). Die Lichtabstrahlung erfolgt aber wegen der Aberration des Lichtes nur eng gebündelt in der momentanen Bewegungsrichtung tangential zur Kreisbahn. Der kleine Öffnungswinkel ε des Bündels der Synchrotronstrahlung um die momentane Vorwärtsrichtung (x-Richtung in obiger Nomenklatur) ist wieder gegeben durch v_y und v_x in (11.35), so dass

$$\tan \varepsilon = (v_y/v_x) = \frac{c \cdot \sqrt{1 - v^2/c^2}}{v} \approx \sqrt{1 - v^2/c^2},$$

wobei jedoch $v_x = v$ in diesem Beispiel nahezu die Lichtgeschwindigkeit c erreicht. Nehmen wir ein praktisches Beispiel: Für $v = 0,999991 \cdot c$ beträgt der Öffnungswinkel des Strahlungsbündels weniger als ein Grad (nur etwa 20 Winkelminuten). Der komplementäre Aberrationswinkel ist somit in diesem extremen Fall fast 90°.

Für beide Beispiele ist im Laborsystem S die resultierende Geschwindigkeit

$$\sqrt{v_x^2 + v_y^2}$$

genau gleich der Lichtgeschwindigkeit c, wie man mit Hilfe von (11.35) leicht verifiziert.

11.11 Relativistische Dynamik – eine Einführung

Ausgehend vom neuen Zeitbegriff der relativistischen Kinematik wollen wir jetzt noch einige grundlegende Begriffe zur Bewegung von Massen nach der relativistischen Dynamik einführen, wie den relativistischen Impuls, die Energie, die Masse und insbesondere die Beziehung zwischen Impuls und Energie.

Zuerst wollen wir nach einer relativistisch invarianten Formulierung des Impulses eines Teilchens suchen. Wir gehen dabei ähnlich vor wie bei der Suche nach der Eigenzeit. Wir betrachten ein Teilchen, das sich im System S mit der Geschwindigkeit $v_x = dx/dt$ bewegen soll. In seinem Ruhesystem soll es die Masse m_0 besitzen und das Eigenzeit-Element dt_0, mit dem die Geschwindigkeit dx/dt_0 definiert ist. Mit der Transformation

$$dt_0 = \sqrt{1 - \beta^2} dt$$

nach (11.8) können wir eine invariante Definition des Impulses folgendermaßen finden:

$$m_0 \frac{\mathrm{d}x}{\mathrm{d}t_0} = \frac{m_0}{\sqrt{1-\beta^2}} \frac{\mathrm{d}x}{\mathrm{d}t} = m\frac{\mathrm{d}x}{\mathrm{d}t} = p_x.$$

Die relativistisch invariante Impulskomponente eines Teilchens mit der Geschwindigkeitskomponente $v_x = \mathrm{d}x/\mathrm{d}t$ ist

$$p_x = m \cdot v_x = \frac{m_0}{\sqrt{1-\beta^2}} \cdot v_x. \tag{11.36}$$

Da für die y- und z-Komponenten die gleichen Beziehungen gelten, und da die Masse eines Teilchens eine skalare Größe ist, erhalten wir als relativistischen Impuls eines Teilchens:

$$\boxed{\vec{p} = m\vec{v} = m_0 \cdot \gamma \cdot \vec{v}} \qquad \textbf{Relativistischer Impuls} \tag{11.37}$$

Dabei ist m_0 die Masse eines Teilchens im Ruhesystem S und es gilt:

$$\boxed{m = m_0\gamma = \frac{m_0}{\sqrt{1-\beta^2}}} \qquad \textbf{Relativistische Masse} \tag{11.38}$$

Die Masse im bewegten System mit $\beta = v/c$ wird als relativistische Masse des Teilchens bezeichnet. Sie nimmt mit der Geschwindigkeit eines Teilchens proportional zum *Lorentz-Faktor* $\gamma = 1/\sqrt{1-v^2/c^2}$ zu.

Für $v/c = 0{,}1$ nimmt die Masse nur um 0,5% zu, wächst aber schnell an für $v/c \to 1$, wobei sie den Grenzwert $m \to \infty$ erreicht. Daraus ist ersichtlich, dass die Geschwindigkeit eines Teilchens mit der Ruhemasse m_0 die Lichtgeschwindigkeit c nicht übersteigen kann.

Als Nächstes wollen wir die Energie eines relativistischen Teilchens berechnen, das in Ruhe die Masse m_0 und die kinetische Bewegungsenergie $T = 0\,\mathrm{J}$ besitzt und mit einer Kraft F in der x-Richtung auf der Strecke x_f beschleunigt wird. Die gesamte auf der Strecke x_f geleistete Arbeit führt wegen der Energieerhaltung zur Erhöhung der kinetischen Energie T um

$$T = \int_0^{x_f} F\,\mathrm{d}x = \int_0^{t_f} F\frac{\mathrm{d}x}{\mathrm{d}t} \cdot \mathrm{d}t = \int_0^{t_f} Fv\mathrm{d}t. \tag{11.39}$$

Nehmen wir an, dass in der relativistischen Form des Newtonschen Gesetzes, die zeitliche Änderung des relativistischen Impulses gleich der wirkenden Kraft ist

$$\frac{\mathrm{d}p}{\mathrm{d}t} = \frac{d}{\mathrm{d}t}(mv) = F. \tag{11.40}$$

Eingesetzt in (11.39) ergibt sich

$$T = \int_0^{t_f} v \frac{\mathrm{d}p}{\mathrm{d}t}\,\mathrm{d}t = \int_0^{v_f} v\,\mathrm{d}p.$$

Nach Integration erhalten wir

$$T = vp \Big|_0^{v_f} - \int_0^{v_f} p\,\mathrm{d}v$$

Nach Einsetzen des relativistischen Impulses

$$p = \frac{m_0 v}{\sqrt{1 - \beta^2}}$$

und Ersetzen von $v\,\mathrm{d}v = \mathrm{d}v^2/2$ erhalten wir

$$T = \frac{m_0 v^2}{\sqrt{1 - \beta^2}}\bigg|_0^{v_f} - \frac{m_0}{2}\int_0^{v_f} \frac{\mathrm{d}v^2}{\sqrt{1 - v^2/c^2}}.$$

Durch Integration des 2. Teils erhalten wir

$$T = m_0 c^2 \left(\frac{v^2/c^2}{\sqrt{1 - v^2/c^2}} + \sqrt{1 - v^2/c^2}\right)\bigg|_0^{v_f}$$

$$= m_0 c^2 \left(\frac{1}{\sqrt{1 - v^2/c^2}}\right)\bigg|_0^{v_f}.$$

Durch das Auswerten an den Grenzen und Ersetzen von v_f mit v erhalten wir:

$$\boxed{T = \frac{m_0 c^2}{\sqrt{1 - v^2/c^2}} - m_0 c^2} \qquad \textbf{kinetische Energie} \qquad (11.41)$$

Aus der Energieerhaltung folgern wir, dass T die kinetische Energie des Teilchens ist. Zur Überprüfung lassen wir $v/c \to 0$ gehen und erhalten

$$T = m_0 c^2 \left(1 + \frac{1}{2}\frac{v^2}{c^2} - 1\right) = \frac{1}{2}m v^2,$$

die kinetische Energie für den nicht relativistischen Fall.

Da in (11.41) T eine Energie ist, müssen die beiden Terme auf der rechten Seite ebenfalls Energien sein. Wir können (11.41) umschreiben zu

$$mc^2 = T + m_0 c^2 = E. \tag{11.42}$$

Die Interpretation in dieser Form ist zwingend:

$E = mc^2$ ist die Gesamtenergie des Teilchens.

$E = mc^2$
Gesamtenergie eines Teilchens

Der erste Summand in (11.42) ist die kinetische Energie T, die von v (und m_0) abhängt. Der zweite Summand $m_0 c^2$ dagegen hängt nicht von v ab und existiert daher auch im Ruhestand. Man nennt diesen Beitrag zur Gesamtenergie eines Teilchens seine *Ruheenergie*. Sie hängt nur von der *Ruhemasse* $m = m_0$ ab.

Falls ein Teilchen in einer Potentialmulde der Tiefe $-V$ gebunden ist (Bindung tritt nur ein, falls $T < V$), so ist die Bindungsenergie $E_B = V - T$. Diese Bindungsenergie verlässt das Teilchen (oder Teilchenpaar) beim Eintritt in die Bindung, so dass sich die Gesamtenergie eines gebundenen Systems um diesen Betrag

Massendefekt

$$E = mc^2 = T - V + m_0 c^2 = m_0 c^2 - E_\mathrm{B} \tag{11.43}$$

erniedrigt.

> *Die Bindungsenergie eines gebundenen Systems reduziert dessen Masse um den Betrag E_B/c^2 im Vergleich zu der Summe der Massen der Bestandteile. Diesen Effekt nennt man* Massendefekt.

Bei leichten Atomen und Molekülen ist er vernachlässigbar, wegen der niedrigen Bindungsenergien, die in der Größenordnung von einigen eV liegen. Bei schweren Atomen betragen die Bindungsenergien der K-Elektronen etwa 100 keV, was an die Größenordnung der Ruhemasse des Elektrons, $m_e c^2 = 510$ keV herankommt. Daher können nur mit relativistischen Rechnungen die räumlichen Elektronenverteilungen in diesen Fällen berechnet werden.

In den Kernen sind die Bindungsenergien von Nukleonen etwa 7 MeV pro Nukleon im Vergleich zu Ruhemassen von $M_\mathrm{N} c^2 \approx 940$ MeV, was zu gut messbaren Massendefekten führt und relativistische Berechnungen notwendig macht.

Es erweist sich als sehr nützlich, noch den relativistischen Zusammenhang zwischen Energie und Impuls abzuleiten, um damit weitere Lorentz-invariante Größen kennenzulernen. Dazu berechnen wir die Größe

$$E^2 - (pc)^2 = \left(m_0c^2\right)^2 \left(\frac{1}{1-\beta^2} - \frac{\beta^2}{1-\beta^2}\right) = \left(m_0c^2\right)^2. \quad (11.44)$$

Der Ausdruck auf der linken Seite ist ähnlich dem Quadrat des Raum-Zeit-Abstandes eine Lorentz-invariante Größe:

$$\boxed{E^2 - (pc)^2 = \left(m_0c^2\right)^2} \quad \textbf{Impuls-Energie Beziehung} \quad (11.45)$$

Für *Photonen* mit der Ruhemasse null ergibt sich hieraus die einfache Relation

$$E = p \cdot c \quad \text{oder} \quad p = \frac{E}{c}.$$

Wir werden im folgenden Kapitel im Rahmen einer allgemeineren Diskussion auch auf die wichtige Beziehung (11.45) noch einmal zurückkommen.

12 Relativistische Dynamik mit Vierervektoren

12.1 Vierervektoren

Einsteins Relativitätsprinzip verlangt, dass physikalische Gleichungen in allen Inertialsystemen die gleiche Form besitzen. Das bedeutet, dass sie sich unter einer Lorentz-Transformation nicht ändern dürfen. Um dieser Anforderung zu genügen, müssen alle physikalischen Größen in Standardformen ausgedrückt werden, deren Transformation einfach ist, wie z.B. Skalare und Vektoren.

Physikalische Gleichungen dürfen ihre Form unter Lorentz-Transformation nicht ändern

Die einfachsten gegenüber einer Lorentz-Transformation invariante Standardformen sind Vierervektoren.

Wir wollen in diesem Kapitel Vierervektoren vorstellen und zu einer Diskussion der relativistischen Dynamik nutzen.

In Abschnitt 11.4 haben wir das Lorentz-invariante Quadrat des Raumzeitabstandes zweier Ereignisse eingeführt.

$$s_{12}^2 = c^2(t_2 - t_1)^2 - (x_2 - x_1)^2 - (y_2 - y_1)^2 - (z_2 - z_1)^2. \tag{12.1}$$

Diese Beziehung kann zu einer Lorentz-invarianten Größe reduziert werden

$$s^2 \equiv c^2 t^2 - (\vec{r})^2, \tag{12.2}$$

die ein Ereignis mit Hilfe der Variablen $(ct, x, y, z) = (ct, \vec{r})$ spezifiziert. Allgemeiner ausgedrückt, können wir ein Ereignis mit der Angabe einer neuen Größe X_μ mit den vier Komponenten ($\mu = 0, 1, 2, 3$), die man Vierervektor nennt, im Inertialsystem S beschreiben:

$$X_\mu = (X_0, X_1, X_2, X_3) \equiv (ct, x, y, z) = (ct, \vec{r}). \tag{12.3}$$

Die Lorentz-Transformation (Gleichung (11.16)) verbindet den Vierervektor X_μ mit dem gleichen Vierervektor X'_μ in dem zu S mit der Relativgeschwindigkeit $\beta = v/c$ entlang der x-Achse bewegten Koordinatensystem S' (Standardtransformation). Es gilt daher analog zu (11.15) und (11.16):

$$X_0' = \gamma(X_0 - \beta X_1), \quad X_1' = \gamma(X_1 - \beta X_0), \quad X_{2,3}' = X_{2,3} \tag{12.4}$$

$$X_0 = \gamma(X_0' + \beta X_1'), \quad X_1 = \gamma(X_1' + \beta X_0'), \quad X_{2,3} = X_{2,3}'. \tag{12.5}$$

Das Quadrat des Vierervektors X_μ ist wegen (12.3):

$$X_\mu^2 = X_0^2 - X_1^2 - X_2^2 - X_3^2. \tag{12.6}$$

Beachten Sie die drei Minuszeichen! In Analogie zum raumzeitlichen Vierervektor X_μ mit einer zeitlichen und drei räumlichen Komponenten konsultieren wir jetzt noch einen allgemeineren Vierervektor A_μ mit den Komponenten (A_0, A_1, A_2, A_3), welche physikalische Größen beschreiben, die sich unter Lorentz-Transformation wie X_μ verhalten:

$$A_0' = \gamma(A_0 - \beta A_1), \quad A_1' = \gamma(A_1 - \beta A_0), \quad A_{2,3}' = A_{2,3} \tag{12.7}$$

Unsere Aufgabe wird es also sein, Sätze von 4 Komponenten physikalischer Größen zu finden, die unter Lorentz-Transformation invariant sind. A_0 wird als zeitartige, A_1, A_2, A_3 als raumartige Komponente des Vierervektors A_μ bezeichnet. Die raumartigen Komponenten definieren den gewöhnlichen Dreiervektor.

Skalarprodukte aus Vierervektoren sind wichtige Größen, die invariant sind sowohl unter Transformation bei konstanter Geschwindigkeit als auch bei Rotation des Bezugssystems. Sie sind wie folgt definiert:

$$A_\mu B_\mu = A_0 B_0 - A_1 B_1 - A_2 B_2 - A_3 B_3 = A_0 B_0 - \vec{A}\vec{B} \tag{12.8}$$

Beachten Sie das negative Vorzeichen des Produkts der Dreiervektoren $\vec{A}\vec{B}$. Bei Lorentz-Transformation gilt:

$$A_\mu' B_\mu' = A_\mu B_\mu. \tag{12.9}$$

Für die vierdimensionale Länge von A_μ gilt:

$$A_\mu A_\mu \equiv A_\mu^2 = A_0^2 - A_1^2 - A_2^2 - A_3^2 = A_0^2 - \vec{A}\vec{A}. \tag{12.10}$$

Im Folgenden werden wir Vierervektoren zur Beschreibung der relativistischen Teilchendynamik benützen.

12.2 Vierergeschwindigkeit eines Teilchens

Um physikalische Probleme behandeln zu können, müssen wir neben dem raumzeitlichen Ortsvektor $X_\mu = (ct, x, y, z)$ auch den Vierervektor der Geschwindigkeit kennen, den wir hier einführen wollen. Dazu betrachten wir ein Teilchen, das in einem Bezugssystem S die Geschwindigkeit $\vec{U} = (U_x, U_y, U_z)$ besitzt. Was ist seine Vierergeschwindigkeit U_μ^2? Sie ermittelt sich aus der zeitlichen Ableitung des Vierervektors X_μ (12.3) nach der invarianten Eigenzeit des Teilchens, $d\tau = \sqrt{1 - \beta^2}dt$:

$$U_\mu = \frac{dX_\mu}{d\tau} = \frac{1}{\sqrt{1 - \beta^2}} \cdot \frac{d}{dt}(ct, \vec{r}) = \gamma\left(c, \frac{d\vec{r}}{dt}\right) = \gamma(c, \vec{v}) \quad (12.11)$$

oder

$$U_\mu = (U_0, \vec{U}) \quad \text{mit} \quad U_0 = \gamma \cdot c \quad \text{und} \quad \vec{U} = \gamma \cdot \vec{v}. \quad (12.12)$$

Die Vierergeschwindigkeit U_μ hat als zeitartige Komponente $U_0 = \gamma \cdot c$ und als raumartige $\vec{U} = \gamma \cdot \vec{v}$.

Das Lorentz-invariante Quadrat der Vierergeschwindigkeit ist

$$U_\mu U_\mu = U_\mu^2 = \gamma^2(c^2 - \vec{v}\vec{v}) = \frac{c^2 - v^2}{1 - v^2/c^2} = c^2. \quad (12.13)$$

Das Quadrat der Vierergeschwindigkeit ist c^2 und als eine Lorentz-invariante Größe in allen Bezugssystemen gleich.

Die komplizierte relativistische Geschwindigkeits-Addition kann leicht aus der Lorentz-Transformation der Vierergeschwindigkeit beim Übergang von S zu einem dazu mit der Geschwindigkeit v bewegten Bezugssystem S' abgeleitet werden.

12.3 Energie-Impulsvierervektor

Wir wollen uns im Rahmen einer Einführung in die relativistische Dynamik zur Beschreibung von Zerfalls-, Reaktions- und Stoßprozessen auf die Formulierung und Beschreibung der Erhaltung von Energie und Impuls konzentrieren.

Im Gegensatz zur klassischen Mechanik, in der die Energie als skalare Größe und der Impuls als Dreiervektor separat erhalten bleiben, muss in der relativistischen Mechanik, ein Vierervektor gefunden werden, der die Erhaltungsgröße Lorentz-invariant macht.

Zum Auffinden dieses Vierervektors eines Teilchens wählen wir das Produkt aus der skalaren Masse des Teilchens m_0 und dessen Vierergeschwindigkeit U_μ. Diese Größe nennen wir Impulsvierervektor P_μ.

$$P_\mu = (P_0, \vec{P}) \equiv m_0 U_\mu = m_0(U_0, \vec{U}) = m_0\gamma(c, \vec{U}). \qquad (12.14)$$

P_μ hat eine zeitartige Komponente

$$P_0 = m_0 U_0 = m_0 c \cdot \gamma. \qquad (12.15)$$

Die zeitartige Komponente von P_μ wird durch die Masse des Teilchens $m = m_0\gamma$ bestimmt, die mit der Geschwindigkeit auf Grund des γ-Faktors zunimmt. m_0 wird in der Teilchenphysik als *Ruhemasse* bezeichnet.

P_μ hat auch eine ortsartige Komponente $\vec{P}$, die einen Dreierimpulsvektor darstellt:

$$\vec{P} = (P_x, P_y, P_z) = m_0\gamma \cdot (v_x, v_y, v_z). \qquad (12.16)$$

Bei niedrigen Geschwindigkeiten $v/c \ll 1$ kann der γ-Faktor entwickelt werden und man erhält den Ausdruck

$$\vec{P} = m_0\vec{v}\left(1 + \frac{1}{2}\frac{v^2}{c^2}\right). \qquad (12.17)$$

Der erste Term ist der Impuls der Newtonschen Mechanik, die anderen Terme sind Korrekturen, die den Impuls stärker als $\vec{v}$ ansteigen lassen.

Die zeitartige Komponente von P_μ steht im Zusammenhang mit der Gesamtenergie des Teilchens E. Definieren wir P_0 als E geteilt durch die Lichtgeschwindigkeit, so erhalten wir:

$$P_0 = \frac{E}{c} = \gamma m_0 c, \qquad (12.18)$$

oder

$$E = \gamma m_0 c^2 = \frac{m_0 c^2}{\sqrt{1 - v^2/c^2}}. \qquad (12.19)$$

Für kleine Geschwindigkeiten $v/c \ll 1$ kann der Ausdruck (12.19) entwickelt werden und man erhält

$$E = m_0 c^2 \left(1 + \frac{1}{2}\frac{v^2}{c^2}\cdots\right) = m_0 c^2 + \frac{1}{2}m_0 v^2. \qquad (12.20)$$

Diesen Ausdruck hatten wir schon weiter oben in (11.43) kennengelernt. Der erste Term, m_0c^2, ist die berühmte *Ruheenergie* eines Teilchens der Masse m_0, der zweite Term ist die kinetische Energie des Teilchens $T = (1/2)\, mv^2$.

Zusammenfassend stellen wir fest, dass der Impulsvierervektor eines Teilchens durch folgenden Ausdruck gegeben ist:

$$P_\mu = (P_0, \vec{P}) = (E/c, \vec{P}) \equiv m_0 U_\mu = \gamma \cdot m_0(c, \vec{v}). \qquad (12.21)$$

P_μ wird auch als *Energie-Impuls-Vierervektor* bezeichnet.

Das invariante Quadrat des Energie-Impuls-Vierervektors erhält man unter Nutzung von $U_\mu U_\mu = c^2$ (12.13) wie folgt:

$$P_\mu P_\mu \equiv P_0^2 - \vec{P}^2 = \frac{E^2}{c^2} - \vec{P}^2 = m_0^2 U_\mu U_\mu = m_0^2 \cdot c^2. \qquad (12.22)$$

Nach Multiplikation mit c^2 erhalten wir eine für viele Anwendungen nützliche Invariante der relativistischen Dynamik, die Energie, Impuls und Ruhemasse eines Teilchens verknüpft

$$\boxed{E^2 - p^2c^2 = m_0^2c^4} \qquad \textbf{Energie-Impuls-Beziehung} \qquad (12.23)$$

und die wir schon in (11.45) als Energie-Impuls-Beziehung kennengelernt hatten. Daraus lassen sich eine Reihe nützlicher Zusammenhänge ableiten:

$$E = \sqrt{m_0^2c^4 + (pc)^2} \qquad \text{und} \qquad p = \sqrt{\frac{E^2}{c^2} - (m_0c)^2}. \qquad (12.24)$$

Ferner gilt:

$$\vec{\beta} = \frac{\vec{v}}{c} = \frac{\vec{v}}{v_0} = \frac{\vec{p}}{p_0} = \frac{c\vec{p}}{E} = \frac{\vec{p}}{\sqrt{(m_0c)^2 + p^2}} \qquad (12.25)$$

sowie

$$\gamma = \frac{E}{m_0c^2} = \sqrt{1 + \left(\frac{p}{m_0c}\right)^2}. \qquad (12.26)$$

Zum Schluss wollen wir noch den in der Dynamik von Teilchen wichtigsten Erhaltungssatz, den von Energie und Impuls, in einer Viervektorgleichung, die invariant gegenüber dem Bezugssystem ist, notieren. Es gilt, dass in einem abgeschlossenen System die Summen der Viererimpulse der Teilchen vor und nach einer Reaktion die gleichen sind:

$$\Delta \sum_i P_\mu^i = \sum_i P_\mu^i(\text{vor}) - \sum_i P_\mu^i(\text{nach}) = 0. \tag{12.27}$$

Im Folgenden werden wir einige Anwendungen kennenlernen.

12.4 Lorentz-Transformation des Energie-Impuls-Vierervektors

Der Vierervektor P_μ transformiert sich beim Übergang von S nach S' wie in (11.15) bzw. (11.16) dargestellt.

$$\begin{aligned}
P_x &= \gamma \left(P_x' + \beta P_0' \right) & P_x' &= \gamma \left(P_x + \beta P_0 \right) \\
P_y &= P_y' & P_y' &= P_y \\
P_z &= P_z' & P_z' &= P_z \\
P_0 &= \gamma \left(P_0' + \beta P_x' \right) & P_0' &= \gamma \left(P_0 + \beta P_x \right)
\end{aligned} \tag{12.28}$$

Merke: Nach (12.18) ist $cP_0 = E$.

Wir wollen als Anwendung die Lorentz-Transformation von Energie und Impuls eines Photons suchen. Das Bezugssystem S' bewegt sich relativ zu S mit der Geschwindigkeit $v = \beta \cdot c$ entlang der x-Achse. Im System S läuft das Photon in der xy-Ebene unter einem Winkel Φ relativ zur x-Achse und hat daher den Viererimpuls:

$$P_\mu(P_0, P_x, P_y, 0) = P_\mu(P_0, P \cos \Phi, P \sin \Phi)$$

Für Photonen mit der Ruhemasse null ist wegen (12.18) und (12.24) $P_0 = p$ und $P_0' = p'$. Damit erhalten wir nach (12.28):

$$\begin{aligned}
P_0' &= \gamma \left(P_0 - \beta P_x \right) = \gamma \left(p - \beta p \cos \Phi \right) = \gamma p \left(1 - \beta \cos \Phi \right) \\
P_x' &= \gamma \left(P_x - \beta P_0 \right) = \gamma p \left(\cos \Phi - \beta \right) \\
P_y' &= P_y = p \sin \Phi \\
P_z' &= P_z = 0.
\end{aligned} \tag{12.29}$$

Für $\Phi = 0$, bewegt sich das Photon parallel zur x-Achse (kollinear zu S'), und wir erhalten aus (12.29):

$$P_0' = \frac{p(1 - \beta)}{\sqrt{1 - \beta^2}} = p \sqrt{\frac{1 - \beta}{1 + \beta}}. \tag{12.30}$$

Mit $E' = p_0' c$ erhalten wir die *Dopplerverschiebung* der Energie eines Photons im System S':

$$E' = E\sqrt{\frac{1-\beta}{1+\beta}}. \tag{12.31}$$

Für $\Phi = \pi$ (das Photon bewegt sich antiparallel zu v) ergibt sich

$$E' = E\sqrt{\frac{1+\beta}{1-\beta}}. \tag{12.32}$$

Für kleine $v \ll c$ ergibt sich $(\Delta E/E) = (v/c)$, ein Resultat, welches identisch ist mit dem schon in Abschnitt 11.10 auf anderem Wege abgeleiteten longitudinalen Dopplereffekt des Lichtes $(\Delta f/f) = (v/c)$.

Einfach ableiten können wir aus (12.29) auch die *Aberration* des Lichtes, das ist die Transformation des Winkels Φ zu Φ' beim Übergang von S nach S':

$$\cos\Phi' = \frac{P_x'}{P} = \frac{\cos\Phi - \beta}{1 - \beta\cos\Phi} \qquad \sin\Phi' = \frac{P_y'}{P} = \frac{\sin\Phi}{\gamma(1 - \beta\cos\Phi)} \tag{12.33}$$

$$\tan\Phi' = \frac{P_y'}{P_x'} = \frac{\sin\Phi}{\gamma(1 - \beta\cos\Phi)}. \tag{12.34}$$

Für kleine Werte von $\beta = (v/c)$ und $\Phi = 90°$, was den meisten astronomischen Beobachtungen entspricht, ist $(P_x/P) = (v/c)$, wie wir schon in Abschnitt 11.10 gesehen hatten.

12.5 Zweikörper-Zerfall eines Teilchens

Wir betrachten den Zerfall eines Teilchens der Ruhemasse M in zwei Teilchen der Masse m_1 und m_2 und interessieren uns für die Energie des Teilchens 1 im Ruhesystem S der Mutter. Wir benutzen dazu die Viererimpulserhaltung und relativistisch invariante Skalarprodukte von Vierervektoren zur eleganten Lösung.

Impulserhaltung:

$$P_\mu = P_\mu(1) + P_\mu(2). \tag{12.35}$$

Da wir uns für $P_\mu(1)$ interessieren, separieren wir $P_\mu(2)$ ab und eliminieren es nach (12.22) durch Bildung von $P_\mu^2(2) = m_2^2 c^4$.

Bevor wir aber das Problem lösen, führen wir dimensionslose Größen ein, indem wir $c = 1$ einsetzen, um Schreibarbeit zu sparen. Am Ende der Rechnung können wir die c so ergänzen, dass wir die gewünschten Dimensionen wieder erhalten. Also beginnen wir mit

$$P_\mu(2) = P_\mu - P_\mu(1) \tag{12.36}$$

und

$$\begin{aligned}
P_\mu(2)P_\mu(2) = m_2^2 &= (P_\mu - P_\mu(1))\,(P_\mu - P_\mu(1)) \\
&= P_\mu^2 + P_\mu(1)P_\mu(1) - 2P_\mu P_\mu(1) \\
&= M^2 + m_1^2 - 2\,(P_0 P_0(1) - \vec{p}\vec{p}(1))\;. \tag{12.37}
\end{aligned}$$

$P_\mu P_\mu(1) = (P_0 P_0(1) - \vec{p}\vec{p}(1))$ kann in jedem Bezugssystem ausgewertet werden, auch in dem des zerfallenden Teilchens $S^\star$, in dem der Gesamtimpuls $\vec{p} = \vec{p}^\star = 0$ ist und nach (12.19) $P_0^\star = M$ sowie $P_0(1) = E^\star(1)$. Daraus folgt

$$m_2^2 = m_1^2 + M^2 - 2ME^\star(1), \tag{12.38}$$

wobei $E^\star(1)$ die Energie des Teilchens (1) im Ruhesystem des zerfallenden Teilchens ist. Daraus erhält man nach Ergänzung mit c^2 bzw. c^4 folgenden Ausdruck für die Energie des Zerfallsteilchens (1):

$$E^\star(1) = \left(M^2 + m_1^2 - m_2^2\right)\frac{c^4}{2Mc^2} \tag{12.39}$$

Beispiel: Der Zerfall eines Lambdahyperon $\Lambda(M(\Lambda) \approx 1116\,\mathrm{MeV}/c^2)$ in ein Proton ($m_2(\mathrm{p}) \approx 938\,\mathrm{MeV}/c^2$) und ein Pion ($m_1(\pi) \approx 140\,\mathrm{MeV}/c^2$), also $\Lambda = \mathrm{p} + \pi^-$, ergibt $E^\star(1) \approx 173\,\mathrm{MeV}$.

12.6 Teilchenproduktion an der Erzeugungs-Schwelle

In der Teilchenphysik wird versucht, immer schwerere Teilchen durch *Teilchen-Teilchen-Stöße* bei immer höheren Energien zu erzeugen. Daher ist es wichtig, die minimale Energie zu berechnen, die nötig ist, um neue Teilchen zu erzeugen. Wir werden dabei zwei verschiedene Methoden behandeln:

1. Ein Projektil wird auf ein im Labor ruhendes Target geschossen.

2. Der Stoß erfolgt in zwei gegeneinander gerichteten Teilchenstrahlen.

In beiden Fällen betrachten wir zwei stoßende Teilchen im Anfangszustand, während der Endzustand N Teilchen enthalten kann.

Wir wollen daher als Einführung in die Lösung von Reaktionsproblemen dieser Art eine allgemeine Betrachtung der wichtigsten invarianten Größen eines Systems von N sich frei bewegenden Teilchen voranstellen.

Der Viererimpuls P_μ von N freien Teilchen ist nach (12.18):

$$P_\mu = (P_0, \vec{p}) = \left(\frac{E}{c}, \vec{p}\right) = \sum_{n=1}^{N} P_\mu(n) = \sum_{n=1}^{N} \left(\frac{E_n}{c}, \vec{p}(n)\right). \quad (12.40)$$

Hierbei sind P_μ der Viererimpuls und $\vec{p}$ der Dreierimpuls des Gesamtsystems und $P_\mu(n)$ sowie $\vec{p}(n)$ diejenigen des n-ten Teilchens. Das Quadrat des Viererimpulses P_μ^2 ist gleich dem Quadrat der invarianten Masse M des Systems

$$M^2 c^2 = P_\mu P_\mu = P_0^2 - \vec{p}^2 = \frac{E^2}{c^2} - \vec{p}^2. \quad (12.41)$$

Dabei ist M eine invariante Größe in Bezug auf alle Inertialsysteme und bleibt in einer Reaktion erhalten, da P_μ gleich ist vor und nach einem Prozess, wie wir in (12.27) gezeigt haben.

Jetzt können wir ein spezielles Bezugssystem S* wählen, in dem der gesamte Dreierimpuls der Teilchen verschwindet ($\vec{p}^\star = 0$). Man nennt dieses System, in dem die Dreierimpulssumme aller Teilchen null ist ($\sum_{n=1}^{N} \vec{p}(n) = 0$), das *Schwerpunktsystem* der N Teilchen.

Im Schwerpunktsystem S* gilt also

$$\vec{p}^\star = 0$$
$$E^\star = \sum_n E(n) = \sum_n \sqrt{m^2(n)c^4 + p^{\star 2}(n)c^2} = Mc^2. \quad (12.42)$$

Der kleinste Wert von Mc^2 ist derjenige, bei dem jedes der N Teilchen im Schwerpunktsystem in Ruhe ist. Daher gilt

$$\left(Mc^2\right)_{\text{min}} = \sum_n m(n)\, c^2. \quad (12.43)$$

Das heißt die gesamte Masse unseres Stoßsystems muss mindestens gleich der Summe der Massen der einzelnen Teilchen vor und nach dem Stoß sein:

$$Mc^2 \geq \left(Mc^2\right)_{\min} = \sum_n m(n)\, c^2. \tag{12.44}$$

Diese Regel hat interessante Konsequenzen. Eine sofort einsichtige ist die, dass ein freies Photon, dessen Ruhemasse 0 ist ($m_0 c^2 = 0$), unabhängig von seiner Energie nicht in ein Elektron-Positron-Paar zerfallen kann, da deren beider Ruhemassen zusammen $2 m_e c^2 = 1{,}02\,\text{MeV}$ betragen.

Als Nächstes wollen wir die Teilchenerzeugung beim Stoß eines Projektils mit $P_\mu(1) = E^{\mathrm{L}}(1), \vec{p}^{\,\mathrm{L}}(1)$ (c ist wieder gleich 1 gesetzt) mit einem ruhenden Teilchen $P_\mu(2) = (m(2), 0)$ betrachten. Nach dem Stoß sollen N Teilchen vorhanden sein, wobei jedes Teilchen die Masse $m(n)$ haben soll ($n = 1 \ldots N$). Unter den N Teilchen können, aber müssen nicht die zwei Teilchen des Anfangszustands sein. Unser Problem besteht nun darin, die minimal notwendige Projektilenergie $E^{\mathrm{L}}_{\mathrm{S}}(1)$, die man *Schwellenenergie* nennt, zu berechnen. Dies ist nicht einfach, da nur ein Teil der Projektilenergie zur Erzeugung von neuen Teilchen mit Masse verwendet wird, dazu erhalten die Teilchen auch einen Dreierimpuls, so dass nach dem Stoß auch kinetische Energie in den Teilchen steckt. Wir lösen das Problem, indem wir von der Erhaltung des gesamten Viererimpulses P_μ und damit auch von der Erhaltung des invarianten Quadrats von P_μ ausgehen. Letzteres wird auch mit S bezeichnet:

$$S = P_\mu \cdot P_\mu = M^2. \tag{12.45}$$

$\sqrt{S} = M$ ist die im Schwerpunktssystem S* zur Verfügung stehende Energie. Um die Schwelle zu erreichen, muss

$$M > M_{\min} = \sum_1^N m_n$$

sein.

Zuerst berechnen wir $S = M^2 = P_\mu^2$ im Eingangskanal

$$\begin{aligned}
S = M^2 = P_\mu^2 &= (p_\mu(1) + P_\mu(2))^2 \\
&= P_\mu^2(1) + P_\mu^2(2) + 2 P_\mu(1) P_\mu(2) \\
&= m_1^2 + m_2^2 + 2 P_\mu(1) P_\mu(2). \tag{12.46}
\end{aligned}$$

Jetzt brauchen wir nur noch $2P_\mu(1)P_\mu(2)$ in einem wählbaren Bezugssystems zu berechnen. Wir nehmen das Laborsystem, in dem $\vec{p}(2)^\mathrm{L} = 0$ ist,

$$P_\mu(1)P_\mu(2) = E^\mathrm{L}(1)E^\mathrm{L}(2) - \vec{p}^\mathrm{L}(1)\vec{p}^\mathrm{L}(2) = E^\mathrm{L}(1)m(2), \quad (12.47)$$

wobei $m(2)$ die Ruhemasse des Teilchens 2 ist. Dieses Resultat in (12.46) eingesetzt, ergibt

$$S = M^2 = m_1^2 + m_2^2 + 2E^\mathrm{L}(1)m_2 \geq \left(\sum_{n=1}^N m_n\right)^2 \qquad (12.48)$$

oder nach $E^\mathrm{L}(1)$ aufgelöst erhalten wir die Schwellenenergie $E_\mathrm{S}^\mathrm{L}(1)$.

$$E_\mathrm{S}^\mathrm{L}(1) = \frac{\left(\sum m_n\right)^2 - m_1^2 - m_2^2}{2m_2} \qquad (12.49)$$

Merke: $E(1)$ ist die Gesamtenergie des Projektils. Die damit verbundene kinetische Energie ist $E(1) - m_1 c^2$.

Als Beispiel wollen wir die Erzeugung von einem Antiproton-Proton-Paar im Proton-Protonstoß behandeln, das in Berkeley zur Entdeckung des *Antiprotons* ($\bar{p}$) führte. Die spannende Geschichte dieser Entdeckung ist in dem sehr lesenswerten Buch von E.G. SERGÈ (siehe Literaturangaben) beschrieben. Dazu musste im Lawrence Berkeley National Laboratory ein Beschleuniger gebaut werden, das *Bevatron*, dessen Energie so ausgelegt werden musste, dass sie ausreichte ein (p$\bar{\mathrm{p}}$)-Paar zu erzeugen (Teilchen und Antiteilchen können nur paarweise erzeugt werden). Die elementare Reaktion ist demnach

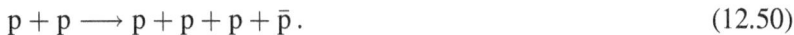

Das Antiproton wurde 1955 von O. CHAMBERLAIN, E.G. SEGRÈ u. a. entdeckt

$$\mathrm{p} + \mathrm{p} \longrightarrow \mathrm{p} + \mathrm{p} + \mathrm{p} + \bar{\mathrm{p}}. \qquad (12.50)$$

Es gilt also $m_1 = m_2 = m_\mathrm{p}$ und $\sum m(n) = 4m_\mathrm{p}$, da $m_\mathrm{p} = m_{\bar{\mathrm{p}}}$. In (12.49) eingesetzt erhalten wir

$$E_\mathrm{S}^\mathrm{L}(1) = \frac{(16 - 1 - 1)m_\mathrm{p}^2}{2m_\mathrm{p}} = 7m_\mathrm{p}.$$

Die zur Erzeugung nur eines Proton-Antiproton-Paares mindestens erforderliche kinetische Energie ist damit $T = 6m_\mathrm{p}c^2 \approx 5{,}6\,\mathrm{GeV}$.

Stöße mit ruhenden Targets sind bei der Teilchenerzeugung ineffektiv

Man sieht an diesem Beispiel, dass diese Methode sehr ineffizient ist, da man rund dreimal mehr Energie aufwenden muss, als der Energie des erzeugten Proton-Antiproton-Paares entspricht. Der Grund dafür ist, dass die benötigte

Projektilenergie etwa quadratisch mit der Masse der erzeugten Teilchen wächst.

Um diesem Dilemma auszuweichen, wurden *Speicherringe* gebaut, in denen zwei Teilchenstrahlen so gespeichert werden, dass sie in umgekehrter Richtung umlaufen und dann Kopf auf Kopf aufeinander teffen. Am einfachsten funktioniert diese Methode mit Teilchen-Antiteilchen-Paaren als Projektile. Dazu braucht man nur einen Speicherring. Man nutzt die Definition des Antiteilchens, dass es die bewegungsumgekehrte Form des Teilchens ist. Schießt man Protonen in einem Speicherring rechts herum und Antiprotonen links herum, so laufen sie auf äquivalenten Bahnen, nur bewegungsumgekehrt. Zuerst wurden Elektron-Positron-Speicherringe, später Proton-Antiproton-Speicherringe gebaut.

In einem solchen Speicherring, in dem Teilchen (1) und (2) mit gleicher Masse aber in umgekehrten Richtungen umlaufen, haben wir folgende Bedingungen:

$$P_\mu(1) = (E(1), \vec{p}(1)) \qquad P_\mu(2) = (E(2), \vec{p}(2))$$

Mit $E(1) = E(2)$ und $\vec{p}(1) = -\vec{p}(2) = -p$ erzeugen wir beim Stoß folgendes Quadrat der Schwerpunktsenergien

$$S = M^2 = (E + E)^2 - (p - p)^2 = 4E^2$$

oder

$$2E = M. \tag{12.51}$$

Im Speicherring kann die gesamte Energie in Masse umgewandelt werden

Die gesamte Energie E in beiden Strahlen kann nunmehr in Masse von neuen Teilchen umgewandelt werden. Mit Speicherringen kann man also am kostengünstigsten neue Teilchen finden, was dazu führte, dass alle derzeit aktuellen Hochenergiebeschleuniger auf diesem Speicherring-Prinzip beruhen. Der Nachteil dieser Methode ist nur, dass die Reaktionsraten beschränkt sind, weil die Teilchendichten in den Strahlen nicht so hoch gemacht werden können wie in festen Targets. Andererseits gewinnt man aber wieder durch die sehr hohen Ströme der mit hoher Frequenz umlaufenden Teilchen.

12.7 Der Compton-Effekt

Streuprobleme können vorteilhaft mit der bisher verwendeten Methode der Viererimpuls-Erhaltung gelöst werden. Wir wollen als Beispiel die Streuung von Photonen an Elektronen betrachten (Compton-Effekt), die zur Begründung der Teilcheneigenschaften eines Photons diente.

In dem Prozess, den wir betrachten wollen, wird ein Photon mit dem Viererimpuls $Q_\mu^i = (Q_0^i, \vec{q}^i)$ an einem ruhenden Elektron mit Viererimpuls $P_\mu(m, 0)$ um einen Winkel Θ gestreut. Nach der Streuung hat das Photon den Viererimpuls $Q_\mu^f = (Q_0^f, \vec{q}^f)$ und das Elektron den Viererimpuls $P_\mu^f = (P_0^f, \vec{p}^f)$. Die Indizes i und f (inital und final) bezeichnen die Größen vor und nach dem Stoß. Wir interessieren uns für Impuls und Energie des gestreuten Photons.

Zur Lösung bedienen wir uns unserer Standardmethode. Wir trennen den ungewünschten Viererimpuls der Elektronen ab:

$$P_\mu^f = P_\mu^i + Q_\mu^i - Q_\mu^f \tag{12.52}$$

und quadrieren beide Seiten:

$$\begin{aligned}(P_\mu^f)^2 &= (P_\mu^i)^2 + (Q_\mu^i)^2 + (Q_\mu^f)^2 - 2Q_\mu^i Q_\mu^f \\ &\quad + 2P_\mu^i \left(Q_\mu^i - Q_\mu^f\right).\end{aligned} \tag{12.53}$$

Mit

$$(P_\mu^i)^2 = (P_\mu^f)^2 = m^2 \qquad \text{und} \qquad (Q_\mu^i)^2 = (Q_\mu^f)^2 = 0$$

erhalten wir die einfache Beziehung

$$P_\mu^i \left(Q_\mu^i - Q_\mu^f\right) = Q_\mu^i Q_\mu^f. \tag{12.54}$$

Mit $P_\mu^i = (m, 0)$ für ein ruhendes Elektron und

$$Q_\mu^i Q_\mu^f = Q_0^i Q_0^f - \vec{q}^i \vec{q}^f$$

erhalten wir den einfachen Ausdruck

$$m(Q_0^i - Q_0^f) = Q_0^i Q_0^f (1 - \cos\Theta). \tag{12.55}$$

Wir können (12.55) noch umformen, je nachdem ob wir uns für die Energie oder die Wellenlänge des gestreuten Photons interessieren. Mit $E = Q_0/c$ und $h/\lambda = Q_0$ erhalten wir folgende für die Compton-Streuung charakteristische Ausdrücke

$$E^i - E^f = \frac{E^i \cdot E^f}{mc^2}\left(1 - \cos\Theta\right)$$

und durch Umformung

$$E^{\mathrm{f}} = \frac{E^{\mathrm{i}}}{1 + (E^{\mathrm{i}}/mc^2)(1 - \cos\Theta)} \; . \tag{12.56}$$

Für $\Theta = \pi$ (Rückstreuung) ist

$$E^{\mathrm{f}} = \frac{E^{\mathrm{i}}}{1 + 2(E^{\mathrm{i}}/mc^2)} \tag{12.57}$$

und für $E^{\mathrm{i}} \gg mc^2$ erhält man als Grenzenergie des rückgestreuten Photons

$$\boxed{E^{\mathrm{f}} = \frac{mc^2}{2} = 255\,\mathrm{keV} \quad \text{für} \quad E^{\mathrm{i}} \gg mc^2} \; .$$

Den anderen bekannten Ausdruck für die Compton-Streuung erhalten wir, wenn wir $q_0 = h/\lambda$ einsetzen:

$$mch\left(\frac{1}{\lambda^{\mathrm{i}}} - \frac{1}{\lambda^{\mathrm{f}}}\right) = h^2\left(\frac{1 - \cos\Theta}{\lambda^{\mathrm{i}}\lambda^{\mathrm{f}}}\right)$$

$$\boxed{\lambda^{\mathrm{f}} - \lambda^{\mathrm{i}} = \frac{h}{mc}(1 - \cos\Theta)} \tag{12.58}$$

h/mc wird als *Comptonwellenlänge* des Elektrons bezeichnet, damit erhalten wir

$$\boxed{\lambda^{\mathrm{f}} = \lambda^{\mathrm{i}} - 2\lambda_{\mathrm{c}}\sin^2\left(\frac{\Theta}{2}\right)} \; . \tag{12.59}$$

Die Compton-Streuung hat in der Atom- und Festkörperphysik eine interessante Anwendung als Methode zur Messung der Impulsverteilung von gebundenen Elektronen gefunden.

Messung der Impulsverteilung gebundener Elektronen

Um dies zu zeigen, gehen wir vom Ausdruck (12.54) aus, setzen aber für den Viererimpulsvektor eines gebundenen Elektrons den Ausdruck

$$P_\mu^{\mathrm{i}} = \left(\frac{E^{\mathrm{i}}}{c}, \vec{p}^{\,\mathrm{i}}\right)$$

ein, den wir nähern mit $(mc, \vec{p}^{\,\mathrm{i}})$, womit wir die kleine Bindungsenergie vernachlässigen.

Statt (12.55) erhalten wir dann aus (12.56) folgende erweiterte Beziehung

$$mc\left(Q_0^i - Q_0^f\right) - \vec{p}^{\,i}\left(\vec{q}^{\,i} - \vec{q}^{\,f}\right)$$
$$= Q_0^i Q_0^f \left(1 - \cos\Theta\right). \tag{12.60}$$

mit dem zusätzlichen Term

$$\vec{p}^{\,i}\left(\vec{q}^{\,i} - \vec{q}^{\,f}\right).$$

Dies ist das Skalarprodukt von dem Elektronenimpuls im Anfangszustand $\vec{p}^{\,i}$ mit dem Dreierimpulsübertrag des Photons $\vec{q} = \vec{q}^{\,i} - \vec{q}^{\,f}$.

Die Energie des gestreuten Photons wird dadurch modifiziert, dass an einem bewegten Elektron gestreut wird

$$E^f = \frac{E^i - (\vec{p}_e/m) \cdot \vec{q}}{1 + E^i/mc^2(1 - \cos\Theta)}. \tag{12.61}$$

Misst man die Energie des Compton-gestreuten Photons unter einem festen Winkel Θ, so erhält man eine Verteilung von E^f, die direkt die Projektion der Impulsverteilung des Elektrons $f(\vec{p}_e)$ auf den Impulsübertrag $\vec{q} = \vec{q}^{\,i} - \vec{q}^{\,f}$ wiedergibt. Diese Verteilung nennt man auch *Comptonprofil* eines gebundenen Elektrons.

12.8 Vierervektoren in der Elektrodynamik

Wir haben schon in Abschnitt 6.3 die Felder von bewegten Leitungselektronen in einem Draht behandelt und dort in Tabelle 6.1 gesehen, dass ihre Ladungsdichte, wenn sie sich als Elektronenstrom mit der Driftgeschwindigkeit v im Draht bewegen, vom Laborsystem aus betrachtet entsprechend der Beziehung

$$\rho = \frac{\rho_0}{\sqrt{1 - v^2/c^2}} = \rho_0 \cdot \gamma \tag{12.62}$$

gegenüber der Dichte ρ_0 im Ruhesystem der Elektronen erhöht ist, und zwar um den Faktor $\gamma > 1$.

Entsprechend gilt für die Stromdichte

$$\vec{j} = \rho\vec{v} = \gamma\rho_0\vec{v}. \tag{12.63}$$

In Abschnitt 12.2 haben wir den Vierervektor der Geschwindigkeit

$$U_\mu = (U_0, \vec{U}) \quad \text{mit} \quad U_0 = \gamma \cdot c \quad \text{und} \quad \vec{U} = \gamma\vec{v}$$

kennengelernt. Formal sind seine Eigenschaften analog zu Ladungs- und Stromdichten, was bedeutet dass ρ und $\vec{j}$ Komponenten eines Viererstromvektors J_μ mit den Komponenten $(\rho, \vec{j})$ sind. Die Transformation von J_μ in ein mit der Geschwindigkeit v entlang der x-Achse bewegtes Koordinatensystem S' ist analog der Lorentz-Transformation:

$$
\begin{aligned}
j'_x &= \gamma(j_x - v \cdot \rho) \\
j'_y &= j_y \\
j'_z &= j_z \\
\rho' &= \gamma\left(\rho - \frac{v j_x}{c^2}\right).
\end{aligned}
\tag{12.64}
$$

Zum Abschluss unserer Betrachtungen wollen wir noch einen weiteren grundlegenden Vierervektor der Elektrodynamik suchen.

In Abschnitt 2.4 haben wir das *elektrostatische Potential* $\varphi(\vec{r}_0)$ einer Ladungsverteilung $\rho(\vec{r}_1)$ kennengelernt (2.13):

$$
\varphi(\vec{r}_0) = \frac{1}{4\pi\varepsilon_0} \int \frac{\rho(\vec{r}_1)}{r_{01}} \, dV_1
\tag{12.65}
$$

Andererseits haben wir vorher gesehen, dass $\rho(\vec{r})$ die zeitartige Komponente eines Stromdichte-Vierervektors $J_\mu(\rho, \vec{j})$ mit den ortsartigen Komponenten der Stromdichte $\vec{j}(j_x, j_y, j_z)$ ist.

Die Frage ist nun, ob $\varphi(\vec{r}_0)$, das mit $\rho(\vec{r}_1)$ verbunden ist, die zeitartige Komponente eines Vierervektors eines Potentials ist, dessen drei ortsartige Komponenten in Analogie zu (12.65) durch die drei ortsartigen Komponenten der Stromdichte bestimmt sind. In der Tat erzeugt eine Verteilung von Stromdichten $\vec{j}(\vec{r}_1)$ an der Stelle $\vec{r}_0$ ein sogenanntes Vektorpotential $\vec{A}$ mit den Komponenten A_x, A_y, A_z in völliger Analogie zu (12.65):

$$
\vec{A}(\vec{r}_0) = \frac{1}{4\pi\varepsilon_0 c^2} \int \frac{\vec{j}(\vec{r}_1)}{r_{01}} \, dV_1.
\tag{12.66}
$$

Damit haben wir das der gesamten Elektrodynamik grundlegende Viererpotential A_μ mit den Komponenten (φ, A_x, A_y, A_z) gefunden und dessen Zusammenhang mit dem Stromdichte-Vierervektor J_μ.

Wir werden als grundlegende Anwendung das Viererpotential einer bewegten Ladung berechnen. Dazu benutzen wir einen Trick und die Lorentz-Transformation. Wir betrachten eine Ladung q, die sich im System S mit der Geschwindigkeit v entlang der positiven x-Achse bewegt. Im System

S', das sich ebenfalls mit der Geschwindigkeit v bewegt, ruht die Ladung q. Im Punkt P(x, y, z) mit Abstand $r = \sqrt{x^2 + y^2 + z^2}$ wollen wir A_μ bestimmen. Im System S' hat P die Koordinaten (x', y', z') und $r' = \sqrt{x^2 + y^2 + z^2}$. Das Viererpotential im System S', in dem q ruht, ist leicht zu berechnen

$$\varphi' = \frac{q}{4\pi\varepsilon_0 r'} \quad \text{und} \quad A'_x = A'_y = A'_z = 0. \tag{12.67}$$

Durch Lorentz-Transformation erhalten wir A_μ im System S:

$$\begin{aligned}
\varphi &= \gamma(\varphi' + \beta A'_x) \\
A_x &= \gamma(A'_x + \beta\varphi') \\
A_y &= A'_y \\
A_z &= A'_z \\
\beta &= v/c.
\end{aligned} \tag{12.68}$$

Mit den Werten von φ' und $\vec{A}'$ von (12.67) erhalten wir

$$\begin{aligned}
\varphi &= \frac{\gamma q}{4\pi\varepsilon_0 r'} \\
A_x &= \gamma\beta \cdot \frac{q}{4\Pi\varepsilon_0 r'} = \beta \cdot \rho \\
A_y &= 0 \\
A_z &= 0.
\end{aligned} \tag{12.69}$$

Nun müssen wir nur noch die Koordinaten (t', x', y', z') von S' in die von S(t, x, y, z) transformieren:

$$\varphi = \frac{q}{4\pi\varepsilon_0}\gamma \cdot \sqrt{\frac{1}{(\gamma(x - \beta t)^2 + y^2 + z^2}} \tag{12.70}$$

$$\vec{A} = \vec{v} \cdot \varphi \tag{12.71}$$

12.9 Die Bewegungsgleichung in relativistischer Schreibweise

Im Folgenden wollen wir zum Abschluss die Newtonsche Bewegungsgleichung $d\vec{p}/dt = \vec{F}$, bei denen $\vec{p}$ und $\vec{F}$ klassische Dreiervektoren sind, mit Vierervektoren und somit in relativistischer Form schreiben. Wir beginnen mit dem Vierervektor des Impuls P_μ, der nach (12.21) die Form

$$P_\mu = (P_0, \vec{p}) = \left(\frac{E}{c}, \vec{p} = \gamma m_0 \vec{v} \right) \tag{12.72}$$

hat.

Als Nächstes benutzen wir den in Abschnitt 11.5 eingeführten Lorentz-invarianten differentiellen Raumzeitabstand, jetzt als Vierervektor

$$\mathrm{d}S_\mu = (c\mathrm{d}t, \mathrm{d}\vec{r}) \, .$$

Damit können wir die Bewegungsgleichung so schreiben:

$$\frac{\mathrm{d}P_\mu}{\mathrm{d}S_0} = F_\mu = \gamma \left(\vec{F}\vec{v}, \vec{F} \right) \tag{12.73}$$

F_μ ist (im Unterschied zu $\vec{F}$) eine Viererkraft, deren Zeitkomponente durch die zeitliche Änderung der Energie, d.h. durch $\vec{F} \cdot \vec{v}$, gegeben ist. Jetzt benötigen wir nur noch die Kraft $\vec{F}$, die auf eine Ladung q mit der Geschwindigkeit $\vec{v}$ unter dem Einfluss der Felder $\vec{E}$ und $\vec{B}$ wirkt. Sie ist als Lorentz-Kraft mit folgendem Ausdruck bekannt:

$$\vec{F} = q \cdot (\vec{E} + \vec{v} \times \vec{B}). \tag{12.74}$$

Es ergeben sich folgende Ausdrücke für die vier Komponenten von F_μ:

$$\begin{aligned} F_0 &= \gamma \cdot q\vec{v} \cdot \vec{E} \\ F_x &= \gamma \cdot q(E_x + v_y B_z - v_z B_y) \\ F_y &= \gamma \cdot q(E_y + v_z B_x - v_x B_z) \\ F_z &= \gamma \cdot q(E_z + v_x B_y - v_y B_x). \end{aligned} \tag{12.75}$$

Damit haben wir die relativistischen Bewegungsgleichungen einer Ladung q mit der Masse m_0 und der Geschwindigkeit $\vec{v}$ in den Feldern $\vec{E}$ und $\vec{B}$ gefunden. Diese Bewegungsgleichungen lassen sich zum praktischen Gebrauch auf die einfache Form.

$$\frac{\mathrm{d}}{\mathrm{d}t}(\gamma \cdot m_0 \vec{v}) = \vec{F} = q(\vec{E} + \vec{v} \times \vec{B}) \tag{12.76}$$

zurückführen, wobei $m = \gamma m_0$ die Geschwindigkeitsabhängigkeit der Masse eines Teilchens berücksichtigt.

12.10 Schlussbemerkung

Es ist kein Wunder, dass die Gesetze der Elektrodynamik mit Lorentz-invarianten Vierervektoren so elegant geschrieben werden können. Die Relativitätstheorie wurde aufgestellt, nachdem experimentell gefunden wurde, dass Maxwells Gleichungen invariant in verschiedenen Inertialsystemen sind. Lorentz fand die Transformationen von einem Interialsystem in das andere, welche die Maxwellgleichungen nicht änderten. Es gibt aber noch einen anderen Grund, die Gleichungen so zu schreiben, wie sie sind. Es ist das Relativitätsprinzip, das besagt, dass alle Gesetze der Physik invariant sind gegenüber der Lorentz-Transformation. Deshalb wurde mit den Vierervektoren eine Notierung gefunden, die sicher macht, dass das Relativtätsprinzip für jeden Vorgang eingehalten wird. Alle Feldtheorien der starken wie auch der schwachen Wechselwirkung werden daher Lorentz-invariant formuliert.

Literaturhinweise zu Kapitel 11 und 12

Bergmann/Schaefer: Lehrbuch der Experimentalphysik, Band III (Optik), 10. Auflage, de Gruyter (2004)

> Kap. 15 Relativitätstheorie

Berkeley Physik Kurs, Band I und II, Vieweg Verlag, Braunschweig (1986)

> Kap. 10, Lichtgeschwindigkeit
> Kap. 11, Lorentz-Transformationen von Länge und Zeit
> Kap. 12, Relativistische Dynamik: Impuls und Energie
> Kap. 13, Einfache Probleme der relativistischen Dynamik
> Kap. 14, Das Äquivalenzprinzip

M. Born: Die Relativitätstheorie Einsteins, kommentiert und erweitert von J. Ehlers und M. Pössel, Springer Verlag (2003)

A.P. French: Die spezielle Relativitätstheorie (MIT-Einführungskurs), Vieweg Uni-Text, Braunschweig (1986); ein empfehlenswertes Taschenbuch

L.D. Landau und E.M. Lifschitz: Theoretische Physik kurzgefasst, Band I (Mechanik), Akademieverlag, Berlin (1973)

L.D. Landau und E.M. Lifschitz: Lehrbuch der theoretischen Physik, Band II (Klassische Feldtheorie), Akademieverlag, Berlin (1992)

> Kap. 1, Das Relativitätsprinzip
> Kap. 2, Die relativistische Mechanik

D.W. Sciama: Modern Cosmology and the Dark Matter Problem, Cambridge Univ. Press (1995),

> Ausgezeichnete Einführung in die aktuellen Probleme der Kosmologie, einschl. der kosmologischen Rotverschiebung und der Expansion des Weltalls

E.F. Taylor and J.A. Wheeler: Physik der Raumzeit, Spektrum Akademischer Verlag, Heidelberg (1994)

R. Sexl und H.H. Schmidt: Raum-Zeit-Relativität, Springer (2000)

Anhang

A Maßsysteme der Elektrodynamik

Neben dem heute allgemein eingeführten System der SI-Einheiten (Système Internationale) gibt es auch noch das früher verwendete CGS-System mit den Basiseinheiten cm, g und sec. Die Umrechnung zwischen beiden Systemen ist in der Mechanik recht einfach, da sich die Größen in den einzelnen Systemen nur um reine Zehnerpotenzen unterscheiden. In der Elektrodynamik ist dies anders: Hier werden in den einzelnen Systemen einige Größen grundsätzlich unterschiedlich definiert, so dass nicht nur die Umrechnung der Einheiten aufwendiger ist, sondern auch verschiedene Größengleichungen auftreten können. Außerdem wird zwischen mehreren CGS-Systemen unterschieden, von denen das elektrostatische und vor allem das Gaußsche Maßsystem am bekanntesten sind. Diese Einheitensysteme sollen nicht mehr verwendet werden. Da sie jedoch vor allem in der Theoretischen Physik noch benutzt werden, möchten wir kurz auf sie und ihre Umrechnung in das SI-Einheitensystem eingehen.

In Tabelle A.1 werden die beiden Grundgleichungen der Elektrostatik und der Magnetostatik, das Coulombsche Gesetz und das Ampèresche Gesetz, für die einzelnen Maßsysteme verglichen. Wie man sieht, nimmt im elektrostatischen Maßsystem die Elektrostatik, im elektromagnetischen System die Magnetostatik eine einfachere Form an. Wenn wir berücksichtigen, dass das elektrische Feld und der elektrische Strom im CGS-System genauso definiert sind wie im SI-System, also $\vec{E} = \vec{F}/q$ und $I = \mathrm{d}q/\mathrm{d}t$, erkennen wir als einen Vorzug des Gaußschen Maßsystems, dass $\vec{E}$ und $\vec{B}$ gleiche Dimensionen haben. Im Unterschied zu den SI-Einheiten wird im CGS-System keine neue elektrische Maßeinheit wie das Ampère eingeführt. So ist die Ladungseinheit im Gaußschen System gleich $\sqrt{\mathrm{dyn} \cdot \mathrm{cm}^2}$, die in der englischsprachigen Literatur auch als 1 esu (electrostatic unit) bezeichnet wird. Die Einheit des Magnetfeldes ist $1\,\mathrm{Gauß} = 1\,\mathrm{dyn/esu} = 1\,\sqrt{\mathrm{dyn/cm}^2}$. Alle elektrischen Einheiten lassen sich im CGS-System auf die mechanischen Grundeinheiten zurückführen (Dreiersystem). Diese Festlegung ist willkürlich und darf nicht in der Weise verstanden werden, dass der Elektromagnetismus als ein Phänomen der Mechanik deutbar ist.

Die beiden Definitionsgleichungen der Elektro- und Magnetostatik in Tabelle A.1 legen bereits auch die Elektrodynamischen Gesetze, d.h. die Maxwell-Gleichungen und die Lorentz-Kraft, fest.[1] Von besonderem Interesse ist nun, Größengleichungen wie z.B. die Lorentz-Kraft, die im SI-System die Form $\vec{F} = q \cdot (\vec{v} \times \vec{B})$ hat, von einem System in ein anderes umzurechnen. Prinzipiell können wir immer den Weg gehen, die Gleichung im entsprechenden System neu abzuleiten, die Lorentz-Kraft z.B. anhand von Abschnitt 6.3, in dem der relativistische Zusammenhang zwischen elektrischen und magnetischen Feldern aufgezeigt wird. Man kann jedoch auch Schemata konstruieren, die eine bequeme Umrechnung gestatten. Ein solches Schema ist in Tabelle A.2 für die Umrechnung vom Gaußschen System in das SI-Einheitensystem enthalten. Dabei müssen *alle* elektrischen Größen einer Gleichung ersetzt werden durch die in der Spalte 4 stehenden Größen. Die mechanischen Größen bleiben unverändert. Elektrische Größen, die sich dimensionsmäßig nur durch Potenzen von Länge und Zeit unterscheiden, wie z.B. das elektrische Feld und das elektrische Potential, transformieren sich entsprechend.

Eine Umkehrung der Transformation ist ebenfalls möglich. In der letzten Spalte von Tabelle A.2 ist eine Umrechnungstafel für Gaußsche Einheiten in SI-Einheiten enthalten.

Tabelle A.1: Coulombsche Gesetz und das Ampèresche Gesetz im SI-System und in den CGS-Systemen.

	Coulombsches Gesetz	Ampèresches Gesetz (für einen langen, geradlinigen Draht)
SI-System	$F = \dfrac{1}{4\pi\varepsilon_0} \cdot \dfrac{q_1 \cdot q_2}{r^2}$	$B = \dfrac{\mu_0}{4\pi} \cdot \dfrac{2 \cdot I}{r}$
elektrostatisches System	$F = \dfrac{q_1 \cdot q_2}{r^2}$	$B = \dfrac{1}{c^2} \cdot \dfrac{2 \cdot I}{r}$
elektromagnetisches System	$F = c^2 \cdot \dfrac{q_1 \cdot q_2}{r^2}$	$B = \dfrac{2 \cdot I}{r}$
Gaußsches System	$F = \dfrac{q_1 \cdot q_2}{r^2}$	$B = \dfrac{1}{c} \dfrac{2 \cdot I}{r}$

---

[1] Siehe hierzu z.B. D. Jackson, Classical Electrodynamics, John Wiley, New York (1962).

Tabelle A.2: Coulombsche Gesetz und das Ampèresche Gesetz im SI-System und in den CGS-Systemen.

q	$F = \dfrac{1}{4\pi\varepsilon_0}\dfrac{q_1 \cdot q_2}{r^2}$	$F = \dfrac{q_1 \cdot q_2}{r^2}$	$\dfrac{q}{\sqrt{4\pi\varepsilon_0}}$	$1\,\text{esu} = 1\,\sqrt{\text{dyn}\cdot\text{cm}^2}$ $\;\hat{=}\;\dfrac{1}{3}\cdot 10^{-9}\,\text{C}$
$\vec{E}$	$\vec{F} = q\cdot\vec{E}$		$\vec{E}\cdot\sqrt{4\pi\varepsilon_0}$	$1\dfrac{\text{statvolt}}{\text{cm}} = 1\dfrac{\text{dyn}}{\text{esu}}$ $\;\hat{=}\; 3\cdot 10^4\,\dfrac{\text{V}}{\text{m}}$
φ	$W = q\cdot(\varphi_2 - \varphi_1)$		$\varphi\cdot\sqrt{4\pi\varepsilon_0}$	$1\,\text{statvolt} \;\hat{=}\; 300\,\text{V}$
I	$I = \dfrac{\mathrm{d}q}{\mathrm{d}r}$		$\dfrac{I}{\sqrt{4\pi\varepsilon_0}}$	$1\dfrac{\text{esu}}{\text{sec}} \;\hat{=}\; \dfrac{1}{3}\cdot 10^{-9}\,\text{A}$
$\vec{B}$	$\vec{F} = q\cdot(\vec{v}\times\vec{B})$	$\vec{F} = \dfrac{q}{c}\cdot(\vec{v}\times\vec{B})$	$\vec{B}\cdot\sqrt{\dfrac{4\pi}{\mu_0}}$	$1\,\text{Gauß} = 1\dfrac{\text{dyn}}{\text{esu}} \;\hat{=}\; 10^{-4}\,\text{T}$
R	$R = \dfrac{U}{I}$		$R\cdot(4\pi\varepsilon_0)$	$1\dfrac{\text{sec}}{\text{cm}} \;\hat{=}\; 3^2\cdot 10^{11}\,\Omega$
C	$C = \dfrac{Q}{U}$		$\dfrac{C}{4\pi\varepsilon_0}$	$1\,\text{cm} \;\hat{=}\; \dfrac{1}{3}^2\cdot 10^{-11}\,\text{F}$
L	$U_{\text{ind}} = L\cdot\dfrac{\mathrm{d}I}{\mathrm{d}t}$		$L\cdot(4\pi\varepsilon_0)$	$1\dfrac{\text{sec}^2}{\text{cm}} \;\hat{=}\; 3^2\cdot 10^{11}\,\text{H}$
$\vec{p}$	$\vec{p} = q\cdot\vec{d}$		$\dfrac{\vec{p}}{\sqrt{4\pi\varepsilon_0}}$	$1\,\text{esu}\cdot\text{cm} \;\hat{=}\; \dfrac{1}{3}\cdot 10^{-11}\,\text{C}\cdot\text{m}$
$\vec{P}$	$\vec{P} = n\cdot\langle\vec{p}\rangle$		$\dfrac{\vec{P}}{\sqrt{4\pi\varepsilon_0}}$	$1\dfrac{\text{Dipolmoment}}{\text{cm}^3}$ $\;\hat{=}\; \dfrac{1}{3}\cdot 10^{-5}\,\dfrac{\text{C}}{\text{m}^2}$
$\vec{D}$	$\vec{D} = \varepsilon_0\cdot\vec{E} + \vec{P}$	$\vec{D} = \vec{E} + 4\pi\cdot\vec{P}$	$\vec{D}\cdot\sqrt{\dfrac{4\pi}{\varepsilon_0}}$	$1\dfrac{\text{statvolt}}{\text{cm}}$ $\;\hat{=}\; \dfrac{1}{3}\cdot\dfrac{1}{4\pi}\cdot 10^{-5}\dfrac{\text{C}}{\text{m}^2}$
$\vec{m}$	$m = I\cdot A$	$m = I\cdot\dfrac{A}{c}$	$\vec{m}\cdot\sqrt{\dfrac{\mu_0}{4\pi}}$	$1\,\text{esu}\cdot\text{cm} \;\hat{=}\; 10^{-3}\,\text{A}\cdot\text{m}^2$
$\vec{M}$	$\vec{M} = n\cdot\langle\vec{m}\rangle$		$\vec{M}\cdot\sqrt{\dfrac{\mu_0}{4\pi}}$	$1\dfrac{\text{magn. Moment}}{\text{cm}^3}$ $\;\hat{=}\; 10^3\,\dfrac{\text{A}}{\text{m}}$
$\vec{H}$	$\vec{H} = \dfrac{\vec{B}}{\mu_0} - \vec{M}$	$\vec{H} = \vec{B} - 4\pi\cdot\vec{M}$	$\vec{H}\cdot\sqrt{4\pi\mu_0}$	$1\,\text{Oersted} = 1\,\text{Gauß}$ $\;\hat{=}\; \dfrac{1}{4\pi}\cdot 10^3\,\dfrac{\text{A}}{\text{m}}$

B   SI-Einheiten

Das *Système Internationale d'Unités* (SI) enthält als Basiseinheiten *Meter* (m), *Kilogramm* (kg), *Sekunde* (s), *Ampere* (A), *Kelvin* (K), *Candela* (cd) und *Mol* (mol). Hinzu kommen die zwei ergänzenden Einheiten *Radiant* und *Steradiant*. Seit dem 1.1.1978 ist in der Bundesrepublik Deutschland die Verwendung des SI im amtlichen und geschäftlichen Verkehr gesetzlich vorgeschrieben.

Länge	l	Meter	m	
Masse	m	Kilogramm	kg	
Zeit	t	Sekunde	s	
elektrische Stromstärke	I	Ampere	A	
Temperatur	T	Kelvin	K	
Lichtstärke	J	Candela	cd	
Stoffmenge	n	Mol	mol	
Ebener Winkel	ϑ	Radiant	rad	
Raumwinkel	Ω	Steradiant	sr	
Frequenz	ν	Hertz	Hz	s^{-1}
Kreisfrequenz ($2\pi\nu$)	ω	Radiant/Sekunde		s^{-1}
Geschwindigkeit	v	Meter/Sekunde		$\mathrm{m\,s}^{-1}$
Beschleunigung	a	Meter/Sekunde^2		$\mathrm{m\,s}^{-2}$
Winkelgeschwindigkeit	ω	Radiant/Sekunde		s^{-1}
Winkelbeschleunigung	α	Radiant/Sekunde^2		s^{-2}
Kraft	F	Newton	N	$\mathrm{m\,kg\,s}^{-2}$
Energie	E	Joule	J	$\mathrm{m^2 kg\,s}^{-2}$
Leistung	L	Watt	W	$\mathrm{m^2 kg\,s}^{-3}$
Druck	P	Pascal	Pa	$\mathrm{m^{-1} kg\,s}^{-2}$
Ladung	Q	Coulomb	C	$\mathrm{A\,s}$
Potential (Spannung)	U	Volt	V	$\mathrm{m^2 kg\,s}^{-3}\mathrm{A}^{-1}$
elektrische Feldstärke	E	Volt/Meter		$\mathrm{m\,kg\,s}^{-3}\mathrm{A}^{-1}$
elektrische Polarisation	P	Coulomb/Meter		$\mathrm{A\,s\,m}^{-1}$
elektrische Flussdichte[a]	D	Coulomb/Meter^2		$\mathrm{A\,s\,m}^{-2}$
elektrischer Widerstand	R	Ohm		$\mathrm{m^2 kg\,s}^{-3}\mathrm{A}^{-2}$
elektrische Leitfähigkeit	σ	Siemens/Meter	S/m	$\mathrm{m^{-3} kg^{-1} s^3 A^2}$
Magnetfeld[b]	B	Tesla	T	$\mathrm{kg\,s}^{-2}\mathrm{A}^{-1}$
Magnetisierungsfeld[c]	H	Ampere/Meter		$\mathrm{A\,m}^{-1}$
Magnetischer Fluss	Φ	Weber	Wb	$\mathrm{m^2 kg\,s}^{-2}\mathrm{A}^{-1}$
Selbstinduktion	L	Henry	H	$\mathrm{m^2 kg\,s}^{-2}\mathrm{A}^{-2}$
Wärmekapazität	C	Joule/Kelvin		$\mathrm{m^2 kg\,s}^{-2}\mathrm{K}^{-1}$
Entropie	S	Joule/Kelvin		$\mathrm{m^2 kg\,s}^{-2}\mathrm{K}^{-1}$
Enthalpie	J	Joule		$\mathrm{m^2 kg\,s}^{-2}$
Wärmeleitfähigkeit	λ	Watt/(Meter Kelvin)		$\mathrm{m\,kg\,s}^{-3}\mathrm{K}^{-1}$

[a]Wird auch als elektrische Verschiebung bezeichnet.

[b]Meist als magnetische Flussdichte oder magnetische Induktion bezeichnet.

[c]Meist als magnetische Feldstärke bezeichnet.

C Vorsätze

10^{18}	Exa	E
10^{15}	Peta	P
10^{12}	Tera	T
10^{9}	Giga	G
10^{6}	Mega	M
10^{3}	Kilo	k
10^{2}	Hekto	h
10^{1}	Deka	da
10^{-1}	Dezi	d
10^{-2}	Zenti	c
10^{-3}	Milli	m
10^{-6}	Mikro	μ
10^{-9}	Nano	n
10^{-12}	Pico	p
10^{-15}	Femto	f
10^{-18}	Atto	a

D Wichtige physikalische Konstanten

Übernommen von: CODATA (Committee on Data and Technology, Paris)
(2007)

Lichtgeschwindigkeit	c	$2{,}997\,924\,58 \cdot 10^{8}$	m s^{-1}
Feinstrukturkonstante	α	$7{,}297\,352 \cdot 10^{-3}$	
	$1/a$	$137{,}035\,999\,679$	
Elementarladung	e	$1{,}602\,176\,4 \cdot 10^{-19}$	C
Plancksche Konstante	h	$6{,}626\,068\,96 \cdot 10^{-34}$	J s
		$4{,}135\,667\,33 \cdot 10^{-15}$	eV s
	$\hbar = h/2\pi$	$1{,}054\,571\,628 \cdot 10^{-34}$	J s
		$6{,}582\,118\,99 \cdot 10^{-16}$	eV s
Newtonsche Gravitationskonstante	γ	$6{,}674\,28 \cdot 10^{-11}$	m^{3} kg^{-1} s^{-2}
Influenzkonstante oder Elektrische Feldkonstante	ϵ_0	$8{,}854\,187\,817 \cdot 10^{-12}$	C^{2} m^{-1}N^{-1}
	$1/4\pi\varepsilon_0$	$8{,}987\,55 \cdot 10^{9}$	N m^{2}C^{-2}
Induktionskonstante oder Magnetische Feldkonstante	μ_0	$12{,}566\,370\,614 \cdot 10^{-7}$	N A^{-2}
Loschmidtsche Zahl	N_0	$6{,}022\,141\,79 \cdot 10^{23}$	mol^{-1}
Atomare Masseneinheit	amu	$1{,}660\,538\,782 \cdot 10^{-27}$	kg
Elektronenruhemasse	m_e	$9{,}10938215 \cdot 10^{-31}$	kg
Elektronenruheenergie	$m_e \cdot c^2$	$0{,}510\,998\,910$	MeV
Protonenruhemasse	m_p	$1{,}672\,621\,637 \cdot 10^{-27}$	kg
		$1{,}00727646677$	amu
Protonenruheenergie	$m_\mathrm{p} \cdot c^2$	$938{,}272\,013$	MeV
Neutronenruhemasse	m_n	$1{,}674\,927\,211 \cdot 10^{-27}$	kg
		$1{,}008\,664\,915\,97$	amu
Neutronenruheenergie	$m_\mathrm{n} \cdot c^2$	$939{,}565\,346$	MeV
Massenverhältnis Proton zu Elektron	$m_\mathrm{p}/m_\mathrm{e}$	$1836{,}152\,672\,47$	
Spezifische Ladung des Elektrons	e/m_e	$-\,1{,}758\,820\,150 \cdot 10^{11}$	C kg^{-1}
Faraday-Konstante	$F = N_0 \cdot e$	$9{,}6\,485\,3399 \cdot 10^{4}$	C mol^{-1}

Wichtige physikalische Konstanten (*Fortsetzung*)

Rydbergkonstante	R_∞	10 973 731,568 527	m^{-1}
	$R_\infty hc$	2,179 871 97 · 10^{-18}	J
	$R_\infty hc$	13,605 691 93	eV
Bohrscher Radius	a_B	0,529 177 208 59 · 10^{-10}	m
Klassischer Elektronenradius	r_e	2,817 940 2894 · 10^{-15}	m
Magnetisches Flussquantum	Φ_0	2,067 833 667 · 10^{-15}	Wb
Bohrsches Magneton	μ_B	927,400 915 · 10^{-26}	J T^{-1}
		5,788 381 7555 · 10^{-5}	eV T^{-1}
	μ_B/h	13,996 246 04 · 10^9	Hz T^{-1}
Kernmagneton	μ_K	5,050 783 24 · 10^{-27}	J T^{-1}
		3,152 451 2326 · 10^{-8}	eV T^{-1}
Magnetisches Moment			
Einzug des Elektrons	μ_e	− 928,476 377 · 10^{-26}	J T^{-1}
		− 1,001 159 652 181 11 · μ_B	
des Protons	μ_K	1,410 606 662 · 10^{-26}	J T^{-1}
		1,521 032 209 · 10^{-3} · μ_B	
		2,792 847 356 · μ_K	
Compton-Wellenlänge			
des Elektrons	λ_C	2,426 310 2175 · 10^{-12}	m
Gaskonstante	R	8,314472	J mol^{-1} K^{-1}
Boltzmannkonstante	k_B	1,380 6504 · 10^{-23}	J K^{-1}
		8,617 343 · 10^{-5}	eV K^{-1}
Molvolumen eines idealen Gases (bei 273,15 K und 100 kPa)	V_0	22,710 981 · 10^{-3}	m^3 mol^{-1}
Normaldruck	P_0	101 325 kPa = 1 atm = 1013,25 mbar	
Tripelpunkt von H_2O	P_t	611,657	Pa
	T_t	273,16 000 K = 0,01000 °C	
Stefan-Boltzmann-Konstante	σ	5,670 400 · 10^{-8}	W m^{-2} K^{-4}
Wiensche Verschiebungskonstante	A	2,897 7685 · 10^{-3}	m K
Fallbeschleunigung	g		
am Äquator		9,780 326	m s^{-2}
an den Polen		9,832 186	m s^{-2}

(Für weitere Information siehe: http://physics.nist.gov)

E   Abgeleitete Einheiten

Gesetzliche Einheiten sind durch Fettdruck gekennzeichnet

E.1   Länge

Ångström	$1\ \text{Å} = 0{,}1\ \text{nm}$
Astronomische Einheit	$1\ \text{AE} = 1{,}4960 \cdot 10^{11}\ \text{m}$
Fermi	$1\ \text{fm} = 10^{-15}\ \text{m}$
inch, foot	$1\ \text{inch} = 1/12\ \text{ft} = 1/36\ \text{yard} = 25{,}4\ \text{mm}$
mile, yard	$1\ \text{mile} = 1760\ \text{yards} = 1{,}609\ \text{km}$
Lichtjahr	$1\ \text{Lj} = 9{,}46 \cdot 10^{15}\ \text{m}$
Parsekunde	$1\ \text{pc} = 30{,}857 \cdot 10^{15}$
Hektar, **Ar**	$1\ \text{ha} = 100\ \text{a} = 10^4\ \text{m}^2$
barn	$1\ \text{b} = 10^{-28}\ \text{m}^2$
Liter	$1\ \text{l} = 10^{-3}\ \text{m}^3$
gallon	$1\ \text{gal (US)} = 3{,}785\ \text{l}$

E.2   Masse

Atomare Masseneinheit	$1\ \text{u} = 1{,}6605 \cdot 10^{-27}\ \text{kg}$
Tonne	$1\ \text{t} = 10^3\ \text{kg}$
pound, ounce	$1\ \text{lb} = 16\ \text{oz} = 0{,}4536\ \text{kg}$

E.3   Zeit

Tag, Stunde, Minute	$1\ \text{d} = 24\ \text{h} = 1440\ \text{min} = 86400\ \text{s}$
Jahr (tropisches)	$1\ \text{a} = 365{,}24\ \text{d} = 3{,}156 \cdot 10^7\ \text{s}$
Hertz	$1\ \text{Hz} = 1\ \text{s}^{-1}$

E.4   Temperatur

Grad Celsius	$t(^\circ\text{C}) = T(\text{K}) - 273{,}15\ \text{K}$
Grad Fahrenheit	$t(^\circ\text{F}) = 9/5 \cdot t(^\circ\text{C}) + 32$

E.5   Winkel

Radiant	$1\ \text{rad} = 1\ \text{m}\ \text{m}^{-1}$
Grad	$1^\circ = \pi/180\ \text{rad} = 1{,}745 \cdot 10^{-2}\ \text{rad}$
Minute, Sekunde	$1' = 60'' = 2{,}91 \cdot 10^{-4}\ \text{rad}$
Steradiant (Raumwinkel)	$1\ \text{sr} = 1\ \text{m}^2\ \text{m}^{-2}$

E.6 Kraft, Druck

Newton	$1\,\mathrm{N} = 1\,\mathrm{m\ kg\ s^{-2}}$
Dyn	$1\,\mathrm{dyn} = 10^{-5}\,\mathrm{N}$
Kilopond	$1\,\mathrm{kp} = 9{,}8067\,\mathrm{N}$
Pascal	$1\,\mathrm{Pa} = 1\,\mathrm{N/m^2} = 1\,\mathrm{m^{-1}\ kg\ s^{-2}}$
Bar	$1\,\mathrm{bar} = 10^{5}\,\mathrm{Pa}$
Atmosphäre (phys.)	$1\,\mathrm{atm} = 101325\,\mathrm{Pa}$
Atmosphäre (techn.)	$1\,\mathrm{at} = 98066\,\mathrm{Pa}$
mmHg, Torr	$1\,\mathrm{mm\,Hg} = 1\,\mathrm{Torr} = 133{,}322\,\mathrm{Pa}$
Poise (Viskosität)	$1\,\mathrm{P} = 0{,}1\,\mathrm{Pa\cdot s}$

E.7 Energie, Leistung, Wärmemenge

Joule	$1\,\mathrm{J} = 1\,\mathrm{N\cdot m} = 1\,\mathrm{m^2\ kg\ s^{-2}}$
Kalorie	$1\,\mathrm{cal} = 4{,}187\,\mathrm{J}$
Erg	$1\,\mathrm{erg} = 10^{-7}\,\mathrm{J}$
Elektronenvolt	$1\,\mathrm{eV} = 1{,}6022\cdot 10^{-19}\,\mathrm{J}$
	$(E = k_\mathrm{B}T) \,\widehat{=}\, 11604\,\mathrm{K}$
	$(E = h\nu) \,\widehat{=}\, 2{,}4180\cdot 10^{14}\,\mathrm{Hz}$
Watt	$1\,\mathrm{W} = 1\,\mathrm{J/s} = 1\,\mathrm{m^2\ kg\ s^{-3}}$
Pferdestärke	$1\,\mathrm{PS} = 735{,}5\,\mathrm{W}$

E.8 Elektromagnetismus

Coulomb	$1\,\mathrm{C} = 1\,\mathrm{A\ s}$
Volt	$1\,\mathrm{V} = 1\,\mathrm{W/A} = 1\,\mathrm{m^2\ kg\ s^{-3}\ A^{-1}}$
Farad	$1\,\mathrm{F} = 1\,\mathrm{C/V} = 1\,\mathrm{m^{-2}\ kg^{-1}\ s^4\ A^2}$
Ohm	$1\,\Omega = 1\,\mathrm{V/A} = 1\,\mathrm{m^2\ kg\ s^{-3}\ A^{-2}}$
Siemens	$1\,\mathrm{S} = 1/\Omega = 1\,\mathrm{m^{-2}\ kg^{-1}\ s^3\ A^2}$
Tesla	$1\,\mathrm{T} = 1\,\mathrm{V\cdot s/m^2} = 1\,\mathrm{kg\ s^{-2}\ A^{-1}}$
Gauß	$1\,\mathrm{G} = 10^{-4}\,\mathrm{T}$
Gamma	$1\,\gamma = 10^{-9}\,\mathrm{T}$
Oersted	$1\,\mathrm{Oe} = (10^{3}/4\pi)\,\mathrm{A/m} \,\widehat{=}\, 10^{-4}\,\mathrm{T}\ (B = \mu_0\cdot H)$
Henry	$1\,\mathrm{H} = 1\,\mathrm{V\cdot s/A} = 1\,\mathrm{m^2\ kg\ s^{-2}\ A^{-2}}$
Weber	$1\,\mathrm{Wb} = 1\,\mathrm{V\cdot s} = 1\,\mathrm{m^2\ kg\ s^{-2}\ A^{-1}}$
Maxwell	$1\,\mathrm{M} = 10^{-8}\,\mathrm{Wb}$

Sachverzeichnis

www.ingramcontent.com/pod-product-compliance
Lightning Source LLC
Chambersburg PA
CBHW081051220326
41598CB00038B/7053

* 9 7 8 3 4 8 6 5 8 5 9 8 8 *